"十四五"职业教育国家规划教材

老年心理护理

主　编　袁兆新　何凤云

北京理工大学出版社
BEIJING INSTITUTE OF TECHNOLOGY PRESS

内 容 简 介

本教材共包含 8 个项目,分别为老年心理护理、老年心理护理适宜技术、老年社会适应的心理护理、老年常见心理障碍的心理护理、老年特殊心理障碍的心理护理、老年心身健康与心理护理、老年癌症与心理护理、老年临终心理与护理。每个项目有 2~5 个子任务。

本教材面向老年保健与管理、智慧健康养老服务与管理专业,基于"技能"和"职业"两个基本特质,定位于中高等职业教育。

图书在版编目(CIP)数据

老年心理护理 / 袁兆新, 何凤云主编. -- 北京:
北京理工大学出版社, 2021.11 (2025.1重印)
ISBN 978 - 7 - 5763 - 0669 - 9

Ⅰ.①老… Ⅱ.①袁… ②何… Ⅲ.①老年人 – 护理
学 – 医学心理学 Ⅳ.① R471

中国版本图书馆 CIP 数据核字 (2021) 第 228823 号

责任编辑: 陈莉华　　**文案编辑:** 陈莉华
责任校对: 刘亚男　　**责任印制:** 边心超

出版发行 / 北京理工大学出版社有限责任公司
社　　址 / 北京市丰台区四合庄路 6 号
邮　　编 / 100070
电　　话 / (010) 68914026 (教材售后服务热线)
　　　　　　(010) 63726648 (课件资源服务热线)
网　　址 / http://www.bitpress.com.cn

版 印 次 / 2025 年 1 月第 1 版第 4 次印刷
印　　刷 / 定州启航印刷有限公司
开　　本 / 787 mm × 1092 mm　1 / 16
印　　张 / 16.5
字　　数 / 392 千字
定　　价 / 50.00 元

《老年心理护理》教材编者

主　编：

袁兆新　长春医学高等专科学校

何凤云　长春医学高等专科学校

副主编：

杨春红　长春医学高等专科学校

王芳华　长春医学高等专科学校

王　菊　长春医学高等专科学校

编　者：（按姓氏笔画排序）：

王　丽　内蒙古呼伦贝尔市人民医院

王　菊　长春医学高等专科学校

王芳华　长春医学高等专科学校

丛春蕾　长春中医药大学附属医院

杨春红　长春医学高等专科学校

何凤云　长春医学高等专科学校

张　艳　长春医学高等专科学校

袁兆新　长春医学高等专科学校

常　娜　长春医学高等专科学校

蒋　师　天津医学高等专科学校

韩丽娜　长春中医药大学附属医院

前　言

一、本书的背景及特点

随着经济社会的发展，我国人口老龄化形势越来越严峻。人口老龄化问题涉及政治、经济、文化和社会生活各个方面，已经进一步成为我国改革发展中不容忽视的全局性、战略性问题。我国人口老龄化发展将呈现出老年人口增长快、规模大，高龄、失能老人增长快，社会负担重等问题。面对当前形势，老年护理专业的发展与壮大已迫在眉睫，如何提高老年人的社会适应能力，如何使老年人在身心愉悦的状态下度过晚年，已成为当今老年人照护的重要课题。党的二十大报告指出："人民健康是民族昌盛和国家强盛的重要标志"；"推进健康中国建设，实施积极应对人口老龄化国家战略，发展养老事业和养老产业，优化孤寡老人服务，重视心理健康和精神卫生，倡导文明健康生活方式"。

教材面向老年保健与管理、智慧健康养老服务与管理专业，基于"技能"和"职业"两个基本特质，定位于中高等职业教育。本书基于教育部颁布的《关于职业院校专业人才培养方案制订与实施工作的指导意见》，结合学校专业人才培养方案，由各职业学校的骨干教师，通过社会调研，结合行业、企业对老年服务人才在知识、技能、素养等方面的需求而编写，反映了典型岗位及岗位群的职业能力要求，教材中注重岗位融入。本书充分贯彻了"以能力为本位，以就业为导向"的职业教育办学方针，全面培养学生职业能力，深化职业教育改革。教材打破传统模式，按照"岗位"要求，编写过程中重点强化实用性，一是深入浅出地讲解深奥的心理知识及护理技巧，结合案例，让学生了解老年人心理护理知识；二是融入"优质护理""爱伤观念"人文精神。在编写中，本教材具有以下主要特点：

①针对中高职生的特点进行编写。引入思维导图，便于学生建立课程整体构架，提高思考能力和思考水平。

②教学内容项目化，降低学习难度，提高学习兴趣。将教学内容项目化，结合岗位任

务，帮助学生建立模块化的思维方式，符合学生学习知识由易到难的渐进性，有利于提高学生学习兴趣。

③理实一体，实用、适用。融案例分析、任务学习、项目学习为一体，采用项目任务驱动教学法，强调学生自我规划能力和创新能力培养。

④以学生为主体，以教师为主导，让学习发生。本教材编写从实现教学目标的全局出发，内容跨度适中，与前导后续课程如老年照护等衔接紧密，教材的设计编排符合学生最佳学习要求，逻辑性强，能充分利用学习的迁移，促进学生将相继学得的各种知识整合成一体。让学生在"学中练、练中学"。增加了知识拓展内容，开阔视野、激发阅读兴趣，贴合专业特点。

二、本书的主要内容

基于岗位任务划分学习项目，本教材共包含 8 个项目，分别为：项目一 老年心理护理；项目二 老年心理护理适宜技术；项目三 老年社会适应的心理护理；项目四 老年常见心理障碍的心理护理；项目五 老年特殊心理障碍的心理护理；项目六 老年心身健康与心理护理；项目七 老年癌症与心理护理；项目八 老年临终心理与护理。每个项目有 2~5 个子任务。

全书既侧重个人岗位技能训练和素质培养，也注重团队协作能力养成，教学过程的实施体现相应职业工作过程。

三、本书的编写团队

本书的编写团队均具有本科以上学历，专业及职称结构合理，教学经验丰富，均在教学一线从事专业教学工作，且具有行业实践经验，能够将行业的最新技术知识融入教材编写中。

在编写本书的过程中，团队成员参阅了大量的资料，并尽可能地标注出相应的参考文献，在此对参考文献及书籍的作者表示感谢。如有疏漏未列出或引用不详之处，在此表示深深的歉意。

书中如有不当之处，请广大读者批评指正。

袁兆新

目　录

项目一　老年心理护理

【知识目标】

◇ 了解老年人的划分标准。
◇ 熟悉老年人常见的心理误区。
◇ 理解心理健康的定义。
◇ 理解心理护理的定义。
◇ 掌握老年人心理护理的具体内容。
◇ 掌握老年人心理护理的一般程序及注意事项。
◇ 掌握老年人心理健康标准及影响因素。

【能力目标】

◇ 熟悉老年人心理护理的一般程序，能根据老年人的症状，正确实施心理护理。
◇ 熟悉老年人的基本心理活动，能为老年患者提出预防和心理干预的方案。
◇ 能根据老年人心理健康的标准对老年人心理健康状态进行初步评估。
◇ 掌握维护老年人心理健康的一般方法。

【素质目标】

◇ 在护理工作中能熟练应用心理护理一般程序，正确为老年人提供心理护理，提高自己的心理护理能力以及沟通表达能力，为老年人提供优质护理服务。
◇ 在护理工作中培养自己的爱心、耐心和责任心，尤其针对老年人更应付出大爱，为老年人疏导由各种原因导致的心理问题。

【思维导图】

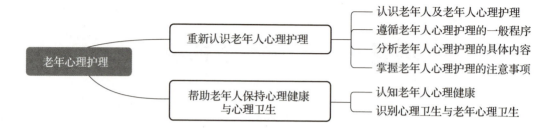

案例导入

老年人心理护理的第一节课，老师提出了关于老年人心理护理的几个问题：

1）老年人的心理状态是什么样的？

2）按照什么样的程序进行护理？

3）从哪些方面进行护理？

4）在护理过程中需要注意什么？

A同学回答：老年人经常会沉默寡言、忧愁思虑，所以更应注意老年人抑郁的情绪。

B同学回答：老年人容易急躁易怒，喜怒不定，更应关注老年人的喜好。

C同学回答：A、B同学回答不对，现在的老年人并非像A、B同学说的那样，他们也有自己的兴趣爱好，他们的心理状态其实很年轻。而且护理他们时应按照"评估、诊断、计划、实施和评价"这五步程序进行。

D同学回答：应该全面地看待老年人，在农村会出现空巢老人现象，有工作的老年人退休后会有退休综合征等，所以导致老年人出现心理问题有很多因素，在护理时确实应该按照C同学说的进行，护理过程中注意的问题应该将A同学和B同学的结合在一起，同时应加强了解老年人的性格、情绪、需求以及所处环境，更好地为老年人提供护理。

5）针对老年人的心理问题，作为护理工作者应如何帮助老年人保持心理健康和心理卫生？

A同学回答：要具备老年心理的专业知识。

B同学回答：在社区深入开展心理辅导，经常看望、问候老人，在社区开展丰富多彩的文体健身活动。

C同学回答：掌握与老人沟通的技巧方法，倾听老人讲话，耐心沟通，尊重老人。

D同学回答：赞同B同学的说法，经常与老人共处，能给老人带来较大的生活乐趣和安慰，有效地消除老人的孤独感，同时呼吁社会关爱老人，并且普及老年健康教育。

思考：

1）你觉得A、B、C、D四位同学对老年人心理护理的理解正确吗？

2）如何评价A、B、C、D四位同学的观点？

任务一
重新认识老年人心理护理

一、认识老年人及老年人心理护理

重新认识老年
人心理护理

（一）老年人的含义

老年人，按照国际规定，65周岁以上的人确定为老年人；我国《老年人权益保障法》规定老年人的年龄起点标准是60周岁。即凡年满60周岁的中华人民共和国公民都属于老年人。

> **提示**
>
> 党的十九大报告中提出，构建养老、孝老、敬老政策体系和社会环境，推进医养结合，加快老龄事业和产业发展。这为习近平新时代中国特色养老事业指明了方向。
>
> 自从我国进入老龄化社会以来，老年人口数量快速增长，2014年年底，60周岁及以上老年人总数达到了2.12亿人，占总人口比重15.5%。预测，至2025年，老年人口数量将超过3亿人；至2030年，中国65周岁以上的人口占比将超过日本，成为全球人口老龄化程度最高的国家；至2033年，将超过4亿人，达到峰值，一直持续到2050年。

随着当今社会的发展变化，我国人口老龄化面临新形势。人口老龄化是我国的基本国情，老龄化加速发展是我国经济社会发展新常态的重要特征。人口老龄化问题涉及政治、经济、文化和社会生活各个方面，已经进一步成为我国改革发展中不容忽视的全局性、战略性问题。当前和今后一个时期，我国人口老龄化发展将呈现出五个鲜明特点：老年人口增长快，规模大；高龄、失能老人增长快，社会负担重；农村老龄问题突出；老年人家庭空巢化、独居化加速；未富先老矛盾凸显。

 知识拓展

中国传统上对于老年人高龄的称谓：

60岁——耳顺之年、花甲之年、耆[qí]艾，古称六十岁的人为"耆"。

70 岁——从心之年、古稀之年，民间有"人到七十古来稀"之称。

80 岁——朝枚之年、朝枝之年、耋耄［dié］之年，指八九十岁的年纪。

90 岁——上寿，九十为上寿。

100 岁：期颐，指百岁高寿。

1. 老年人常见的心理误区

（1）看心理医生的都是精神有疾病的人

纠正：现今的心理咨询主要针对一般人对问题的适应、发展，如对记忆、学习、情绪、情感、人际关系、婚姻等方面进行精心疏导和治疗；心理治疗主要针对患有严重心理障碍的人，如抑郁症、焦虑症、强迫症、恐惧症等。因此，去看心理医生进行心理咨询并不代表自己就是精神病人。

（2）心理咨询或治疗一次就可以解决问题

纠正：心理咨询或治疗是一个长期的过程，心理咨询师需要通过询问获取来访者的基本信息和认知产生心理问题的原因，通过长期咨询来分析产生问题的根本原因，从而采取有效的措施解决问题，所以一般是不会一次就能解决来访者问题的。

（3）人一旦老了就没用了

纠正：并非人老了就没用了，很多民族的传统民俗习俗现代年轻人都不知道了，要靠老一辈人将其传承下来，传给下一代；又例如老年人有相对丰富的生活经历，经验比较丰富，可做到老有所用，还可继续攻读老年大学，找到自己发挥余热的平台。

（4）是药就能治病

纠正：老年人随着年龄的增长各器官功能逐渐衰退，会伴随着很多慢性病的出现，例如冠心病、原发性高血压、各种溃疡等。因此很多老年人随便吃药。老年人应遵医嘱，按时按量服药，根据药物的配伍禁忌科学用药，提高用药的安全性；另外不要对药物有反感和恐惧心理，吃药时不可随意增加或减少药量，也不要自行停药。

（5）人老了就没有爱情了

纠正：老年人随着年龄的增长更需要他人的呵护和陪伴。丧偶对老年人来说是一个非常严重的创伤，很多丧偶的老年人有强烈的再婚需求。因为子女不在身边，老年人的心理是很孤独的，所以很需要夫妻之间的相互抚慰。

2. 老年人常见的心理变化特点

当人进入老年期，生理上逐渐衰老，心理上也会跟着发生巨大的变化，出现智力、记忆力下降，感、知觉迟钝，情绪上出现焦虑和抑郁，在人际关系和生活方式等方面也常出现不适应的情况。

（1）智力变化

一般情况下，老年人随着年龄的增长智力开始逐渐衰减。主要表现为反应减慢、健忘、解决问题和快速做出决定的能力下降。若老年人伴有比较严重的慢性疾病，或者因失去亲人而变得孤独，会加快智力功能的减退。但是如果老年人保持良好的生活规律，经常参加各种社会活动，进行脑力和体力锻炼，其智力功能下降速度可能会变慢。因此，坚持用脑有利于在老年期保持较好的智力水平和社会功能，而且活动锻炼对智力也有明显的促进作用。

（2）认知功能逐渐衰退

老年人神经系统尤其是大脑的退化和机能障碍，首先会引起感觉和知觉能力逐渐衰退。在视觉方面，随着年龄增长，出现视力减退。在听觉方面，由于听力下降，使得他们对高频声音辨别不清且对快而结构复杂的语句分辨不清。味觉和嗅觉灵敏度显著降低。由于神经系统的衰老，老年人的痛觉比较迟钝，耐寒能力较差，所以比年轻人怕冷。记忆力也越来越差，由于注意力分配不足，对于信息的编码精细程度及深度均下降，老年人的记忆易出现干扰或抑制。人到老年期，概念学习、解决问题等思维能力有所衰退，但思维的广阔性、深刻性等由于丰富的知识经验往往比青少年强。因此，老年人思维的成分和特性十分复杂。

（3）情绪变化

由于老年人机体各组织器官的衰老、生理功能的衰退，机体整体调节功能减弱、适应能力下降、情绪变化逐渐增大，随之出现情绪变得幼稚、不稳定。若老年人长期独居，则有可能出现抑郁的表现。另外，由于大脑和机体的衰老，老年人往往产生不同程度的性情改变，如情绪易波动、主观固执等，少数老年人则变得很难接受和适应新生事物，怀念过去，甚至对现实抱有对立情绪。老年人的性情改变，常常加大了他们与后辈、与现实生活的距离，导致社会适应能力下降。

研究表明，老年人的情感活动与中青年人相比，本质特点是相同的，仅在关切自身健康状况方面的情绪活动强于中青年。也就是说，孤独、悲伤、忧郁等负性情绪并不是年老过程必然伴随的情感变化。但不可否认的是，老年期是负性生活事件的多发阶段，随着生理功能的逐渐老化、各种疾病的出现、社会角色与地位的改变、社会交往的减少，以及丧偶、子女离家、好友病故等负性生活事件的冲击，老年人经常会产生消极的情绪体验和反应。

（4）人格变化

人格是指一个人整体的精神面貌。它是在不尽相同的现实生活中所形成的独特的、带有倾向性和比较稳定的心理特征的总和。老年人的人格与年龄的增长无关，在进入老年期过程中，较多的老年人开始固执己见，习惯按自己的观点看问题，守旧、不易接受新事物和他人意见，猜疑心较强的表现。有的老年人也会出现过多的感慨、伤感，喜欢回忆往事，沉溺于对过去成功事例的追溯之中，通过以上表现来获得一定的心理平衡。

根据马斯洛的需求层次理论，人有生理、安全、爱与归属、尊重及自我实现五个层次的需求，而老年期各种层次的需求又有其独特的内涵。老年人的安全需求表现在对生活保障与安宁的要求，他们普遍对养老保障、患病就医、社会治安以及合法权益受侵等问题表现出极大的关注。另外，老年人希望从家庭和社会获得更多精神上的关怀，并且仍有很强的参与社会活动、融入各种团体的要求，以满足其爱与归属的需求。尽管老年人的社会角色与社会地位有所改变，但他们对于尊重的需求并未减退，即要求社会能承认他们的价值，维护他们的尊严，尊重他们的人格，在家庭生活中也要具有一定的自主权，过自信、自主、自立的养老生活。为使自己的价值在生活中得到充分体现，在老年期还有一定程度自我实现的需求。

（5）生活方式变化

生活方式指处在一定历史时期和社会条件下的个人生活的行为模式及特征。多数老年人由于离、退休后在生活实践中形成的一套生活规律被打破，往日的紧张工作、繁杂的社交活动，以及家庭成员等都发生显著变化，子女又大多离家独立生活，使老年人突然对新生活模式不适应，这种生活环境和角色的变化构成了老年人孤独的主要原因。一些为事业型的老年人，年轻时常常废寝忘食，即使已经退休也仍然拼命地干，忽视必要的休息和营养，带病坚持工作，容易积劳成疾，甚至久病不起。另一些为享乐型的老年人，过分讲究吃、喝、玩、乐，时常暴饮暴食，夜间玩到很晚，缺乏卫生保健知识，易发生心理与行为偏离而导致疾病。种种原因导致老年人慢性疾病的发生和发展。

（二）心理护理

心理护理是以心理学的理论为指导，以良好的人际关系为基础，通过语言和非语言的沟通，改变护理对象不良的心理状态和行为，促进康复或保持健康的护理过程。

知识链接

现代护理模式已由"以病人为中心"的责任制护理模式逐步转变为"以人为中心"的整体护理模式。全新的现代护理模式注重人文关怀，实施整体护理模式，努力提高包括生理、心理、社会、文化及精神等多方面需求的人性化专业护理服务，减少并逐步取消患者家属陪护，改善患者看病就医体验。

随着现代医学模式的急剧转变，人们已逐渐认识到对于由于心身疾病产生的复杂因素，传统的护理模式已不能适应对患者的护理需要，所以心理护理学便应运而生。值得重视的是，心理护理的方法不仅仅局限在临床上的应用，已被广泛应用于家庭、学校及其他教育机构。护理对象也不局限于因身体患有疾病而造成心理有疾病的患者。即便是正常人，也应经常运用心理护理的方法，进行心理保健，保持心理健康。

随着现代医学的高度发展及社会环境的不断变化，揭示了人类诸多器质性病变均与心理因素有直接或间接的关联。当代医学心理学的研究表明，患者的心理活动以及护理人员对患者施加的心理干预都会直接影响到后续的治疗效果。因此，在临床中有心理护理先行的说法。

学习园地

某医院选取64例确诊为肺癌的患者作为主要研究对象，采用数字随机法将其平均分到对照组和观察组。对照组患者32例，观察组患者32例。

由于肺癌较高的致死率和长期的病痛折磨患者的心理大多存在对未来生活的担忧和恐惧，产生严重的心理压力，加快病情的恶化。

研究方法：心理认知干预、心理疏导、心理支持，引导其走出心理阴影。

研究表明对肺癌患者给予心理护理后，患者的癌性疼痛评分下降为（3.32±0.45）分，同时生活质量5项评分都有显著提高，且具有统计学意义（$P<0.05$）。心理护理可以减轻患者的癌性疼痛，改善患者的生活质量，值得临床推广使用。

二、遵循老年人心理护理的一般程序

心理护理的程序根据信息论、系统论、控制论的观点分为以下五步。（信息论：信息论是由美国数学家香农创立的，信息是一切系统保持一定结构、实现其功能的基础。系统论：系统论的创始人是美籍奥地利生物学家贝塔朗菲，强调整体与局部、局部与局部、系统本身与外部环境之间互为依存、相互影响和制约的关系，具有目的性、动态性、有序性三大基本特征。控制论：控制论是著名美国数学家维纳（Wiener）创始的，是研究系统的状态、功能、行为方式及变动趋势，控制系统的稳定，揭示不同系统的共同的控制规律，使系统按预定目标运行的技术科学。）

知识链接

护理程序：护理程序（nursing process）是指导护理人员以满足护理对象的身心需要，恢复或增进护理对象的健康为目标，科学地确认护理对象的健康问题，运用系统方法实施计划性、连续性、全面整体护理的一种理论与实践模式。一般可分为五个步骤，即评估、诊断、计划、实施和评价。

护理程序循环图：

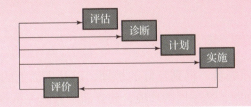

（一）观察患者的心理反应

人的心理反应会受到外界环境的制约，患病后所处环境的变化常会引起病人情绪上的变化与反应。人的心理反应和生理变化有一定联系，如恐癌患者在确诊前出现的紧张情绪会使脉搏加快、血压升高。通过观察患者的面部表情、行为变化等，也可了解患者患病后的心理反应，如焦虑、抑郁、感知过敏等。了解患者的心理反应是做好心理护理的前提。

知识拓展

癌症患者心理的发展的几个阶段如下。

否认期：最初的反应多为否认的态度，他们会极力否认、拒绝、接受事实。

愤怒期：当否定无法再继续下去时，代之而来的心理反应是气愤、心怀妒忌，病人常会怨恨地认为："为什么我会得这种病，这不公平"。

协议期：协议期又称为讨价还价期。这一阶段持续时间一般很短，而且不如前两个阶段明显。与医护人员"讨价还价"，乞求医生给自己用"好药"，请权威专家给自己治疗。

沮丧期：经历了前三个阶段以后，当患者疾病恶化，认识到协商无效，这时患者的气愤或暴怒，都会被一种巨大的失落感所代替。此阶段患者会出现轻生的念头。

接受期：在经历了以上四个阶段后，患者身体每况愈下，失去了一切希望和挣扎的想法……

（二）收集患者的心理信息

直接收集法：直接与患者进行交谈，了解其患病后的心理变化，可从中得知心理障碍是否为生理变化所致。

间接收集法：通过与患者家属交谈收集患者的心理变化，也可以利用问卷的形式进行询问（需预先设计好问卷）。

（三）分析信息并提出解决方法

对收集的信息进行分析，提出心理护理的目标。从心理护理的角度来说，就是要做出心理上的诊断与治疗。如因经济条件差而不安心住院的患者，帮助其请求单位补助、亲友支持或募捐解决等。

（四）了解患者的需要

患者就医是为了解除痛苦，得到良好的护理，以及生活上的照顾、关心、同情和帮助，并且尽快克服心理问题，熟悉周围环境，建立新的人际关系等。同时还要了解疾病的预后以及对家庭、工作和学习的影响。

（五）护理效果的评价

对护理效果的评价，应根据护理行为是否符合护理程序和计划而定，不能仅以患者的目标是否达到来作为护理效果的评价标准。

学中做

张奶奶，今年66岁，她一生勤俭持家，节约用度，年轻时脾气很好。不过从退休开始，张奶奶的脾气却越来越差。几年前和儿子儿媳一起生活，虽然儿子儿媳很孝顺，但是张奶奶自从和儿子儿媳一起生活后就经常找儿媳的不是，和儿媳吵架。有一次吵架后张奶奶突发脑出血，但及时做了手术，且术后康复良好。本以为这次手术后张奶奶会珍惜晚年生活、享受晚年生活，但是张奶奶并没有改变，依然经常批评家人，看不惯一切，非常愤世嫉俗。

按照心理护理程序，包括心理评估、心理诊断、心理护理计划、心理护理措施四个步骤，对案例中张奶奶进行心理评估，并做出心理诊断，制订心理护理计划，选用心理护理措施。

三、分析老年人心理护理的具体内容

知识拓展

古希腊医学家希波克拉底有一句名言："了解什么样的人得了病，比了解一个人得了什么病更为重要。"同样的病，在不同人身上，其表现往往是不同的。如重大的精神创伤对某个人可能是毁灭性的打击，而另一个人却可能会泰然面对。因此，护理人员可通过了解病人的性格特征，来预见病人对疾病所持的可能的态度和将会采取的行动，为治疗提供心理基础。

（一）性格与护理

1. 性格开朗患者的护理

性格开朗者，外向型较明显，患病后易产生急躁情绪。可通过交谈让患者对疾病有所认识，使其尽快适应医院生活、增强对疾病痛苦的耐受性，并与医务人员较好配合。

护理中：对患者要热情、耐心，不必过多地隐瞒病情。主动向患者介绍疾病的有关知识，使之对疾病有一定的正确认识。并且应当指出情绪稳定与健康恢复的关系，使患者始终保持乐观的态度，勇于战胜疾病。

2. 性格孤僻、懦弱患者的护理

性格懦弱者，内向型较明显，表现沉静、反应迟缓，适应困难。患病后情绪消沉、焦虑、抑郁，对疾病痛苦的耐受性差，有轻微的疼痛便大声呻吟，对医院生活适应能力差，依赖性强。诉说病情时往往易夸大或缩小病态感觉的体验。

护理中：要耐心倾听患者主诉，不要随便打断患者的谈话，言语应谨慎（不要有暗示性的语言，以免引起生疑）。应主动介绍医院环境，使之尽快适应生活，帮助患者培养战

胜疾病的信心。

知识链接

自然赋予我们人类一张嘴，两只耳朵，也就是让我们多听少说。

——苏格拉底

倾听的原则：

1）适应讲话者的风格；　　2）眼耳并用（目光）；

3）理解他人；　　　　　　4）鼓励他人表达自己；

5）聆听全部信息；　　　　6）表现出有兴趣聆听。

（二）情绪与护理

1. 恐惧、紧张情绪的护理

患者恐惧医院内的陈设和各种检查、惧怕手术。

护理中：应设法消减引起恐惧的原因。如在做检查前，向患者解释清楚，主动告诉患者手术过程中疼痛的性质、原因、程度，说明医生会设法减轻疼痛。

2. 焦虑情绪的护理

焦虑情绪是患者常见的情绪表现。引起焦虑的原因很多，如诊断不明确、治疗效果不佳、后遗症、疼痛、家庭经济拮据、牵挂老人和孩子、担心工作等，患者常表现为食欲不振、失眠、沉默不语、唉声叹气。

护理中：可以引导患者发泄焦虑情绪，为患者介绍有关疾病的知识及焦虑情绪带来的危害；合理安排休养生活，使之生动有趣；调动患者的积极性，减轻孤独与焦虑，变消极情绪为乐观、愉快的积极情绪；同时还要注意发挥患者和亲属交谈以稳定患者情绪的作用。

（三）需求与护理

1. 需求

患者由于疾病的痛苦和特定的医疗环境，其需求较正常人更为复杂、具体。一般有下列一些基本需求：需要尽快诊断；需要安全；需要认识和掌握自己的病情；需要帮助、关怀和爱护；需要可口的饮食以及尽快康复；需要充分的休息与睡眠；需要同情。当患者住院，又会有一些新的需求：需要被认识、尊重，得到良好的治疗环境和治疗待遇；需要熟悉环境，了解规章制度和亲人探视时间；需要较好的人际关系，尤其是医患关系；需要安全感；需要消遣和娱乐；需要出院后的适应能力。

2. 护理

满足患者的生理需求，如环境的清洁、美化、饮食卫生、休息等，要视患者的特点而定；尊重患者，不要以床号的称谓替代名字，否则会伤害患者的自尊心；提供信息，如介绍医院环境、规章制度、周围病友、为其治疗的医生等；介绍有关疾病的知识和检查、治疗方法；组织患者参加文娱活动和做力所能及的工作。患者的需求是随病情的变化而变化的，而且不同的患者、病情的不同阶段，需求也各异。患者的需求还因年龄差别而不同，所以护理人员必须根据患者的具体情况和需求层次，有的放矢地进行护理。

知识拓展

　　亚伯拉罕·马斯洛（1908—1970），出生于纽约市布鲁克林区，美国社会心理学家、人格理论家和比较心理学家，人本主义心理学的主要发起者和理论家，心理学第三势力的领导人。曾任美国人格与社会心理学会主席和美国心理学会主席（1967），被人称为"人本主义心理学之父"。他在1943年发表的《人类动机的理论》一书中提出了需求层次论。五个层次如下：

　　生理需求，安全需求，爱与归属需求，尊重需求，自我实现。

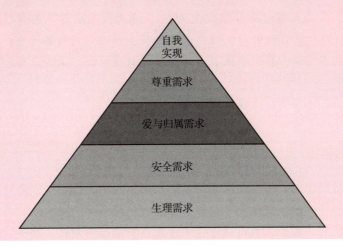

（四）语言与护理

　　语言是人们进行社会交往的工具，语言的运用是否恰当，对人所起的作用也不同。良好的语言具有积极作用，有助于健康的恢复。运用语言交谈进行心理护理，应注意以下方面。

1. 重视语言

　　恰当的语言在护理工作中具有重要作用。通过与患者的诚恳交谈，帮助患者正确认识和对待自己的疾病，使其得到精神上的鼓励。要多运用有利于恢复健康的语言，传递有利于恢复健康的信息。患者在交谈中表现出来的心理反应，护理人员要有所认识。患者悲痛时要给予安慰和同情，让其合理地宣泄心中的烦恼，得到心理上的满足。

2. 交谈时要落落大方、举止文雅、语言文明

　　双脚平肩宽而立，双手前握自然下垂，固定站立，使患者觉得你是一位稳重而端庄的护理人员。切不可双手插兜，背靠墙，给人以懒散不恭的印象。

3. 交谈时要表情自然，注视对方面部或眼部

不可有意无意做出一副心不在焉的样子，使患者感到你不尊重他。同时，外部表情不要过于丰富，手势勿过多，以免令患者反感。

4. 交谈时要注意观察病情

寻查病因，注意观察病情，了解患者的心理活动并接受建议、征询要求等。

5. 交谈内容不要涉及他人

交谈过程中，交谈内容不要涉及他人，尤其不要在背后议论医护人员的是非及其他病人的隐私，否则有损于自身尊严。

6. 注意保密

对于不该告知患者的病情及诊治措施，应注意保密，以免引起患者的不良心理反应。

> 某患者需要做 B 超和 X 线钡餐检查，护士告知病人："明天不要吃早餐，要到 B 超室和 X 线室做检查。"患者表示理解。患者第二天先做 X 线钡餐，然后做 B 超。但做 B 超的医生说刚做完钡餐检查，显影剂仍停留在胃肠道，暂不能做 B 超。不能及时做检查，延迟诊断和治疗，引起纠纷。
>
> 为什么会引起这场纠纷？

（五）暗示与护理

暗示是人类最简单的、最典型的条件反射。暗示刺激人脑产生兴奋灶，这个兴奋灶再沿着条件反射的神经通路，直接调节身体各部位的生理活动。暗示疗法是运用暗示作用的积极方面来治疗疾病，医护人员可通过言语使患者不经逻辑判断，就接受医生和护士灌输给他的观念。一般良性的言语刺激，可使不正常的生理活动恢复正常；而恶性的言语刺激则会产生消极的暗示作用，导致心身疾病。

暗示疗法既可在清醒状态下进行，也可在催眠状态下进行。而在心理护理中的暗示疗法，多数是前者。如对失眠患者先不急于用药，而是为患者创造入睡条件，利用睡眠的暗示作用催眠，嘱咐患者平心静气躺着，想象入睡时身体如何轻松、头脑如何发困，再用中指轻扣印堂穴，患者慢慢就会入睡。又如患者注射时怕疼，可安慰患者不要怕，这种药对病的效果很好，慢慢推药不会太疼的，使患者以信赖的心理接受注射，肌肉松弛，注射时再设法转移其注意力，就会减轻疼痛。

觉醒状态下的暗示，可分为他人暗示和自我暗示。他人暗示是指暗示者将某种观念暗示给被暗示者，使这个观念在被暗示者的意识和潜意识中发生作用。他人暗示又可分为直接暗示和间接暗示两种。直接暗示是让人静坐在舒服的椅子上，医生用平和的语气给予事先编好的暗示语；间接暗示是借助电流刺激或仪器检查等相配合，并用语言强化进行暗示治疗。此外，给患者讲述有关与疾病作斗争的体验也能起到间接暗示的作用。自我暗示是指自己将某种观念暗示给自己。这对那些处于兴奋、激动甚至失眠、紧张状态的人来说，

使用一些使人平静、缓和及放松的语句进行自我暗示，对于缓和兴奋与紧张状态、调整情绪都会产生较好的效果。

在护理中要根据病情和患者接受暗示的强弱程度，采用不同的暗示疗法，来最大限度地发挥手术、药物的治疗作用。暗示疗法的效果，往往取决于被暗示者对暗示者的信赖程度，以及暗示者的语言技巧和态度等。

（六）环境与护理

环境直接影响着人的心理活动。现代医学证明，优美舒适的环境对人的心理能产生良好的影响，它能使人心情舒畅、精力充沛，从而增进健康。

1. 患者所住房间的色调

颜色的心理效应早已被人们所关注。一般认为，红色刺激使人精神兴奋或紧张；黑色使人情绪抑郁，死气沉沉；浅蓝色和淡绿色使人感到恬静、舒适；奶油色给人柔和悦目、宁静的感受。经科学研究发现：淡绿色和浅蓝色还能吸收噪声的高音部分。同时实验还证明，颜色对脉搏也有影响。受试者在浅红色墙壁的房间里，脉搏变快；在黄色墙壁的房间里，脉搏正常；在白色墙壁的房间里，脉搏变慢。

2. 空气

病房的空气新鲜、洁净、温湿度适宜，无特别气味，有利于患者健康的恢复。病房内要禁止吸烟，还应及时清除室内的异味，如消毒剂、药品气味、伤口脓血味以及卧床患者发出的汗臭味等；室内要经常开窗换气，每次不少于 30 分钟。室内温度一般以 18~20 ℃为宜。湿度以 50%~60% 为宜，过湿和过于干燥都会使人感到不适。

3. 声音

病房应保持安静，以保持患者的休息和睡眠，有利于疾病的治疗和康复。病房内噪声限制在 35~40 分贝，超过此限度将影响患者的情绪，使人感到烦躁。护理人员应注意减少和避免音响，脚穿软底鞋，做到走路轻、说话轻、关门窗轻，桌凳腿要安装橡皮垫，一切操作动作要轻。为保证患者安静休息，轻重患者要分室安排，以免患者病情突变惊叫而影响其他患者。

　　1）心理护理的一般程序是什么？
　　2）心理护理的具体内容是什么？

四、掌握老年人心理护理的注意事项

老年患者的心理活动比较复杂，根据不同老年患者的心理状态开展不同的心理护理，能减轻病人的痛苦，提高临床疗效。心理护理注意事项如图 1-1 所示。

1. 关心和尊重老年患者

老年患者一般都希望别人重视自己的疾病，所以在工作中要耐心细致，视患者为亲人，说话时态度要和蔼，服务要热情周到，这样才能使其心情舒畅，建立起良好的护患关系，对以后的治疗产生积极效应。对老年患者的提问要认真听取，并耐心地解释，不要有不耐烦的情绪，以消除患者的不安。

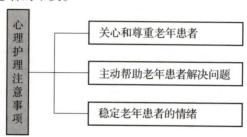

图 1-1　心理护理注意事项

2. 主动帮助老年患者解决问题

老年患者大多数由于患病时间长、生活自理能力差、子女因工作不能常来陪伴，而在精神上感到孤独、寂寞，这就需要护理人员通过良好的语言、热情的态度及行为去影响他们，避免不良情绪对身体的影响。

3. 稳定老年患者的情绪

老年患者对所患疾病都有一定的精神负担和心理压力，忧虑自己的病能否治愈、怀疑对他隐瞒病情的严重程度、怕得不到满意的医疗护理，又怕由此失去家人的关心或对恢复健康失去信心。这类心理一旦出现，往往不会逆转，所以要及时观察，给予体贴、关心和必要的教育，以改变其消极态度。工作中要耐心细致、态度和蔼、有问必答、不嫌烦、不嫌脏，并主动向他们介绍病情、治疗情况及治疗效果，提高老年患者对疾病的认识能力，稳定情绪，帮助其建立不畏老、不怕病的健康意识。因为健康的心理、乐观的情绪是战胜疾病的重要支柱。

> **学中做**
>
> 护士小刘对患者说："王大嫂，请抽血！"
>
> 患者拒绝："不抽，我太瘦了，没有血，不抽了！"
>
> 护士小刘耐心地解释："抽血是因为要检查骨髓的造血功能，例如，白细胞、红细胞、血小板等，如果血象太低了，就不能继续做放疗，人会很难受，治疗也会中断！"
>
> 患者好奇："降低了，又怎样呢？"
>
> 护士小刘说："降低了医生就会用药物使它上升，仍然可以放疗！你看，别的病友都抽了！一点点血，对你不会有什么影响的。"
>
> 患者被说服了："好吧！"
>
> 问题：护士小刘运用了什么交流技巧说服患者的？

（常娜）

任务二
帮助老年人保持心理健康与心理卫生

随着现代科技和医学的发展，医学模式已转变为"生物—心理—社会"模式，心理问题对人的健康和疾病的影响逐渐受到人们的关注，心理护理也应运而生。在人口老龄化程度日趋严峻的今天，老年人的养护成为社会关注的重点，老年人养护问题中的心理护理也得到越来越多的重视。如何提高老年人的心理健康水平，如何提高老年人的社会适应能力，如何使老年人在身心愉悦的状态下度过晚年，已成为当今老年人心理护理的重要内容。

一、认知老年人心理健康

帮助老年人保持心理健康与心理卫生

（一）老年人心理健康

对于什么是心理健康，心理学界的定义有多种。《国家职业资格培训教程心理咨询师》中给出的定义是：心理形式协调、内容与现实一致和人格相对稳定的状态。

（二）老年人心理健康标准

1. 充分的安全感

安全感需要多层次的环境条件，如社会环境、自然环境、工作环境、家庭环境等。其中家庭环境对于老年人尤为重要，家庭是否和谐直接影响到老年人的幸福指数。

2. 充分地了解自己

充分地了解自己是指能够客观分析自己的能力，并做出恰如其分的判断。

3. 生活目标切合实际

老年人要根据自己的经济能力、家庭条件及相应的社会环境来制定生活目标。生活目标的制定既要符合实际，还要留有余地，不要超出自己及家庭经济能力的范围。

4. 与外界环境保持接触

与外界环境保持接触一方面可以丰富自己的精神生活，另一方面可以及时调整自己的行为，以便更好地适应环境。与外界环境保持接触包括三个方面，即与自然、社会和人的接触。

5. 保持个性的完整与和谐

个性中的能力、兴趣、性格与气质等各个心理特征必须和谐而统一，这样生活中才能体验出幸福感和满足感。

6. 具有一定的学习能力

在现代社会中，为了适应新的生活方式，必须不断学习。此外，学习可以锻炼老年人的记忆和思维能力，对于预防脑功能减退和老年性痴呆非常有益。

7. 保持良好的人际关系

人际关系的形成包括认知、情感、行为三个方面的心理因素。情感方面的联系是人际关系的主要特征。在人际关系中，有正性积极的关系，也有负性消极的关系。人际关系的协调与否，对人的心理健康有很大的影响。

8. 能适度地表达与控制自己的情绪

对不愉快的情绪必须给予释放或宣泄，但不能发泄过分，否则，既影响自己的生活，又加剧人际矛盾。另外，客观事物不是决定情绪的主要因素，情绪是通过人们对事物的评价而产生的，不同的评价结果会引起不同的情绪反应。

9. 有限度地发挥自己的才能与兴趣爱好

一个人的才能与兴趣爱好应该对自己有利，对家庭有利，对社会有利。否则，只顾发挥自己的才能和兴趣，而损害了他人或团体的利益，就会引起人际纠纷，增添不必要的烦恼。

10. 个人的基本需要得到一定程度的满足

在不违背社会道德规范的情况下，个人的基本需要应得到一定程度的满足。当个人的需求能够得到满足时，就会产生愉快感和幸福感。但人的需求往往是无止境的，在法律与道德的规范下，满足个人适当的需求为最佳的选择。

知识拓展

国际上公认的由著名心理学家马斯洛和米特尔曼提出的10条心理健康标准，也适用于老年人。

1）充分的安全感；　　　　　　　　2）充分地了解自己；
3）生活目标切合实际；　　　　　　4）与外界环境保持接触；
5）保持个性的完整与和谐；　　　　6）具有一定的学习能力；
7）保持良好的人际关系；　　　　　8）能适度地表达与控制自己的情绪；
9）有限度地发挥自己的才能与兴趣爱好；10）个人的基本需要得到一定程度的满足。

（三）影响老年心理健康的因素

国内有很多关于老年人心理健康影响因素的研究，综合各研究成果，主要表现在以下几个方面。

1. 社会角色转变

社会角色的改变，不仅意味着失掉了某些权利，更为重要的是丧失了原来所担当的那个角色的情感，丢掉了几十年来形成的那种行为方式。老年人退休后逐渐从主体角色演变为依赖角色，且年龄越大，对儿女的依赖程度越高。人到老年期，失去配偶的可能性日益增大，一旦配偶丧失，剩下的一方即进入单身角色。老年期处于角色变换多发期，角色变化会带给老年人较大的心理压力，甚至带来心身的严重不适，从而威胁老年人的心理健康。

2. 经济状况

经济是保证老年人正常日常生活和享受健康的基础，我国老年人的经济收入一般都低于在职人员，加上医疗服务费用逐渐上升，使老年人的经济来源缺乏独立可靠的保障。经济收入不足、社会地位不高，使这类老年人容易产生自卑心理。而且经济状况会直接影响老年人的营养状况、生活条件和所享受的医疗卫生服务，从而影响其心身健康。

3. 家庭环境

家庭是人类生活的最基本单位。老年人离退休后，从社会转向家庭，家庭便成为老年人最重要的精神、物质和生活的依托。因此家庭对老年人具有特殊的意义，对老年人的心身健康也具有重大的影响。然而许多老年人由于丧偶、独居、夫妻争吵、亲友亡故、婆媳不和、突发重病等意外刺激，生活于"空巢家庭"及不愉快的家庭之中，不仅导致生活上的诸多不便，而且在心理上也会产生许多问题，最终直接或间接地影响老年人的心身健康。

4. 心身衰老

具有价值观念和思想追求的老年人，通常在离开工作岗位之后，都不甘于清闲。他（她）们渴望在有生之年，能够再为社会多做一些工作。所谓退而不休，老有所为，便是老年人崇高精神追求的真实写照。然而，许多志高不减的老年人，心身健康状况却并不理想。他（她）们随着机体衰老严重，或者身患多种疾病，有的在感知、记忆、思维等心理能力的衰退方面，也非常明显。这样使得一些老年人陷入深深的苦恼和焦虑之中，从而影响他们的心身健康。

2010年年初，南方某省一名60多岁的老人，因儿子外出打工，常年不在家，经常感到孤独寂寞，是一位名副其实的空巢老人。老人为让外出打工的儿子回家陪在自己的身边，竟将自己儿子告上了法庭，并在法庭多次调解未果的情况下，一时冲动怀揣雷管自爆于法庭上。

这场令人痛心的悲剧，引起了人们对老年人心理健康的关注。

如何才能让老年人保持心理健康？

（四）老年人心理健康的维护

有研究显示，健全医疗保障制度、提倡科学合理的生活方式、促进老年人身体健康是保持心理健康的重要前提。此外，应对老年人采取适当的干预措施，通过不同渠道、采取不同方式，使他们不断提高文化水平，培养各种有益的兴趣爱好，这不仅能促进其自身的情绪调适、社会适应和人际交往能力，延缓其认知功能减退，全面改善其心理健康状况，而且也有助于老年人在享受社会提供的养老资源的同时，发挥自己的知识才能，老有所为，实现自我价值。

1. 进一步加快经济发展，提高老年人生活质量

老年人生活质量决定着老年人的心理健康水平。生活质量越高，老年人的整体健康水平越高。现在，我国已经解决了温饱问题，今后老年人将强烈要求心身的健康发展，提高生活质量已成为新时期更广泛而本质的要求。

2. 弘扬尊老敬老的社会风气，建立起健康和谐的代际关系

尊老敬老的传统源远流长，是中华民族优秀文化的重要组成部分，并且对保证老年人的心身健康发挥了巨大的作用。但是近些年来随着社会和家庭结构的巨变，这一传统美德日益衰退。因此，在精神文明建设中，应充分利用新闻媒体，大力宣传尊老敬老的优良传统，弘扬表彰尊老敬老的先进集体及个人，谴责虐待老人的行为。开展尊老敬老的教育，落实尊老敬老的内容。

3. 大力发展，全面提高人口素质，为老年人心理健康创造前提条件

一个国家人民的健康水平，主要受国家的经济和卫生事业发展的影响，同时也取决于居民的文化教育素质。只有人民充分利用各种公共卫生设施，人人实行自我保健，才能提高全民健康水平。提高人口素质，包括文化素质，是提高老年人心理健康水平的先决条件。

4. 普及健康教育，强化健康管理

我们要重视老年群体的健康问题，提高老年人的生命质量。但从整个人口来看，老年阶段的健康主要还应注重从基础抓起，需要人生全程的健康保障。许多慢性病尽管发生在老年时期，实际上起源于中青年时期，是不良的生活习惯和行为方式随着岁月的不断累加的结果。所以普及健康教育，强化健康管理，加强人群的自我保健意识和能力，以及早期检查、早期诊断更为重要。

5. 大力宣扬老年心理保健成功的典型，广泛宣传老年心理保健工作

目前，我国在进行老年心理保健教育方面的普及水平还很低。城里老人、文化老人还稍懂一些；而在乡下，文盲老人的绝大部分对老年心理保健还属于一无所知。

6. 提高老年健康服务队伍的整体水平

要加强老年健康教育队伍建设，为普及老年健康教育提供专业的人才支持，同时探索适宜的发展模式。要把老年医疗、心理保健工作纳入社区卫生发展规划，逐步建立起社区老年医疗保健服务体系；要加强老年医疗、心理保健服务设施建设，按照区域卫生规定原则，建设老年医疗服务、康复、护理和临终关怀等方面的设施，大力发展家庭病床等上门服务，为老人提供预防、医疗康复及护理等便捷的一体化服务。

郝大爷今年60岁，最近刚刚退休在家，一时间不能适应退休在家无所事事的状况，又因儿女常年不在身边，且老伴儿去儿子家帮忙照顾孩子，近期郝大爷受了点打击，出现精神恍惚，语无伦次的情况。老伴儿见状回家陪伴郝大爷，但是郝大爷时常告诉老伴儿说话小声点，说门外有人要闯进他家。郝大爷正常的时候，思路清晰，糊涂的时候就要叫人小心这个小心那个，总觉得有人要害他。

请问：

1）根据老年人心理健康标准对郝大爷进行判断，郝大爷出现了什么症状？

2）郝大爷应该做哪些进一步的检查？

3）郝大爷需要接受哪方面的帮助？

4）简述老年心理健康的标准。

5）如何维护郝大爷心理健康？

请同学们分组讨论、分析，并以小组为单位展示讨论结果。

二、识别心理卫生与老年心理卫生

（一）心理卫生

心理卫生的本意是维护和促进心理健康，但在实际生活中它有三个含义：心理卫生学、心理卫生工作、心理健康状态。消极的心理卫生是指预防各种心理障碍、心理疾病的发生；积极的心理卫生是指维护和增进心理健康，培养健全人格，提高人类对环境的适应能力和生活质量。狭义的心理卫生旨在预防心理疾病的发生；广义的心理卫生是指以促进人的心理健康、发挥人更大的心理效能为目标，进而产生三级预防功能（一级预防称为病因预防，二级预防称为临床前期预防，三级预防称为临床预防）。

（二）心理卫生的重要性

人的生理活动会影响心理活动，当生理发生障碍时则会引起心理的异常；相反，心理活动也会影响生理功能，当心理发生障碍时，可导致生理的不适，甚至出现病理性改变。如一个人长时间悲观失望、焦虑不安、忧郁烦恼，则易引起免疫功能下降，容易感染各种疾病，并易加快衰老；反之，如果一个人生活充实、满怀信心、情绪稳定，那么，生理功能活动就可能处于正常状态，吃得饱、睡得香、精力充沛等。我们每个人都生活在社会这个大环境中，与各种各样的人和事打交道，会遇到各种各样的矛盾，因此心理也无时不在发生着变化。近年来，随着心身医学的发展，人们逐渐认识到：人的心理状况与疾病是密切相关的。假如一个人诉说身体不适，除了要考虑他有什么躯体性疾患之外，还要了解一下是否有某种社会心理因素在推波助澜。

（三）老年人心理卫生

人进入老年期，生理、心理都会出现一系列变化。人体的各种组织和器官的结构、功能都会逐渐地出现种种退行性的衰老变化，感知觉减退、记忆力下降、智力结构改变、情绪出现不稳定、人格发生某种变化。离退休后，工作和生活环境发生了一系列转折，如从工作上的参加者转为旁观者，从以工作为重心转为以闲暇为重心，从以单位为核心转为以家庭为核心，从紧张的生活转为清闲的生活，从接触的人多、事多到接触的人少、事少。也就是说，从动态转为了静态，从而可能在思想上由积极状态变为消极状态，精神上由有依赖感变为无依赖感，在思想、生活、情绪、习惯、人际关系等方面出现不适应。为此，老年人要保持心理健康应当注意以下几点。

1. 躯体疾病的防治

老年人比年轻人易患躯体疾病，特别是高血压、动脉硬化、慢性支气管炎、肺心病、糖尿病、恶性肿瘤等。这类疾病严重影响老年人的健康，因此预防和适当地治疗是保持晚年情绪愉快、延长寿命的重要方面。要及时或定期检查身体，早期发现，早期治疗。如发现了某种慢性病，也不要紧张、恐惧、惊慌和悲观，安心、平静、乐观是取得良好疗效的重要因素。

知识链接

中医养生十六宜：
1）发宜多梳；　　2）面宜多擦；　　3）目宜常运；
4）耳宜常弹；　　5）舌宜舐腭；　　6）齿宜常叩；
7）津宜漱咽；　　8）浊气常呵；　　9）背宜常暖；
10）胸宜常护；　　11）腹宜常摩；　　12）谷道宜常撮；
13）肢体宜常摇；　　14）足心宜常擦；　　15）皮肤宜常干浴；
16）大小便宜时闭口勿言。

2. 接受现实，保持乐观的情绪

对于进入老年期以后躯体的生理和心理各方面趋于衰退的变化，在思想上要有所准备，承认现实并能够正确对待、泰然处之。在离退休前，做好充分的思想准备，安排好离退休后的生活，使生活内容丰富多彩。到了晚年，有些人觉得对社会、对人民做出了贡献，觉得不枉此生，得以安心欢度晚年；而有些人过去成就不高，哀叹"少壮不努力，老大徒伤悲"，对未来忧心忡忡。后一种态度，对老年人是极为不利的。他们需要心理调整，需要鼓舞、支持，保持乐观愉快的情绪，做到胸襟开阔，思想开朗。

3. 坚持老有所学，老有所为

活到老、学到老。坚持学习，可使人紧跟时代的车轮前进，使人放宽眼界，仍然生活在集体之中。将学习所得加上自己过去的知识和经验，用于社会活动之中，做些有益于集体、有益于公众的事，可使生活过得有意义。坚持学习，进行脑力锻炼，可以促进老年人的心理活动，特别是记忆力和智力。坚持学习是延缓和推迟衰老的重要措施。

4. 培养兴趣爱好，丰富生活

怎样把闲暇的生活时间安排得饶有乐趣，丰富多彩，这是老年人心理卫生的一个重要问题。到户外或公园进行一些自己喜欢的轻松体育活动，如散步或慢跑、练气功或打太极拳等，可以呼吸新鲜空气，增进血液循环，既有益于身体健康，在心理上也可以得到一种轻松愉快、青春焕发的感受。老年人还可以通过养鸟、养鱼、种花等来填补生活上的空白，增添生活的情趣，使自己精神有所寄托。

兴趣与爱好对青年、壮年和老年人都是重要的，它们既可丰富生活内容、激发对生活的兴趣，又对大脑具有积极意义的休息，可以协调、平衡神经系统的活动，使神经系统更好地调节全身各个系统、各个器官的生理活动。因此，对推迟和延缓衰老可起到积极作用。

5. 保持良好的人际关系

老年人对某件事情的看法同别人不一致时，对原则性的重要问题应心平气和地分析和讨论来求得一致。实在达不到一致时，也应求同存异，而不应因此影响人际关系。对非原则性的小事，则应多尊重别人的意见，自己谦虚些。别人有什么事，主动去帮助别人，应以助人为乐为本，保持良好的人际关系。互敬互助，心情舒畅，有益于心理健康。

（四）老年心理卫生的具体措施

1. 要维持心理上的适度紧张

过度紧张有害于心身健康，但无所事事，百无聊赖，没有适度紧张也有害于心身健康。怎样维持心理上的适度紧张呢？

1）必须树立生活目标，不断增强求新动机，心情愉快，满怀信心地去生活。

2）生活起居节律化，对自己决不姑息迁就。古语云："起居无节，半百而衰。"老年人都应引以为戒。

3）要做工作，而且要做自己乐意做，又有数量、质量要求的工作，在工作中和晚年的劳动中体验人生的价值和意义。愉快的、紧张的活动可以延缓衰老，益寿延年。正如孔子所说："发愤忘食，乐而忘忧，不知老之将至。"

4）要参加力所能及的家务劳动，要尽力坚持自我服务性劳动。儿孙满堂的老年人更要注意这个问题。俗语云："有儿四十即先老，无儿八十正当年。"这很值得有的老年人玩味。

5）坚持体育锻炼。适度的体育锻炼不仅能增进身体健康，而且有助于维持心理上的适度紧张。

知识拓展

运动原则

1）要选择适宜的锻炼项目；

2）运动锻炼要循序渐进；

3）运动锻炼要持之以恒；

4）要按运动处方进行体育锻炼；

5）运动过程中加强医务监督；

6）老年人在体育锻炼期间要遵循正常的生活制度。

2. 加强自我调节，创造愉快心境

1）做情绪的主人，在生活中，尽力培养积极情绪，尽力减少消极情绪的发生。"笑一笑，十年少；愁一愁，白了头"，这不无道理。

2）遇有矛盾挫折，尽快主动摆脱，不要钻牛角尖，不要让消极情绪折磨并摧残自己。

3）加强自我积极暗示，克服消极暗示。自我积极暗示可以使人精神振奋，心情愉快。

4）朝气勃勃，有利于健康。自我消极暗示可以使人疑神疑鬼，心神不安，情绪低落，精神萎靡，有害于心身健康。比如说："我老了，记忆不好了！""我老了，腿脚不灵了！""我老了，头脑不清了！""我老了，身体不行了！"等，这些消极情绪会把自己束缚得死死的，以致心境不佳，精神不爽，包袱沉重，危害健康。

5）患病不惊，老年人有病同样要"既来之则安之"，不可胡思乱想，防止自我消极暗示。除非必须住院治疗的病，一般不宜住院，应尽量在家治疗和调养。这样，老年人可以感到欣慰、安全，并饱尝天伦之乐，有利于身体康复。

3. 家庭和睦，重建新的人际关系，培养兴趣爱好

全家人敬老爱幼，互相关心，互相爱护，亲密无间，团结和睦。老年人要结识新朋友，心里有话能有处说。并可以培养年轻时没有时间做的兴趣爱好，例如养花、养鱼、写字、绘画，也可以定时收听广播，还可以从事一些有趣的体力劳动。这样可以填满生活时间，陶冶性情，调节神经系统，延缓衰老。

学中做

李爷爷今年 70 岁，最近半年来频频出入家附近的银行查自己的账户，并告知家人说银行私吞了他的 10 万元的存款，还不断去银行讨要说法。家人知道李爷爷 10 万元的存款并没有被银行私吞，所以经常和李爷爷解释，想尽办法说服李爷爷，但李爷爷非但不听还认为家人和银行一同合伙欺骗他，经常因为家人不站在自己这一边感到痛苦，常常和家人吵闹。李爷爷的家人不得不寻求心理咨询师来帮助，李爷爷家人还透漏一个情况，李爷爷平时还总怀疑邻居来家里偷米和油。

问题：

1）李爷爷可能存在什么问题？

2）如何对李爷爷进行心理护理，帮助李爷爷保持心理卫生？

（常娜）

项目二　老年心理护理适宜技术

【知识目标】

◇ 了解老年心理评估的过程及条件。
◇ 掌握老年心理评估的常用技术。
◇ 掌握老年心理评估的定义和种类。
◇ 掌握心理咨询与心理治疗的定义和关系。
◇ 了解老年心理咨询的对象、任务、类型、形式和要求。
◇ 掌握老年心理咨询的方法。
◇ 掌握老年心理治疗的常用技术。

正确实施老年
心理评估

【能力目标】

◇ 能掌握和正确运用老年心理评估的常用方法；
◇ 能为老年人离退休综合征提出预防和心理干预的方案。

【素质目标】

◇ 能够在临床护理工作中，熟练应用心理评估技术，正确判断出老年人的心理问题，赢得老年人的信任，从而为老年人提供正确解决心理问题的方法。
◇ 能够在临床护理工作中，正确掌握心理咨询和心理治疗技术，不断提升自身各方面的素质，争取成为一名优秀的实践护士。

【思维导图】

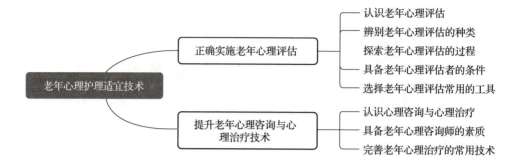

老年心理护理适宜技术
- 正确实施老年心理评估
  - 认识老年心理评估
  - 辨别老年心理评估的种类
  - 探索老年心理评估的过程
  - 具备老年心理评估者的条件
  - 选择老年心理评估常用的工具
- 提升老年心理咨询与心理治疗技术
  - 认识心理咨询与心理治疗
  - 具备老年心理咨询师的素质
  - 完善老年心理治疗的常用技术

案例导入

　　葛大爷，男，70岁，已入住杭州市第二社会福利院4年，近半年来表现异常，常常乱发脾气，并且经常和护理人员发生矛盾。与葛大爷同住福利院的孟奶奶，今年83岁，也出现了类似情况，孟奶奶有过一段不幸的遭遇，30年前她的丈夫和儿子因意外去世了。无依无靠的她还患上了糖尿病、高血压和视力障碍疾病。最近一段时间她经常感到头晕目眩，尽管自己曾经遵照医嘱服药，但病况没有改善，因此孟奶奶常常会想到自杀，这种想法反复出现在她的脑海里，最终孟奶奶采取了自杀行动，还好被护理人员及时发现，及时救治。

　　思考：

　　1）葛大爷和孟奶奶可能出现了什么问题？原因是什么？

　　2）如何对葛大爷和孟奶奶进行心理评估？常用的评估方法有哪些？

　　3）请大家讨论根据老年心理咨询与治疗的方法，如何对孟奶奶开展有效的心理干预？

　　4）请同学们课后分组讨论、分析，并以小组为单位用PPT展示讨论结果，或通过角色扮演演示心理干预的实施过程，掌握心理治疗的常用技术。

任务一
正确实施老年心理评估

一、认识老年心理评估

　　老年心理评估是指依据用心理学方法和技术搜集得来的资料，对老年人的心理特征与行为表现进行评估，以确定其性质和水平并进行分类诊断的过程。老年心理评估既可以采用标准化的方法，如各种心理测验；也可以采用非标准化的方法，如评估性会谈、观察法、自述法等。后面这几类方法也可设法加以改进，以提高其结构化程度和量化水平。

二、辨别老年心理评估的种类

老年心理评估主要方法有会谈法、观察法、心理测验法等。

（一）会谈法

会谈是进行心理咨询的基本方法，也是心理评估的一种手段。

通过会谈可以从较大范围内获取有关资料，以供分析研究。会谈法的效果取决于问题的性质和评估者本身的会谈技巧。例如冠心病康复期的心理行为问题可以通过定期与家属座谈从而获得有关心理社会因素资料并可以进行等级记录。

（二）观察法

在心理评估中，离不开对咨询者的观察，这也是评估者获得信息的常用手段。观察的结果需要经过科学而正确的描述加以"量化"。

（三）心理测验法

心理测验是为心理评估搜集数量化资料的常用工具。

在临床护理工作中，心理测验是心理或行为变量的主要定量手段，通过测量人的行为，去推测受测者个体的智力、人格、态度等方面的特征与水平。例如，通过人格量表、智力量表、症状量表等获得较高可信度的量化记录。心理测验种类繁多，必须严格按照心理测量科学规范来实施，才能得到科学的结论。

心理测验可按不同的标准进行分类。按照所要测量的特征可把测验分成认知测验、人格测验和神经心理测验。认知测验包括智力测验、特殊能力测验、创造力测验和成就测验。人格测验包括多项人格调查表、兴趣测验、成就动机测验、态度量表等。按照一次测量的人数，可把测验分为个别测验与团体测验。按照测验材料及被试作答方式，可分为言语测验与操作测验。基于不同的人格理论，人格测验又有自陈量表（基于特质理论）、投射测验（基于精神分析理论）、主体测验（例如角色建构储存测验，基于现象学理论）与行为测验（基于行为主义学习理论）等。

三、探索老年心理评估的过程

因评估对象和目的不同，评估过程的分段也有不同。一般可分成四个阶段。

准备阶段：了解咨询者的问题，与其商定评估手段和步骤。

信息输入：指通过调查、观察、会谈以及问卷、评定量表和心理测验等收集有关的信息。

信息加工：对收集到的信息进行处理，作出分析，然后进行解释。

信息输出：在以上各阶段工作的基础上提出解决问题的建议。建议要针对咨询者的要求。在评估过程中发现新问题时，对新问题的解决办法也包括在建议之中。

此外，随访阶段虽然不列在上述过程中，但是也很重要。因为要了解所提出的建议是否符合实际情况，能否取到应有的效果，所以要进行随访，并将结果记录于个案材料中。根据这些随访信息，核实自己的判断，纠正评估不确切处和错误。

知识链接

随访是指医院对曾在医院就诊的病人以通信或其他的方式，进行定期了解患者病情变化和指导患者康复的一种观察方法。简单地说，就是在诊治后，对病人继续追踪、查访。对病人进行跟踪观察，掌握第一手资料以进行统计分析、积累经验，同时也有利于医学科研工作的开展和医务工作者业务水平的提高，从而更好地为患者服务。

四、具备老年心理评估者的条件

（一）专业知识

要对这些内容进行评估首先要对其有充分的认识。例如要评估能力，就要对其组成部分如智力、记忆能力等有足够的认识。以智力为例，还要对它的性质、结构、发展以及智力与疾病的关系等有充分的了解。对记忆来说，在未了解记忆的性质、种类、机制以及记忆障碍的各种形式与疾病的关系时，一则不会正确评估，二则也无法解释结果。

（二）心理品质

良好的评估者要具备适合本工作的一些心理品质，如图2-1所示。

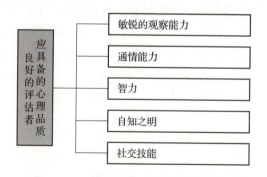

图2-1　良好的评估者应具备的心理品质

1. 敏锐的观察能力

心理评估要善于观察表情。除面部表情外，姿势、声调等的表情作用也不可忽视。人类表情方式有许多共同性，但不同民族和不同个体之间也有差异。比如有人认为东方人的表情比西方人含蓄，而有人喜怒哀乐于形于色，因此有的人在某些病理情况下会出现特殊的表情，这些在观察中都是应该注意到的。

2. 通情能力

指能分享他人的情感，或者说能设身处地，懂得别人的思想感情和性格。不通情的人，无法做到同情被评估者。

3. 智力

形成概念、理解"弦外之音"、善于利用线索以及利用经验，这些都是作为一个心理评估工作者所不可缺少的心理品质，而这些又都是智力的内容。

4. 自知之明

只有先认识自己才能认识他人。要做到无偏见，处理事物时不盲目自信，也不轻信盲从，才能做到恰如其分地评估。

5. 社交技能

情绪稳定、有独立性、受人欢迎、对人有兴趣方可成为好的评估人员。

知识链接

中国心理学会 1992 年 12 月颁布的《心理测验工作者的道德准则》中第一条和第五条规定："心理测验工作者应知道自己承担的重大社会责任，对待测验工作须持有科学、严肃、谨慎、谦虚的态度，心理测验工作者应保证以专业的要求和社会的需求来使用心理测验，不得滥用和单纯追求经济利益。"

侯爷爷，61 岁，退休前为国企单位的一位主要领导干部，退休前工作特别繁忙。退休后突然闲下来，让侯爷爷一时感到莫名的紧张和焦虑，总是找一些莫名其妙的理由呵斥家人，看家人不顺眼。以前从不挑食的侯爷爷现在经常埋怨老伴做的饭菜不好吃。而且对待自己子女的态度也发生重大转变，以前常鼓励孩子们要好好工作，现在总是抱怨他们工作太忙，不顾家。

结合所学知识，评估侯爷爷的心理变化，想一想是因为什么原因产生，并给予心理护理。

五、选择老年心理评估常用的工具

（一）老年人能力评估量表

随着我国人口老龄化程度日趋严重，为了满足老年人养老服务的需求，在参考了多国的老年评估标准后在老年人能力评估工具的基础上编制了老年人能力评估标准。标准的制订为老年人能力评估提供统一、规范和可操作的评估工具，科学划分老年人能力等级。

老年人能力评估的内容如下。

一级指标共有 4 个，包括日常生活活动（Activity of daily living，个体为独立生活而每天必须反复进行的、最基本的、具有共同性的身体动作群，即完成进食、洗澡、修饰、穿衣、大便控制、小便控制、如厕、床椅转移、平地行走、上下楼梯等日常活动的能力）、精神状态（Mental status，个体在认知功能、攻击行为、情绪等方面的表现）、感知觉与沟通（Sensory and communication，个体在意识水平、视力、听力、沟通交流等方面的能力）、社会参与（Social involvement，个体与周围人群和环境的联系与交流的能力，包括生活能力、工作能力、时间 / 空间定向、人物定向、社会交往能力）。其中三个与老年人心理有关，能有效地评估老年人的心理状况。

老年心理评估
常用工具

二级指标共有 22 个，包括日常生活活动（包括 10 个二级指标），精神状态（包括 3 个二级指标），感知觉与沟通（包括 4 个二级指标），社会参与（包括 5 个二级指标）。

老年人能力评估一级指标共有 4 个，二级指标共有 22 个，如表 2-1 所示。

表 2-1 老年人能力评估指标

一级指标	二级指标
日常生活活动	进食、洗澡、修饰、穿衣、大便控制、小便控制、如厕、床椅转移、平地行走、上下楼梯
精神状态	认知功能、攻击行为、情绪
感知觉与沟通	意识水平、视力、听力、沟通交流
社会参与	生活能力、工作能力、时间 / 空间定向、人物定向、社会交往能力

日常生活活动通过对 10 个二级指标的评定，将得分相加得到总分，等级划分如表 2-2 所示。

表 2-2 日常生活活动等级划分

分级	分级名称	分级标准
0	能力完好	总分为 100 分
1	轻度受损	总分为 65 ~ 95 分
2	中度受损	总分为 45 ~ 60 分
3	重度受损	总分 ≤ 40 分

精神状态通过对 3 个二级指标的评定，将其得分相加得到总分，等级划分如表 2-3 所示。

表 2-3 精神状态等级划分

分级	分级名称	分级标准
0	能力完好	总分为 0 分
1	轻度受损	总分为 1 分
2	中度受损	总分为 2 ~ 3 分
3	重度受损	总分为 4 ~ 6 分

感知觉与沟通通过对 4 个二级指标的评定，等级划分如表 2-4 所示。

表 2-4 感知觉与沟通等级划分

分级	分级名称	分级标准
0	能力完好	意识清醒，视力和听力评定为 0 或 1，沟通交流评定为 0
1	轻度受损	意识清醒，但视力或听力中至少一项评定为 2，或沟通交流评定为 1
2	中度受损	意识清醒，但视力或听力中至少一项评定为 3，或沟通交流评定为 2；或意识为嗜睡，视力或听力评定为 3 及以下，沟通交流评定为 2 及以下
3	重度受损	意识清醒或嗜睡，视力或听力中至少一项评定为 4，或沟通交流评定为 3；或意识为昏睡或昏迷

社会参与通过对 5 个二级指标的评定，将其得分相加得到总分，等级划分如表 2-5 所示。

表 2-5 社会参与等级划分

分级	分级名称	分级标准
0	能力完好	总分为 0 ~ 2 分
1	轻度受损	总分为 3 ~ 7 分
2	中度受损	总分为 8 ~ 13 分
3	重度受损	总分为 14 ~ 20 分

综合日常生活活动、精神状态、感知觉与沟通、社会参与这 4 个一级指标的分级，将老年人能力划分为 4 个等级，能力等级划分如表 2-6 所示。

表 2-6 老年人能力等级划分

能力等级	等级名称	等级标准
0	能力完好	日常生活活动、精神状态、感知觉与沟通的分级均为 0，社会参与的分级为 0 或 1
1	轻度失能	日常生活活动的分级为 0，但精神状态、感知觉与沟通中至少一项的分级为 1 及以上，或社会参与的分级为 2；或日常生活活动的分级为 1，精神状态、感知觉与沟通、社会参与中至少有一项的分级为 0 或 1

续表

能力等级	等级名称	等级标准
2	中度失能	日常生活活动的分级为1，但精神状态、感知觉与沟通、社会参与的分级均为2，或有一项的分级为3；或日常生活活动的分级为2，且精神状态、感知觉与沟通、社会参与中有1~2项的分级为1或2
3	重度失能	日常生活活动的分级为3；或日常生活活动、精神状态、感知觉与沟通、社会参与的分级均为2；或日常生活活动的分级为2，且精神状态、感知觉与沟通、社会参与中至少有一项的分级为3

注：1）处于昏迷状态者，直接评定为重度失能；若意识转为清醒，则需重新进行评估。
2）有以下情况之一者，在原有能力级别上提高一个级别：①确诊为认知障碍／痴呆；②确诊为精神疾病；③近30天内发生过2次及以上意外事件（如跌倒、噎食、自杀、走失）。

　　赵爷爷，67岁。退休以后，不但精神状态不好，身体也每况愈下。只是半年的时间，原来身板硬、腿脚灵的赵爷爷就变得老态龙钟，整天不是头疼就是脑热，走路的时候总想弯着腰。原来紧张有序的生活没有了，车间里同事之间的欢声笑语也没有了，取而代之的是吃饭、休息、看电视。赵爷爷经常一边哀叹自己老了不中用了，一边看着从医院带回来的一堆药发呆，似乎哪一种药都治不了他的心病。
　　赵爷爷为什么会出现这种心理变化？请结合操作步骤，对赵爷爷进行心理分析，找到造成赵爷爷心理变化的因素，并对其进行心理护理。

（二）简易智力状态检查量表

　　65岁以上的老年人群中，5%患有痴呆，痴呆的核心症状为智力减退，其检查虽然也可应用标准化的智力检查，如韦氏成人智力测验，但对人力和时间的要求较高，不易取得老年人的合作。简易智力状态检查（Mini-mental State Examination，MMSE），是最具影响的认知缺损筛选工具之一，具有快速、简便的优点。

1. 项目及评定标准

　　MMSE共19个项目，30个小项。项目1~5是时间定向；项目6~10为地点定向；项目11分三小项，为语言即刻记忆；项目12分五小项，检查注意力和计算能力；项目13分三小项，查短程记忆；项目14分两小项，为物体命名；项目15为语言复述；项目16为阅读理解；项目17分三小项，为语言理解；项目18原版本为写一句句子，考虑到中国老年人受教育程度，改成说一句句子，检测言语表达；项目19为图形描画。被试者回答或操作正确记1分，错误记2分，拒绝记3分，说不会做记4分，文盲记5分。

2. 结果分析

MMSE 的主要统计指标为总分，为所有记"1"的项目（小项）的总和，即回答（操作）正确的项目（小项）数，范围为 0 ~ 30 分。

根据国内对 5055 例社区老人的检测结果证明，MMSE 总分和教育程度密切相关，提出教育程度的分界值为：文盲组（未受教育）17 分，小学组（教育年限 6 年）20 分，中学或以上组（教育年限 >6 年）24 分。

3. 评定注意事项

要向被试者直接询问。如在社区中调查，注意不要让其他人干扰检查，老年人容易灰心或放弃，应注意鼓励。具体要求：

1）第 11 项只允许主试者讲一遍，不要求被试者按物品次序回答。如第一遍有错误，先记分；然后再告诉被试者错在哪里，并再让他回忆，直到正确。但最多只能"学习" 5 次。

2）第 12 项为"连续减 7"测验，同时检查被试者的注意力，故不要重复被试的答案，也不得用笔算。

3）第 17 项的操作要求次序准确。

中文版简易智力状态检查（MMSE）表如表 2-7 所示。

表 2-7　简易智力状态检查（MMSE）表

（1 表示正确；2 表示错误；3 表示拒绝回答；4 表示说不会做；5 表示文盲）
1. 今年是什么年份？　　1　2　3　4　5
2. 现在是什么季节？　　1　2　3　4　5
3. 今天是几号？　　1　2　3　4　5
4. 今天是星期几？　　1　2　3　4　5
5. 现在是几月份？　　1　2　3　4　5
6. 您能告诉我现在我们在哪里？例如在哪个省、市？　　　1　2　3　4　5
7. 您住在什么区（县）？　　　1　2　3　4　5
8. 您住在什么街道？　街道（乡）　　1　2　3　4　5
9. 我们现在是第几楼？　层楼　　1　2　3　4　5
10. 这儿是什么地方？　地址（名称）　1　2　3　4　5
11. 现在我要说三样东西的名称，在我讲完之后，请您重复说一遍，请您好好记住这三样东西，因为等一会儿要再问您（请仔细说清楚，每一样东西一秒钟）。
"皮球"　　　　"国旗"　　　　"树木"
请您把这三样东西说一遍（以第一次答案记分）。
第一样　皮球　1　2　3　4　5
第二样　国旗　1　2　3　4　5
第三样　树木　1　2　3　4　5
12. 现在请您从 100 减去 1，然后从所得的数字再减去 7，如此一直计算下去，把每一个答案都告诉我，直到我说"停"为止。

续表

（若错了，但下一个答案都是对的，那么只记一次错误）。

100−7=93　　1　2　3　4　5
93−7=86　　1　2　3　4　5
86−7=79　　1　2　3　4　5
79−7=72　　1　2　3　4　5　　停止！

13．现在请您告诉我，刚才我要您记住的三样东西是什么？

第一样　皮球　1　2　3　4　5
第二样　国旗　1　2　3　4　5
第三样　树木　1　2　3　4　5

14．（主试者：拿出您的手表）请问这是什么？

手表　1　2　3　4　5

（拿出您的铅笔）请问这是什么？

铅笔　1　2　3　4　5

15．现在我要说一句话，请清楚地重复一遍，这句话是："四十四只石狮子"（只许说一遍，只有正确、咬字清楚的才记1分）。

四十四只石狮子　　1　2　3　4　5

16．（主试者：把写有"闭上您的眼睛"大字的卡片交给被试者）请照着这卡片所写的去做（如果他闭上眼睛，记1分）。

1　2　3　4　5

17．（主试者：说下面一段话，并给他一张空白纸，不要重复说明，也不示范）请用右手拿这张纸，再用双手把纸对折，然后将纸放在您的大腿上。

用右手拿纸　　1　2　3　4　5
把纸对折　　1　2　3　4　5
放在大腿上　　1　2　3　4　5

18．请您说一句完整的、有意义的句子（句子必须有主语和动词），记下所叙述句子的全文。

1　2　3　4　5

19．（主试者：把卡片交给被试者）这是一张图，请您在同一张纸上照样把它画出来（对两个五边形的图案，在交叉处形成一个小四边形）。

1　2　3　4　5

📖 **知识拓展**

简易智力状态检查（MMSE）：

MMSE方法简便，对评定员的要求不高，只要经合适训练便可操作，适合用于社区和基层，其主要用途为检出需进一步诊断的对象。本测验操作方便，容易掌握，记分也不难，且不受被试者的性别、文化程度、经济状况等因素影响，应用范围十分广泛。临床多用于65岁以上疑有认知缺损老年人（包括正常人及各类精神病人）的智力状态及认知缺损程度的检查及诊断。

MMSE 信度良好，联合检查 ICC 为 0.99，相隔 48～72 小时的重测法，ICC 为 0.91。它和 WAIS 的平行效度良好。有报告表明，MMSE 总分和痴呆患者 CT 的脑萎缩程度呈正相关。应用本量表的分界值检测痴呆，敏感度达到 92.5%，特异性为 79.1%。

（三）痴呆简易筛查量表

痴呆简易筛查量表（Brief Screening Scale for Dementia，BSSD）是张明园于 1987 年编制的，本量表易于掌握、操作简便、可接受性高，是一个有效、适合我国国情、应用较为广泛的痴呆筛查量表。

1. 项目及评定标准

BSSD 有 30 个项目，包括常识／图片理解（4 项）、短时记忆（3 项）、语言／命令理解（3 项）、计算／注意（3 项）、地点定向（5 项）、时间定向（4 项）、即刻记忆（3 项）、物体命名（3 项）等诸项认知功能。其评分方法简便，每题答对得 1 分，答错为 0 分。

2. 结果分析

BSSD 主要统计指标为总分，范围为 0～30 分，分界值：文盲组为 16 分，小学组（教育年限 <6 年）为 19 分，中学或以上组（教育年限 >6 年）为 22 分。

3. 评定注意事项

1）年、月、日（第 1～3 题）：按照阳历纪年或阴历纪年回答为正确。

2）五分硬币、钢笔套、钥匙圈：回忆时（第 12～14、21～23 题）无须按照顺序。

3）连续减数（第 15～17 题）：上一个计算错误得 0 分，而下一个计算正确，后者可得 1 分。

4）命令理解（第 18～20 题）：要按指导语将三个命令说完后，请被试者执行。

5）痴呆简易筛查量表（BSSD）指导语：老年人常有记忆和注意等方面问题，下面有一些问题检查您的记忆和注意能力，都很简单，请听清楚再回答，如表 2-8 所示。

表 2–8　痴呆简易筛查量表（BSSD）

1. 现在是哪一年？
2. 现在是几月份？
3. 现在是几号？
4. 现在是星期几？
5. 这里是什么市（省）？
6. 这里是什么区（县）？
7. 这里是什么街道（乡、镇）？
8. 这里是什么路（村）？
9. 取出五分硬币，请说出其名称。

续表

10. 取出钢笔套，请说出其名称。
11. 取出钥匙圈，请说出其名称。
12. 移去物品，问"刚才您看过哪些东西？"（五分硬币）
13. 移去物品，问"刚才您看过哪些东西？"（钢笔套）
14. 移去物品，问"刚才您看过哪些东西？"（钥匙圈）
15. 一元钱用去7分，还剩多少？
16. 再加7分，等于多少？
17. 再加7分，等于多少？
18. 请您用右手拿纸。（取）
19. 请将纸对折。（折）
20. 请把纸放在桌子上。（放）
21. 请再想一下，让您看过什么东西？（五分硬币）
22. 请再想一下，让您看过什么东西？（钢笔套）
23. 请再想一下，让您看过什么东西？（钥匙圈）
24. 取出图片（孙中山或其他名人），问"请看这是谁的相片？"
25. 取出图片（毛泽东或其他名人），问"请看这是谁的相片？"
26. 取出图片，让被试者说出图的主题。（送伞）
27. 取出图片，让被试者说出图的主题。（买油）
28. 我国的总理是谁？
29. 一年有多少天？
30. 中华人民共和国是哪一年成立的？

知识拓展

痴呆简易筛查量表（BSSD）：

　　1988年经由包括110例痴呆在内的1 130名75岁以上老人的现场测试，结果表明：与其他类似工具相比，BSSD项目难度分布合理，项目间内部一致性好。联合检查法（ICC=0.96，RS=0.99）和重测法（RS=0.97）说明其具有良好的信度。按上述分界值，BSSD敏感性为90%，特异性为85.1%，其效度是可以接受的。

学中做

　　请同学们在2周内定向观察家里的某位老年人，记录老年人的个性特征，以一个具体事例分析老年人的心理需求并做出相应的应对，完成一份报告。

（四）老年临床评定量表

老年临床评定量表（Sandoz Clinical Assessment Geriatric，SCAG），由 Shader 编制于 1974 年，由量表协作研究组张明园（中华医学会精神卫生学会主任委员）等修订，主要用来评定老年精神病人治疗前后的变化，适合于所有老年精神病人，特别是住院者。

1. 项目及评定标准

SCAG 由 18 个项目组成，加上总体印象共 19 项。分 7 级评分，1~7 分，分别为：无；很轻；轻；中等；偏重；重；极重。该量表作者规定了各项条目的定义和评定线索。

1）情绪抑郁：指沮丧、悲观、无能为力、绝望、疑病、被家庭和亲友弃之不顾感、早醒等。

评定线索：按病人主诉、态度和行为评定。

2）意识模糊：指对环境、人物和时间的关系不确切（似乎并非身历此时此地），思维缓慢，理解、铭记和操作困难，思维不连贯。

评定线索：按病人在检查时的反应和行为及上次检查后医疗档案中的意识模糊发作情况评定。

3）警觉性：指注意和集中困难，反应性差。

评定线索：按检查所得评定。

4）始动性：对开始或完成工作任务、日常活动甚至个人必需的事，缺乏自发性兴趣。

评定线索：按观察评定。

5）易激惹：心神不宁、易怒、易受挫折，对应激或挑战情景耐受性差。

评定线索：按检查时的一般态度和反应评估。

6）敌对性：具有攻击性言语、憎恶、怨恨、易争吵、攻击等行为。

评定线索：按检查印象及观察到的病人对他人的态度和行为评定。

7）干扰他人：频繁地不必要地要求指导和帮助，打扰他人。

评定线索：根据检查及平时的行为评定。

8）不关心环境：对日常事情、以往关注的娱乐或环境（如新闻、电视、冷热、噪声等）缺乏兴趣。

评定线索：按检查时的诉说和平时行为的观察评定。

9）社交能力减退：与他人关系差、不友好，对社交活动和交流性娱乐活动态度消极，孤单离群。

评定线索：按平时观察而不按病人诉说评定。

10）疲乏：懒散、无精打采、萎靡不振和倦怠乏力。

评定线索：按病人诉说及日常观察评定。

11）不合作：不服从指导、不能按要求参加活动。即使参加也是心怀不满、怨恨或不考虑他人。

评定线索：按检查和平时观察评定。

12）情绪不稳：指情感反应的不持久和不确切，如易哭、易笑、易对非激发性情景产生明显的正负反应。

评定线索：按观察评定。

13）生活自理：指照料个人卫生、修饰、梳洗、进食的能力减退。

评定线索：不按病人自述，而按观察结果评定。

14）食欲：不愿进食，进食减少，挑食或偏食，体重减轻，需补充额外饮食。

评定线索：按其进食行为是否需要鼓励及体重变化评定。

15）头昏：包括真正的眩晕、不明确的失去平衡或失去运动能力的发作、头部的非头痛性主观感觉（如头晕）。

评定线索：结合体检和主诉评定。

16）焦虑：担忧、忧虑，对目前和未来过分关注、害怕，以及某些功能性主诉，如头痛、口干等。

评定线索：按其主观体验及体检时发现的颤抖、叹息、多汗等体征评定。

17）近期记忆缺损：记不起来新近发生的、对病人具有一定重要性的事件或经历，如亲人访视、进食内容、环境明显变化和个人活动。

评定线索：按一套规定问题询问并评定。

18）定向障碍：地点、时间定向差，错认，甚至搞不清自己是谁。

评定线索：仅按检查所得评定。

19）总体印象：综合检查、观察及全部临床资料，评定病人的生理和心理功能状况。

2. 结果分析

统计指标包括总分和单项分，其中最重要的是总分，即第19项（总体印象）。该量表作者未提供分界值。该量表曾多次用于药理学研究，如痴呆病人的药物治疗，认为它能较敏感地反映治疗前后的症状和行为的改变。

3. 评定注意事项

评定应由熟悉病人情况、经过训练的精神科医师进行。评定依据包括精神检查、病史记录及其他有关资料。

4. 老年临床评定量表（SCAG）

老年临床评定量表（SCAG）如表2-9所示。

表2-9　老年临床评定量表（SCAG）

项目	无	很轻	轻	中等	偏重	重	极重
1. 情绪抑郁	1	2	3	4	5	6	7
2. 意识模糊	1	2	3	4	5	6	7
3. 警觉性	1	2	3	4	5	6	7
4. 始动性	1	2	3	4	5	6	7
5. 易激惹	1	2	3	4	5	6	7
6. 敌对性	1	2	3	4	5	6	7

续表

项目	无	很轻	轻	中等	偏重	重	极重
7. 干扰他人	1	2	3	4	5	6	7
8. 不关心环境	1	2	3	4	5	6	7
9. 社交能力减退	1	2	3	4	5	6	7
10. 疲乏	1	2	3	4	5	6	7
11. 不合作	1	2	3	4	5	6	7
12. 情绪不稳	1	2	3	4	5	6	7
13. 生活自理	1	2	3	4	5	6	7
14. 食欲	1	2	3	4	5	6	7
15. 头昏	1	2	3	4	5	6	7
16. 焦虑	1	2	3	4	5	6	7
17. 近期记忆缺损	1	2	3	4	5	6	7
18. 定向障碍	1	2	3	4	5	6	7
19. 总体印象	1	2	3	4	5	6	7

（五）老年抑郁量表

老年抑郁量表（Geriatric Depression Scale，GDS）由 Brink 等（1982）创制，是专用于老年人的抑郁筛查表。Brink（1982）、Yesavage（1983）、Hyer 和 Blount（1984）等分别对 GDS 进行检验，结果表明 GDS 有较好的信效度，并与 SDS、HRSD、BDI 等常用抑郁量表有较高的相关性。

1. 项目及评定标准

GDS 以 30 个条目代表了老年抑郁的核心，包含这些症状：情绪低落、活动减少、易激惹、退缩、痛苦的想法，对过去、现在与将来的消极评价。每个条目都是一句问话，要求受试者以"是"或"否"作答。30 个条目中的 10 条（1，5，7，9，15，19，21，27，29，30）用反序计分（回答"否"表示抑郁存在），其他 20 条用正序计分（回答"是"表示抑郁存在）。每项表示抑郁的回答得 1 分。

2. 结果分析

Brink 建议按不同的研究目的（是灵敏度还是特异性）用 9～14 分作为存在抑郁的界限分。一般在最高分 30 分中得 0～10 分可视为正常范围，即无抑郁症，11～20 分显示轻度抑郁，而 21～30 分为中重度抑郁。该表用于筛查老年抑郁症，但其临界值仍有疑问。

3. 评定注意事项

GDS 是专为老年人创制并在老年人中标准化了的抑郁量表，在对老年人的临床评定上，它比其他抑郁量表有更高的符合率，在年纪较大的老年人中这种优势更加明显。

4. 老年抑郁量表（GDS）

老年抑郁量表（GDS）如表 2-10 所示。

表 2-10　老年抑郁量表（GDS）

选择最切合您一周来的感受的答案，在每题后［　］内答"是"或"否"。 您的姓名（　　）性别（　　）出生日期（　　　）职业（　　　）文化程度（　　　） 1. 你对生活基本上满意吗？［　］ 2. 你是否已放弃了许多活动和兴趣？［　］ 3. 你是否觉得生活空虚？［　］ 4. 你是否常感到厌倦？［　］ 5. 你觉得未来有希望吗？［　］ 6. 你是否因为脑子里有一些想法摆脱不掉而烦恼？［　］ 7. 你是否大部分时间精力充沛？［　］ 8. 你是否害怕会有不幸的事落在你的头上？［　］ 9. 你是否大部分时间感到幸福？［　］ 10. 你是否常感到孤立无援？［　］ 11. 你是否经常坐立不安，心烦意乱？［　］ 12. 你是否希望待在家里而不愿去做些新鲜的事？［　］ 13. 你是否常常担心将来？［　］ 14. 你是否觉得记忆力比以前差？［　］ 15. 你觉得现在活得很恨意吗？［　］ 16. 你是否常感到心情沉重？［　］ 17. 你是否觉得像现在这样活着毫无意义？［　］ 18. 你是否总为过去的事烦恼？［　］ 19. 你觉得生活很令人兴奋吗？［　］ 20. 你开始一件新的工作很困难吗？［　］ 21. 你觉得生活充满活力吗？［　］ 22. 你是否觉得你的处境已毫无希望？［　］ 23. 你是否觉得大多数人比你强得多？［　］ 24. 你是否常为些小事伤心？［　］ 25. 你是否常觉得想哭？［　］ 26. 你集中精力有困难吗？［　］ 27. 你早晨起来很快活吗？［　］ 28. 你希望避开聚会吗？［　］ 29. 你做决定很容易吗？［　］ 30. 你的头脑像往常一样清晰吗？［　］

📖 **知识拓展**

老年抑郁量表（GDS）：

该量表为56岁以上者的专用抑郁筛查量表，而非抑郁症的诊断工具，每次检查需15分钟左右。临床主要评价56岁以上者这些症状：情绪低落、活动减少、易激惹、退缩，以及对过去、现在和将来的消极评价。但56岁以上者食欲下降、睡眠障碍等症状属于正常现象，使用该量表有时易误评为抑郁症。因此分数超过11分者应做进一步检查。

（六）焦虑自评量表

焦虑自评量表（Self-rating Anxiety Scale，SAS），由Zung于1971年编制，用于评定焦虑病人的主观感受。SAS测量的是最近一周内的症状水平，评分不受年龄、性别、经济状况等因素的影响，但如果受试者文化程度较低或智力水平较差则不能进行自评。

1. 项目及评定标准

SAS共20个项目，每个项目有4级评分，其标准为：1分表示没有或很少时间有；2分表示小部分时间有；3分表示相当多时间有；4分表示绝大部分时间或全部时间有。评定的时间范围，应强调是"现在或过去一周"。

2. 结果分析

SAS的主要统计指标为总分。将20个项目的得分相加算出总分"Z"。根据 $Y=1.25 \times Z$，取整数和部分的标准分。$Y<35$，表示心理健康，无焦虑症状；$35<Y<55$，表示偶有焦虑，症状轻微；$55<Y<65$，表示经常焦虑，中度症状；$Y>65$，表示有重度焦虑症状，必须及时请教医生。

3. 评定注意事项

SAS可以反映焦虑的严重程度，但不能区分各类神经症，必须同时应用其他自评量表或他评量表如HAMD等，才有助于神经症临床分类。

4. 焦虑自评量表（SAS）

焦虑自评量表（SAS）如表2-11所示。

填表注意事项：下面有20条文字，请仔细阅读每一条，把意思弄明白，然后根据您最近一周的实际情况在适当的选项里画"√"，每一条文字后有四个选项，表示：没有或很少时间有；小部分时间有；相当多时间有；绝大部分时间或全部时间有。

表2-11　焦虑自评量表（SAS）

项目	没有或很少时间有	小部分时间有	相当多时间有	绝大部分时间或全部时间有
1. 我感觉比平时容易紧张或着急	1	2	3	4
2. 我无缘无故感到害怕	1	2	3	4

续表

项目	没有或很少时间有	小部分时间有	相当多时间有	绝大部分时间或全部时间有
3. 我容易心里烦乱或感到惊恐	1	2	3	4
4. 我感觉可能将要发疯	1	2	3	4
5. 我感觉一切都很好	1	2	3	4
6. 我手脚发抖打颤	1	2	3	4
7. 我因为头疼、颈痛和背痛而苦恼	1	2	3	4
8. 我感觉容易衰弱和疲乏	1	2	3	4
9. 我感觉心平气和，并且容易安静坐着	1	2	3	4
10. 我感觉心跳得很快	1	2	3	4
11. 我因为一阵阵头晕而苦恼	1	2	3	4
12. 我有晕倒发作，或感觉要晕倒似的	1	2	3	4
13. 我吸气呼气都感到很容易	1	2	3	4
14. 我的手脚麻木和刺痛	1	2	3	4
15. 我因为胃痛和消化不良而苦恼	1	2	3	4
16. 我常常要小便	1	2	3	4
17. 我的手脚常常是干燥温暖的	1	2	3	4
18. 我脸红发热	1	2	3	4
19. 我容易入睡并且一夜睡得很好	1	2	3	4
20. 我做噩梦	1	2	3	4

（七）日常生活能力量表

日常生活能力量表（Activity of Daily Living Scale，ADL），由美国的 Lawton 和 Brody 于 1969 年制定。由躯体生活自理量表（Physical Self-Maintenance Scale，PSMS）和工具性日常生活活动量表（Instrumental Activities of Daily Living Scale，IADL）组成。主要用于评定被试者的日常生活能力。该量表项目细致，简明易懂，比较具体，便于询问。评定采用计分法，易于记录和统计，非专业人员亦容易掌握和使用。

1. 项目及评定标准

ADL 共有 14 项，包括两部分内容：一是躯体生活自理量表，共 6 项：上厕所、吃饭、穿衣、梳洗、行走和洗澡；二是工具性日常生活活动量表，共 8 项：打电话、购物、做饭菜、做家务、洗衣、乘公共汽车、吃药和处理自己的财物。按4级评分：自己完全可以做；有些困难；需要帮助；根本没办法做。

2. 结果分析

ADL的主要统计指标为总分、分量表分和单项分。总分最低为14分，为完全正常；大于14分表明有不同程度的功能下降；最高为56分。单项分1分为正常，2~4分为功能下降。凡有2项或2项以上单项分大于3分或总分大于20分，表明有明显功能障碍。ADL受多种因素影响，年龄、视、听或运动功能障碍，躯体疾病，情绪低落等，均会影响日常生活功能。对ADL结果的解释应谨慎。

3. 评定注意事项

评定时如被试者因故不能回答或不能正确回答（如痴呆或失语），则可根据家属或护理人员等知情人的观察情况进行评定。如无从了解，或从未做过的项目，假如没有电话也从未打过电话，记为9分，以后按具体研究规定处理。

4. 日常生活能力量表（ADL）

评定时按表格逐项询问，如被试者因故不能回答或不能正常回答（如痴呆或失语），则可根据家属、护理人员等知情人的观察情况进行评定，圈上最合适的分数，如表2-12所示。

表2-12　日常生活能力量表（ADL）

项目	自己完全可以做	有些困难	需要帮助	根本没办法做
1. 乘公共汽车	1	2	3	4
2. 行走	1	2	3	4
3. 做饭菜	1	2	3	4
4. 做家务	1	2	3	4
5. 吃药	1	2	3	4
6. 吃饭	1	2	3	4
7. 穿衣	1	2	3	4
8. 梳洗	1	2	3	4
9. 洗衣	1	2	3	4
10. 洗澡	1	2	3	4
11. 购物	1	2	3	4
12. 上厕所	1	2	3	4
13. 打电话	1	2	3	4
14. 处理自己的财物	1	2	3	4

学中做

贺奶奶，57岁，退休已经两年，最近半个月来家人观察到其出现了原因不明且持续 2 周以上的情绪低落和沮丧，常表现为无精打采、郁郁寡欢、孤独、想哭等，同时伴有焦虑、烦躁、易激惹并表现出敌意。

问题：

1）贺奶奶主要有哪些症状？

2）请大家根据老年人心理评估的方法分析可以采用哪种类型的评估量表对贺奶奶存在的问题进行心理评估。

3）请列出评估的过程、注意事项，并对其结果进行分析。

任务二

提升老年心理咨询与心理治疗技术

一、认识心理咨询与心理治疗

心理咨询与心理治疗技术

（一）心理咨询

心理咨询这一概念有广义和狭义之分。广义概念涵盖了临床干预的各种方法或手段；狭义概念主要是指非标准化的临床干预措施。也就是说，广义的"心理咨询"这一概念，包括了"狭义的心理咨询"和"心理治疗"这两类临床技术手段。

（二）心理治疗

心理治疗又称精神治疗，是指以心理学的理论系统为指导，以良好的医患关系为桥梁，运用心理学的技术与方法治疗病人心理疾病的过程。按照给各类事物下定义的科学原则，心理治疗定义只有一句话："心理治疗是心理治疗师对求助者的心理与行为问题进行矫治的过程。"

1. 社会心理应激引起的各种适应性心理障碍

诸如一个人未能处理好人际关系等原因，而表现为心境不悦、自责自卑、悲观失望等，常需要进行心理治疗，如支持性心理治疗和环境安置等。遭受突然的生活事件刺激表现急性心理障碍时也可使用心理治疗。

2. 综合医院临床各科的心理问题

内科病人患有躯体疾病而无求治欲望或治愈信心，甚至将自己疾病看得过分严重，或者躯体疾病病人的心理反应等，都需要采用个别心理治疗，通过安慰、支持、劝慰、保证、疏导和调整环境等方法来帮助病人认识疾病的性质等有关因素，调动病人的主动性来战胜疾病。

3. 心身疾病

常见的心身疾病如冠心病、原发性高血压、心律失常、支气管哮喘、消化性溃疡、溃疡性结肠炎、心因性肥胖症和偏头痛、雷诺氏病以及类风湿性关节炎等，均可使用松弛疗法、默想训练、气功训练和生物反馈等方法。

4. 神经症性障碍

1）神经衰弱需要支持疗法、体育活动、体力劳动和气功训练等综合治疗。

2）癔症主要以暗示疗法为主，对转换型癔症也可进行精神分析法治疗。催眠疗法治疗癔症是暗示治疗的例证。

3）强迫症和恐惧症主要以行为治疗为主，因为强迫症和恐惧症被认为是在生活中习得的不良行为，必须通过特殊的正确的学习方法，减轻和消除病态的症状和行为，以新的合乎要求的行为矫正取代病态行为。常采用松弛训练、系统脱敏、生物反馈和气功训练等办法。

4）焦虑症，首先要帮助病人消除对急性焦虑发作所产生的种种精神负担和恐惧心理，结合病情的性质和原因采用支持疗法。

5）抑郁性神经症和疑病症，主要以支持疗法为主，给予鼓励、劝告、保证或暗示等方法。

6）抑郁症，近年来研究发现社会心理应激和认知歪曲对抑郁症的发生起着重要作用，因此采用认知疗法具有一定疗效。

7）精神分裂症恢复期的心理治疗也很重要，目的是帮助病人提高对疾病的认识，促进自知力的恢复，巩固疗效以防止复发。

8）病态人格也可使用心理治疗，帮助他们认识个性的缺陷所在，并指导矫正行为的方法。

9）性心理障碍，阳痿和早泄等性功能障碍可以用性治疗方法治疗，如性教育、性感集中训练等。

10）酒精中毒和药物依赖等可用家庭治疗、厌恶疗法和环境改变等方法治疗。

11）其他精神科问题，如儿童行为问题，神经性厌食症和神经性贪食症，精神发育不全的技能训练。

12）其他问题：

①口吃可用行为疗法，但病程长者不宜使用。

②书写痉挛症可采用放松训练和生物反馈方法治疗。

③神经肌肉疾病如周围神经肌肉的损伤、痉挛性斜颈、大脑性瘫痪和中风偏瘫等均可使用生物反馈疗法，训练病人控制肌电活动，达到重新随意控制瘫痪的肢体。气功训练也有效果。

④遗尿和大便失禁也可用生物反馈疗法训练进行治疗。

某一养老院新入住了一位80多岁的张奶奶，她自入住以来每天只是独自坐在窗前，食欲不振。养老院为了张奶奶的健康着想，做各种各样的美食，带张奶奶去参加各种娱乐活动，但是都被张奶奶拒绝了。养老院的工作人员也无计可施了，张奶奶的现状不但没有改观，而且日渐消瘦，身体状况一天比一天差，养老院的负责人很着急，于是请了社会卫生服务中心工作的护理人员来帮忙。

思考：

1）张奶奶出现了什么问题？如何确定张奶奶的问题？

2）请为张奶奶设计一个心理护理方案。

（三）心理咨询与心理治疗的关系

心理咨询与心理治疗目前都归属于临床心理学的范畴，但它们确实是两类不同性质的心理学操作技术。当然，心理治疗与心理咨询的关系非常密切。在中国，许多心理咨询门诊实际上也在进行心理治疗的工作，心理咨询似乎与心理治疗同义。在国外虽然心理咨询与心理治疗有不同名称，帮助者与求助者也有不同称谓，但人们对心理咨询与心理治疗之间有无不同，仍有争议。

（四）老年心理咨询的对象

老年心理咨询的主要对象可以分为以下四类：

1）精神正常，但遇到了与心理有关的现实问题并请求帮助的人群，这类咨询属于"发展性咨询"，如老年人的婚姻家庭问题、离退休后的社会适应问题等。

2）精神正常，但心理健康出现问题并请求帮助的人群，这类咨询属于"心理健康咨询"，如老年人的焦虑不安。

3）特殊人群，临床治愈的老年精神病患者。

4）不能合作或无法自诉、交谈的老人，不能作为心理咨询的直接对象，但可以通过其家属或亲友、同事陪伴，给予间接的心理咨询的指导意见。所以，老年人的家属也可成为老年心理咨询的对象。

（五）老年心理咨询的条件

1. 具有一定的智力基础

老年心理咨询的对象首先应具备的条件是智力应该在正常范围内，起码能够叙述自己的问题以及其他相关情况，并能够理解和领悟咨询师的帮助。

2. 内容合适

有些心理问题适合心理咨询，有些则需要药物治疗。一般来说，老年人的心因性问题，尤其与心理社会因素有关的各种适应不良、情绪调节问题、心理教育与发展问题等更适合心理咨询的领域。严重的神经症病人，发作期、症状期的精神病求助者，由于与外界接触不良，缺乏自知、自制力，难以建立人际关系，因此，一般不属于心理咨询的范围。

3. 人格基本健全

老年心理咨询的对象应无严重的人格障碍。因为严重的人格障碍不仅可阻碍咨询关系的建立，也会影响咨询的进行，而且人格的问题旷日持久，需要深入的心理治疗才能奏效。因此，有严重人格障碍的老年求助者不适合进行心理咨询。

4. 动机合理

如果缺乏自我改变的动机，而是希望别人改变，或动机不合理，经咨询师反复做工作后仍缺乏合理动机的老年求助者，一般不适宜做心理咨询。

5. 有基本的交流能力

老年心理咨询的对象应该能够较清楚、明白地表达自己的问题，能较顺利体会咨询师的意思，并随之采取行动的老年人，较适合进行心理咨询，并能有一定的疗效。

6. 对心理咨询有一定的信任度

求助者对心理咨询、心理咨询师及心理咨询师所持的理论、方法应给予充分信任。如果求助者越相信咨询是有效的、咨询师是优秀的，其理论和方法是先进的、实用的，就越有可能取得良好的心理咨询效果；反之，心理咨询效果就差。

7. 匹配性好

匹配性是指咨询师与求助者的相互接受、相互容纳的程度。

（六）老年心理咨询的任务

老年心理咨询的任务在于使来访的老年人或家属与心理咨询师进行交流，提供老年人的情况和存在的问题，共同切磋，并能适时听取心理咨询师的指导和建议。但心理咨询师的主要任务是帮助老年人逐渐改变与外界格格不入的思维、情感和反应方式，并学会与外界相适应的方式，自己解决问题。

1. 认识自己的内外世界

老年人心理咨询中的大部分问题，是由于自身的人格特点和处事风格而引起的，但这些求助者常常不能意识到这一点。心理咨询师不能改变外在的条件，但可以从求助者自身解决问题。咨询师还可以帮助老年求助者认识到，大部分心理问题是由内部产生的，外部环境不过是一个方面。人们遇到的与周围环境之间或人与人之间的问题，正是内部冲突的外部表现和反映。通过咨询，人们发现，大部分冲突是他们自己造成的，同时通过心理咨询学会了使软弱的内心世界变得坚强起来，以便使老年求助者的余生过得更惬意、更充实、更美满。

2. 纠正不合理的欲望和错误观念

求助者经常非常确信自己的动机和需要是正确的、合理的，认为自己十分清楚需要什么，但实际上并非如此。他们的心理问题往往是由于这种盲目自信造成的。但是，当他们走进心理咨询室、与心理咨询师交换意见之后，他们才恍然大悟，他们的观念错了！正是他们的错误观念，将他们引入无法摆脱的困境。心理咨询可以帮助他们坦然面对以往的错误观念，帮助他们不再自我欺骗。

3. 学会面对现实和应对现实

有很多求助者，他们的心理问题，可能是由于不敢面对现实生活而造成的，有的人可能在现实生活中遭遇了失败或者严重挫折，很可能就走上了逃避现实的道路。有些老年人无法面对年老带来的一些生理、生活上的变化，不愿接受年老的事实，由此产生心理的不平衡，或者做出逃避现实的举动。人们面对现实需要勇气，而逃避现实并不困难。他们只要用全部的时间和精力回味过去、计划未来，现实生活中的问题就被排挤出局。为此，心理咨询师的重要任务之一就是帮助求助者回到现实中来。

4. 学会理解他人

任何个体，都有发自人性的依附本能。彼此理解是满足此类本能的必要条件。而现实生活中，很多求助者面对现实世界中的名利冲突以及其他冲突时，打破了人性内在的平衡，使依附本能被淹没。心理咨询师要尽最大努力协助求助者唤起自己的依附本能，他们就能自觉地理解他人以及理解群体对自己的重要性。这将成为缓解甚至平复人际道德冲突的关键。

5. 增强自知之明

咨询师要应用心理技术引导求助者，使用客观的做人标准，反省自己，全面正确地了解自己。

6. 协助求助者建立合理有效的行为模式

受不合理行为模式困扰的求助者，若想改变自己的现状，必须在心理咨询师的协助下，建立一种新的、合理的行为模式。只有按照这种合理的行为模式生活，他的行动才可以变成新的有效行为。解除心理问题的要害，不在于求助者能否控制自己的思想和欲望，而在于求助者能否将合理的思想和欲望付诸行动。

（七）老年心理咨询的类型

1. 心理咨询按内容分类

心理咨询按其内容可分为障碍咨询和发展咨询。

障碍咨询：所谓障碍咨询是指对存在程度不同的非精神病性心理障碍、心理生理障碍者的咨询，以及某些早期精神病人的诊断、治疗或康复期精神病人的心理指导。

发展咨询：所谓发展咨询是指帮助求助者更好地认识自己和社会，充分开发潜能，增强适应能力，提高生活质量，促进人的全面发展。

障碍咨询与发展咨询的关系：障碍咨询与发展咨询是相互联系的，去除心理障碍为心理发展奠定了基础，而良好的心理发展将减少心理障碍的发生。

2. 心理咨询按对象分类

心理咨询按其对象的多少可分为个别咨询和团体咨询。

个别咨询：指咨询师与求助者之间的单独咨询。它是心理咨询最常见的形式，它的优点是针对性强、保密性好，咨询效果明显，但咨询成本较高，需要双方投入较多的时间、精力。

团体咨询：团体咨询，亦称集体咨询、小组咨询。指根据求助者所提出的问题，按性质将他们分成若干小组，咨询师同时对多个求助者进行心理疏导。其突出的优点是咨询面广、咨询成本低，对某些心理问题或心理障碍其效果明显优于个别咨询。不足之处是同一类问题也可能因个体差异而表现出明显的个体性，单纯的团体咨询往往难以兼顾每个个体的特殊性。

（八）老年心理咨询的具体形式

1. 门诊心理咨询

门诊心理咨询也叫面询。就是求助者到心理咨询机构专门设置的心理咨询室，与咨询师面对面地进行沟通。面询的优点是不容易受外界的干扰，有利于求助者顺利地倾诉自己的问题。有利于咨询师通过观察求助者的言行，了解到更深层的信息，以及时对咨询进行调整，保证最佳的咨询效果。目前面询是一种主导的心理咨询形式，咨询效率最高，咨询效果也最好。

2. 电话心理咨询

电话心理咨询是指通过电话的方式进行心理咨询，这种形式方便快捷，不受时间和地域限制，多用于进行心理危机干预。一般心理障碍患者也可应用电话心理咨询方式。电话心理咨询方式可以向人们提供各种科学知识和心理卫生知识，解决人们各种各样的心理问题。但一般电话心理咨询内容不能太多，涉及的面不宜太宽。尤其有些老年人说话较多，会造成占线时间太长，使真正需要紧急咨询者反而打不进电话，这就失去了作为缓解危机的电话心理咨询的意义。

3. 互联网心理咨询

互联网心理咨询是指通过互联网进行心理咨询。这是一种新兴的咨询形式。它的优点是安全性和保密性好，且不受地域限制。但咨询中容易受外界因素的干扰，影响咨询效果。互联网心理咨询方式对于那些由于个人躯体条件、地域环境的限制不能直接而方便地寻求心理咨询，以及由于个人生活风格或生活习惯，不愿意面对心理咨询师的人们来说，尤为必要。他们可以通过互联网与心理咨询师进行心理咨询，以达到解决心理问题的目的。

4. 书信心理咨询

书信心理咨询是通过书信的形式进行的，多用于路途较远或不愿暴露身份的求助者。咨询师根据求助者来信中所描述的情况和提出的问题，进行疑难解答和心理指导。书信心理咨询的优点是较少避讳，缺点是不能全面地了解情况，只能根据一般性原则提出指导性的意见。求助者的来信往往杂乱无章，所述问题往往过泛过滥，有些甚至超出了心理咨询的范围。因此，一些心理咨询机构在接到求助者的信件时，往往给求助者寄去心理咨询的专用病史提纲，或者相应的心理或行为自评量表，让求助者按规定的形式填写后寄回，这样，可以使书信心理咨询更加规范。

5. 专栏心理咨询

专栏心理咨询是通过报纸、杂志、电台、电视等传播媒体，介绍心理咨询、心理健康的一般知识，或针对一些典型问题进行分析、解答的一种咨询方式。目前，国内有许多报纸、出版物都开辟有心理咨询的专栏，包括一些专门的心理咨询、心理卫生的刊物、医学杂志、科普读物等。许多电台、电视台等也有相关的节目。严格地说，这种心理咨询的作用更多的是普及和宣传相关的知识，而非真正的心理咨询，其优点是覆盖面大、科普性强，缺点是针对性不强。

6. 现场心理咨询

这是指心理咨询师深入家庭或老年公寓等现场进行指导，根据心理学的原则提出切合实际的处理意见，或对老年人进行集体或个别的心理咨询，常可收到较好的效果。其方法主要是通过观察、调查研究，提出改进工作、改善环境条件的建议，提供切合实际情况的心理咨询现场服务。现场心理咨询发展最深入的是家庭心理治疗，家庭心理治疗已经逐渐发展为一种独立的咨询治疗形式，家庭治疗把重点放在家庭各成员之间的人际关系上，通过组织结构、角色扮演等方式了解这个小群体，以整个家庭系统为对象，发现和解决问题。

（九）老年心理咨询的过程

老年心理咨询的过程可以分为心理诊断、帮助和改变、结束和巩固三个阶段。

1. 第一阶段：心理诊断阶段

咨询师与求助者建立良好的咨询关系，并收集求助者相关的资料；听取老年求助者或其家属的叙述，达到了解老年求助者及其动机和需要的目的。

2. 第二阶段：帮助和改变阶段

这个阶段咨询师将运用各种咨询技能，各种咨询流派的具体干预技术对求助者进行帮助。

3. 第三阶段：结束和巩固阶段

在此阶段咨询师和求助者一起对照咨询方案，看是否已经取得了阶段性的成效。对于还未解决的问题和尚未达到的目标，应寻找原因并采取相应的对策。

（十）老年心理咨询的特殊技巧

怀旧：它是指让老年求助者回顾过往生活中最重要、最难忘的时刻，从回顾中让老年求助者重新体验快乐、成就、尊严等多种有利心身健康的情绪，帮助老年求助者找回自尊和荣耀的一种工作方法。

生命回顾：它是指通过生动地缅怀过去一生中成功或失败的经历，让老年求助者重建完整的自我的一种工作方法。

生命回顾和怀旧不同的是，前者是对整个人生的回顾，而不只是回顾生命中最重要的事件和时刻。这种技巧的目的是通过老年求助者的内省来重新体味人生的价值和意义。

具体运用怀旧和生命回顾技巧时要注意以下几点：

第一，建立相互信任的工作关系。

第二，鼓励老年求助者诉说往事，初期可集中于较为愉快的人生经历，然后才慢慢过渡到较为消沉的往事。

第三，侧重聆听老年求助者在诉说经历时的感受，尤其注意他们喜怒哀乐的情绪，对那些被压抑的感受应该帮助他们抒发出来。

第四，对有子女的老年求助者，他们作为父母的经历及感受需要表达出来，以协助个案的诊断和治疗。

第五，对于有丧偶的经历，加上因病或意外而导致伤残的老年求助者，咨询师要协助他们把痛苦的感觉宣泄出来，尤其是配偶对求助者生命的意义。

第六，当怀旧情绪抒发后，咨询师可以采用时间紧迫技巧，协助老年求助者从过往生活重回现实中。

第七，生命回顾是协助老年求助者中肯地评价自己一生的经历，而不是让其过分自责。如果遇到这种情形，咨询师应帮助求助者分析导致自己失败的外在因素，以避免求助者把所有责任担在自己的身上。

二、具备老年心理咨询师的素质

从事任何职业的人都需要具备一定的条件。心理咨询被认为是一种特殊的助人工作。从事这个工作的心理咨询师不但要用其知识和技术为求助者服务，还要了解求助者的内心世界，洞悉求助者的生活隐私，帮助他们认识心理问题的真正原因并改正适应不良的行为，促进其心理的成长。我国著名心理咨询专家钟友彬教授在他的著作《现代心理咨询》一书中提出心理咨询师必须具备以下素质。

（一）个人素养

许多学者都提到心理咨询师的人格条件是做好心理咨询工作的最重要因素，也是心理咨询师应当具备的首要条件。心理咨询师的人格是心理咨询工作的支柱，是咨询关系中最关键的因素。如果一个心理咨询师不具备助人的人格条件，他的知识和技术就不会有效地发挥作用，而且可能有害；心理咨询师如果仅仅具有广博的理论知识和咨询技巧，但缺乏同情人、关心人的品格，不能坦诚待人，不能赢得信任，缺乏对人际关系的敏感性，他就只能是一个技术工匠。

所谓人格是指一个人的整个精神面貌，是具有一定倾向性的、稳定的心理特点的总和，包括气质、性格、兴趣、信念和能力等。心理咨询师应当具备的人格条件是指哪些内容呢？

1. 心理相对健康

心理咨询师的健康水平至少要高于他的求助者。心理咨询师本人也是人，也有许多欲望，如希望得到爱，希望被接受、被承认、被肯定，希望有安全感。但他有能力在咨询关系以外来求得这些欲望的满足，以保证有效地完成心理咨询师这一社会角色的任务，不致引起角色紧张。

2. 乐于助人

只有乐于助人的人才能在咨询关系中给求助者以温暖，才能创造一个安全、自由的气氛，才能接受求助者各种正性和负性的情绪，才能进入求助者的内心世界。乐于助人这个条件说起来容易，但并非任何人都具有这种品质。那些只关心自己的事情的人，那些性格孤僻、寡言少语、缺乏热情的人，是难以胜任心理咨询工作的。

3. 责任心强

能耐心地倾听求助者的叙述，精力集中不分心，使求助者感到对他们的困难很关心。能诚恳坦率地和求助者谈心，使他们愿意暴露内心的隐私和秘密，值得他们信任。那些工作马虎，不能专心致志的人，那些办事拖拉、不负责任、又不能和求助者谈心的人，是做不好心理咨询工作的。

（二）知识储备

做好心理咨询工作要有必备的理论知识。心理咨询不是仅靠良好的愿望、热情和一般常识来安慰、劝说那些处于困境的求助者或鼓励心理病人向疾病斗争。有时，廉价的安慰反而引起求助者的不解、反感和阻抗。心理咨询和心理治疗是科学工作，要用科学的助人知识来帮助求助者，使他们认识困扰着他们的真正原因，改正或放弃适应不良的行为，使心理成熟起来。

心理咨询师必须有普通心理学、儿童心理学、人格心理学、社会心理学、心理卫生学、变态心理学、心理测量学、临床心理学等方面的基本理论知识，并掌握心理助人技能及家庭治疗、行为矫正、音乐治疗、认知疗法等咨询治疗的方法与技巧。对于从事老年心理咨询工作的人来说，在加强医学知识学习的同时，还应了解老年心理学、老年学、老年生理学、老年社会学等方面的知识。

（三）技巧掌握

心理咨询师要有熟练的助人技巧，包括以下几个方面：

1）在初诊阶段，能形成初步印象，理解求助者的心理问题，为达此目的应掌握观察法、谈话法以及分析相关问题的手段和技巧。

2）能及时进行自我平衡，在受到求助者不良情绪感染后，能在最短时间内，重新使自己的心态恢复平静。

3）能在平等交谈中，启发求助者进行正确的独立思考。

4）有灵活性，随时转变咨询方式，以克服求助者的阻抗和掩饰。

5）有把握谈话内容和谈话方向的能力，从而达到了解求助者内心世界的目的。

心理咨询的理论知识和技巧是可以学到的。除了从书本上学习以外，更重要的是在实际工作中不断地向求助者学习、不断地总结经验。上面所说的人格条件、知识条件和技巧条件都很重要，不能互相代替。正如卡瓦纳（Cavanagh，1982）所说：一个好的心理咨询师应当是个人品质、学术知识和助人技巧的结合体。

三、完善老年心理治疗的常用技术

（一）会谈疗法

会谈是指心理咨询师与老年求助者相互接受有特定目的的一种专业性谈话。在这个过程中，双方交换观念、表达态度、分享情感、交流经验，老年求助者向咨询师袒露心声，咨询师向老年求助者表达愿意协助的态度，并借此收集有用资料，同时向求助者传递一种新的观念、希望、支持、信心，以提升老年求助者的能力。在会谈中需要运用以下一些技巧。

1. 专注

专注是咨询师对老年求助者的语言、情绪、心理的高度关注。这种专注既有非语言的肢体专注表达，如咨询师要面向求助者，面部表情要松弛，手势要自然，眼神要亲切，身体适当向前倾向求助者，等等；也有非语言的心理专注表达，如注意倾听求助者的说话，观察求助者的手势、神态、身体动作及语气语调，揣摩求助者的心理以及体会求助者话语的"言外之意"。

2. 真诚

咨询师的真诚有助于与求助者的专业关系的建立。真诚地表示愿意协助的态度，以真正的自我对待求助者，不用专业的脸谱或权势吓人，可以有效地降低求助者的自我防御。

3. 同理心

这是指咨询师对老年求助者的一种感同身受投入理解。同理心有高低层次之分。低层次的同理心仅仅表明咨询师只是进入了求助者的浅层的内心世界，并把对求助者的感觉与理解作了一定的表达。而高层次的同理心则是在良好的专业关系的基础上，咨询师尝试运用专业的力量去影响求助者，引导求助者从更客观的角度看待自己的问题，同时能够明察出潜在的、隐含的或透露不足的部分并对此进行有效的沟通。

（二）精神分析疗法

精神分析治疗通过移情分析、自由联想，对梦和失误的分析等技术，深入老年人的内心世界，发掘潜抑在老年人无意识中的心理矛盾冲突，让老年人领悟其中真义，使病状自然消失。

1. 移情分析

移情是指当事人在咨询治疗过程中，把治疗者当成他过去生命中的一个重要人物（父母、子女等其他重要人物），当事人以对待这些重要人物的情感来对待治疗者，治疗者在当事人心目中成为某个人的替代者。

2. 自由联想

鼓励老年人无拘无束毫无保留地进行倾诉，治疗者循循善诱，挖掘老年人内心深处心理矛盾冲突和痛苦之源，使被压抑的情绪、欲望与冲动得以释放，精神创伤、心理障碍得以排除。

3. 释梦

梦的内容象征性地显示了无意识的某些信息。从分析梦的过程中可以获得老年人压抑于无意识中问题的线索。

（三）行为疗法

行为治疗或条件反射治疗是建立在行为学习理论基础上的一种治疗方法，即是以行为学习理论为指导，按一定的治疗程序，来消除或纠正人们的异常或不良行为的一种心理治疗方法。行为疗法的基本认识是：异常行为与正常行为一样，都是通过学习获得的，人的行为习惯既可能通过学习获得，同样也可以通过学习而改变或消失。根据行为疗法的观点，在此介绍几种适合老年人心理与行为特点的常用调适方法。

1. 自我调整和自我训练法

如使用渐进性松弛法，交替收缩或放松骨骼肌群，感受四肢的松紧、轻重、冷暖的程度，从而取得松静的效果。《黄帝内经》有一句名言称"百病皆生于气"，除了乐观与豁达的个性外，学会调节情绪也很重要。当老年人处于紧张状态时（发怒、激动等），可学习以下几种舒缓情绪的方法。

（1）呼气法

第一步，或站、或坐、或躺，做三个深呼吸，吸气，然后呼气。呼气时尽量放慢一点（越长越慢越好，可以闭上眼睛）。

第二步，再做一次呼吸动作，在呼气的时候，将注意力放在自己的肩膀上，慢慢放松自己的肩膀，每次呼气的时候，就放松自己的肩膀，再呼气，再放松。同时每当肩膀放松时，你发觉整个身体、整个人，开始渐渐放松。呼吸次数自己掌握，以身体良好放松为目标，当认为已经达到放松目的时可以进行第三步。

第三步，再做一次，这次呼气更长一些，感觉在更长的一段时间里，将肩膀放松得更舒服，同时，整个身体、整个状态更加放松，更加平静舒服。

（2）自我中正法

第一步，将双手一上一下轻轻按在自己肚脐的上下，闭上眼睛，进行慢而长的深呼吸。

第二步，在呼吸的时候开始想一些曾令自己开心高兴的事情，将不开心的事情随着呼气带出体外，将开心的事情随着吸气动作吸入身体。多做几次，直至身体平静舒服。

（3）放松法

在情绪激动时，（或坐、或站、或躺）将全身每一部分肌肉全部收紧，再由头到脚一点一点逐一放松，直至身体平静舒服。

（4）调整呼吸

暂时离开让自己不安的环境，外出散步，同时调整自己的呼吸。

（5）缓解情绪

可以通过练习太极拳、气功等非剧烈运动来缓解情绪。

2. 系统脱敏法

首先了解老年人焦虑和恐惧是由什么刺激引起的，将所有的焦虑反应由弱到强按次序排成"焦虑层次"。教会老年人松弛方法，使老年人感到轻松甚至安睡。再把松弛反应逐步地有系统地和焦虑阶层的刺激反应由弱到强同时配对出现，形成交互抑制情况，由弱到强循序渐进，最终把由于条件反射（即学习）而形成的最强焦虑予以消除（脱敏）。临床上多用该法治疗恐惧症及强迫性神经症等。

年老本身并不妨碍心理治疗，有时因为老年人可能依从性更好，不容易半途而废，比青年人治疗效果更好。对老年人进行心理治疗首先要注意确定问题是否属于心理咨询与治疗的范畴，如果不属于，如重性精神疾病、脑器质性病变、躯体疾病所引起的心理障碍，则心理治疗只能在康复中起辅助作用。其次，治疗技术的选择必须符合老年人的认知能力、适应能力和爱好。

想一想：年龄是影响老年人心理治疗依从性的原因吗？

（四）认知疗法

认知疗法是根据认知过程中影响情感和行为的理论假设，通过认知行为技术来改变患者的不良认知的治疗方法。认知疗法的基本观点：认知过程是行为和情感的中介，适应不良行为和情感与不良认知有关。

它与传统的行为疗法不同，它不仅重视适应不良行为的矫正，而且更重视改变患者的认知方式和认知—情感—行为三者的和谐。

治疗的步骤：

第一步，介绍认知疗法，再找出求助者的不合理思维方式和信念，讲清不合理信念与情绪困扰之间的关系。

第二步，向求助者指出，他们有能力消除自己消极的情绪状态。

第三步，通过以与不合理信念辩论的方法为主的治疗技术，帮助求助者认清信念之不合理，进而放弃这些不合理的信念，帮助求助者产生某种认知层次的改变。在这一步实施时要注意老年人自尊很强的特点，语气要委婉。

第四步，不仅要帮助求助者认清并放弃某些特定的不合理信念，而且要从改变不合理信念入手，帮助他们学会以合理的思维方式代替不合理的思维方式，以避免重做不合理信念的牺牲品。

（五）生物反馈疗法

生物反馈治疗是应用现代设备，有间隔地不断提供给人特殊生理过程的信息（如肌电活动、皮电活动、皮肤温度、心率、血压、脑电等）。这些过程受神经系统的控制，这种生物加工的信息，称为生物反馈。在临床上，生物反馈疗法多用于治疗心身疾病，如用于心血管系统的生物反馈训练，对高血压老年人可用血压生物反馈来训练老年人自我调节血压的下降。对心律不齐的老年人可用脉搏的生物反馈来改变心律不齐的症状。生物反馈还可用来消除疼痛，松弛肌肉。生物反馈治疗即通过电子仪器将肌肉、脑和心脏等电活动放大并转化为视觉或听觉形式显示出来，多次训练达到松弛、调节的作用。

（六）音乐疗法

音乐具有生理、治疗、感情、道德认识、集中注意力、记忆、智力等效应，音乐治疗有物理和心理两大作用机制。物理—生理作用，音乐是有规律的弹性机械波，经由感官施加能量及运动行使于人体，引起体内相应的活动改变，如镇痛、催眠、解除紧张的效果。心理—行为作用，音乐能使人怡情悦性、陶冶性情、塑造美好的性格，美妙的音乐激起人的美感与想象（包括色彩、形象的联想），改善和调节情绪。积极的情绪可通过内脏活动的最高中枢系统来改善机体功能。

音乐疗法属心理治疗方法之一，是利用音乐促进健康，特别可作为消除心身障碍的辅助手段。根据心身障碍的具体情况，可以适当选择音乐欣赏，如独唱、合唱、器乐演奏、作曲、舞蹈、音乐比赛等形式。心理治疗专家认为，音乐能改善心理状态。通过音乐这一媒介，可以抒发感情，促进内心的流露和情感的相互交流。

音乐治疗是注意人的整体，而不是某一部分，通过对人的整体乃至生活环境的调整，使其取得协调一致，从而消除抑郁心理。国内石家庄开设了一所音乐医院，院内不仅遍植花草树木，还对不同病症的老年人播放不同音乐，临床观察表明，这些有助于解除老年人的抑郁情绪。当然，对现代老年人而言，设法保持较好的感知觉能力和记忆状态是心理状态良好的基本前提；随时消除因丧偶、家庭矛盾、遭受歧视等种种不良情境带来的心理挫折，通过内省、倾诉甚至心理咨询等各种方法可以达到心理健康状态；培养幽默感和宽容、开朗的性格，建立科学的生活方式，从事各种兴趣爱好活动，可以培养高尚的情操、愉快的心情、善良的行为、宽厚的态度、高雅的趣味，最终促进自身健康和长寿。

清代著名高寿画家高桐轩的长寿经验是"十乐"养性延寿法，即：耕耘之乐，把帚之乐，教子之乐，知足之乐，安居之乐，畅谈之乐，漫步之乐，沐浴之乐，高卧之乐，曝背之乐。老年人可以通过各种形式将自己的心理调整到最佳状态，促进自己的健康和长寿，也可以在工作人员的指导和协助下，学会和掌握适宜的心理调节方法。

（蒋师）

项目三　老年社会适应的心理护理

【知识目标】

◇ 了解社会适应的基本认知。

◇ 理解影响老年人社会适应性的因素。

◇ 掌握老年人社会适应中存在心理问题的护理措施。

【能力目标】

◇ 通过对社会适应知识的学习，能够帮助老年人适应社会。

◇ 能够正确分析老年人存在的心理问题。

◇ 能够灵活运用所学知识，对老年人的心理状况提出切实可行的心理护理方案。

【素质目标】

◇ 培养学生具备高度的责任心、爱心、耐心及奉献精神。

◇ 培养学生具备准确、敏锐的观察力和正确的判断力，能够及时发现老年人社会适应中存在的心理问题。

◇ 培养学生良好的沟通交流能力，灵活处理老年人社会适应的心理问题，做好心理预防工作。

【思维导图】

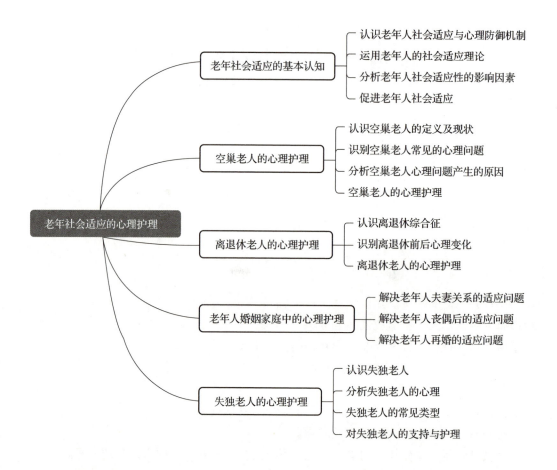

老年社会适应的心理护理

- 老年社会适应的基本认知
  - 认识老年人社会适应与心理防御机制
  - 运用老年人的社会适应理论
  - 分析老年人社会适应性的影响因素
  - 促进老年人社会适应

- 空巢老人的心理护理
  - 认识空巢老人的定义及现状
  - 识别空巢老人常见的心理问题
  - 分析空巢老人心理问题产生的原因
  - 空巢老人的心理护理

- 离退休老人的心理护理
  - 认识离退休综合征
  - 识别离退休前后心理变化
  - 离退休老人的心理护理

- 老年人婚姻家庭中的心理护理
  - 解决老年人夫妻关系的适应问题
  - 解决老年人丧偶后的适应问题
  - 解决老年人再婚的适应问题

- 失独老人的心理护理
  - 认识失独老人
  - 分析失独老人的心理
  - 失独老人的常见类型
  - 对失独老人的支持与护理

案例导入

　　王奶奶，70岁，身体硬朗，精神矍铄，有两个儿子都已经成家，大儿子在外地居住，虽然不能经常回家，但是能够电话联系，定期还给老两口邮寄各种东西，小儿子在本地，能够定期回家看望他们。虽然两个儿子都不在身边，但是王奶奶和老伴与邻里关系非常和睦，经常一起活动，过得非常开心。半年前，王奶奶的老伴因病去世，小儿子把王奶奶接到自己家里，小儿子的房子属于高层小区，白天夫妻俩上班，孙子上学，王奶奶因楼层太高、邻里陌生，不愿意下楼，整天待在家中。慢慢地，情绪越来越低落，不愿与人交往，经常坐在窗前独自落泪，身体也大不如前。

　　思考：

　　1）王奶奶可能出现了什么问题？

　　2）哪些因素导致王奶奶出现这样的问题？

　　3）如何对王奶奶进行心理护理？

　　人到老年之后，无论是生理和心理，还是工作和生活环境都会发生很大的变化，容易在思想、生活、情绪、习惯和人际关系等方面出现社会不适应。社会适应良好是心理健康标准中重要的一项内容，良好的社会适应能够提高老年人的心身健康。只有科学地认识老年人的心理问题，了解其心理防御机制并理解老年人心理问题的实质，才能正确地分析、看待老年人的常见心理问题，才能有针对性地维护好老年人的心理健康。通过本项目的学习，能够帮助学习者掌握社会适应的基本知识和老年人在适应社会过程中存在的心理问题，以及如何帮助老年人进行社会适应。本项目又分为五个子项目，分别是：老年社会适应的基本认知、空巢老人的心理护理、离退休老人的心理护理、老年人婚姻家庭中的心理护理及失独老人的心理护理。

任务一
老年社会适应的基本认知

一、认识老年人社会适应与心理防御机制

（一）社会适应

1.　社会适应的定义

　　社会适应，是个人为与环境取得和谐的关系而产生的心理和行为的变化，它是个体与各种环境因素连续而不断改变的相互作用过程。

2.　社会适应的组成部分

　　社会适应是由个体、情境和改变三个部分组成的。个体是指社会适应过程中的主体；情境是指与个体相互作用，不仅对个体提出了自然的和社会的要求，而且也是个体实现自己需要的来源，人际关系是个体社会适应过程中情境的重要部分；改变是社会适应的中心环节，它不仅包括个体改变自己以适应环境，而且也包括个体改变环境使之适合自己的需要。

3.　社会适应的方式

　　社会适应主要有三种基本方式：①问题解决，改变环境使之适合个体自身的需要；②接受情境，包括个体改变自己的态度、价值观，接受和遵从新情境的社会规范和准则，主动作出与社会相符的行为；③心理防御，个体采用心理防御机制掩盖由新情境的要求和个体需要的矛盾产生的压力和焦虑的来源。心理防御机制是无意识的或至少是部分无意识的，真正的防御机制是无意识进行的，它们在维持正常心理健康状态上起着重要的作用。

（二）心理防御机制

1. 心理防御机制的含义

心理防御机制是由弗洛伊德首先提出的，是指个体面临挫折或冲突的紧张环境时，在其内部心理活动中具有的自觉或不自觉地解脱烦恼、减轻内心不安，以恢复心理平衡与稳定的一种适应性倾向。心理防御机制是自我对本我的压抑，这种压抑是自我的一种全然潜意识的自我防御功能，是人类为了避免精神上的痛苦、紧张焦虑、尴尬、罪恶感等心理，有意无意间使用的各种心理上的调整。

> **知识链接**
>
> 在心理学中，所谓人格，是指一个人在社会化过程中形成和发展的思想、情感及行为的特有综合模式，这个模式包括了个体独具的、有别于他人的、稳定而统一的各种特质或特点的总体。奥地利心理学家弗洛伊德认为，人格结构由本我、自我、超我三部分组成。
>
> "本我"即原我，是指原始的自己，包含生存所需的基本欲望、冲动和生命力，是原始欲望的自然表现，只受"快乐原则"支配；"自我"是现实化了的本能，由于现实的反复作用，"自我"不再单纯受"快乐原则"的支配，而遵循"现实原则"，既追求欲望的满足，又力求避免痛苦。"超我"是"道德化了的自我"，代表社会道德标准。超我按照至善原则行事，指导自我，限制本我。

2. 心理防御机制的分类

心理防御机制可以分为积极的心理防御机制和消极的心理防御机制。

（1）积极的心理防御机制

积极的心理防御机制属于心理防御机制中较理想的一类，能够使个体在遭受困难与挫折后减轻或免除精神压力，恢复心理平衡，甚至激发其主观能动性，激励其以顽强的毅力克服困难，战胜挫折。主要包括认同、升华、补偿、幽默和转移。

①认同。人生的经历其实就是一个不断完成"认同"的历程。例如，老年人通过认同养成一定的社会态度和习惯，之后又通过认同来找寻自我、肯定自我。在现实生活中，老年人需要认同自己现在的角色、身体状态等，来适应社会，肯定自我，积极乐观地生活。

②升华。把指那些不为社会所接受的行为与本能的冲动，加以改变、净化、提高，成为符合社会标准的、高尚的追求。例如，命运坎坷的西汉文史学家司马迁，因仗义执言得罪了汉武帝，被判处宫刑后忍辱负重撰写了流传千古的《史记》。

③补偿。当个体因本身生理或心理上的缺陷致使目的不能达成时，改以其他方式来弥补这些缺陷，以减轻其焦虑，建立其自尊心，称为补偿。例如，一位老人由于疾病导致失语，但是该老人通过积极的学习手语，仍然能够与其他人进行交流，保证生活质量。

④幽默。当个体陷入某种不协调、被动、尴尬的局面中，或与他人发生冲突时，用风

趣、幽默的态度去应付，可以缓解尴尬的局面，使人变得轻松。

⑤转移。是指原先对某些对象的情感、欲望或态度，因某种原因，无法向其对象直接表现，而把它转移到其他人身上，以减轻自己心理上的焦虑。例如，一位老人的儿子不幸发生意外身故，该老人将其全部精力用于照顾孙子身上，这就是正面转移的例子。

（2）消极的心理防御机制

消极的心理防御是指个体面临挫折或者冲突的紧张情境时，在其内部心理活动中具有的自觉或者不自觉地解脱烦恼、减轻内心不安，以恢复心理平衡与稳定的一种适应性倾向。消极的心理防御使主体可能因压力的缓解而自足，或出现退缩甚至恐惧而导致心理疾病。主要包括压抑、否定、退行、投射、理想化、幻想、仪式抵消、隔离和合理化。

①压抑。压抑是最基层的消极心理。当个体将一些自我所不能接受或具有威胁性、痛苦的经验及冲动，不自觉地排挤到潜意识里时，个体就会表现出压抑。例如，丧偶老年人压抑自己的想法，表面上老年人似乎已经把不愉快的事情忘记了，甚至不在乎了，但实际上它仍然存在于他们的潜意识中，在某些时候会影响他们的行为，还可能会以做梦、无意间说出等形式表现出来。

②否定。一种比较原始而简单的防卫机制，是指个体将不愉快的事件否定，当作它根本没有发生，来获取心理上暂时的安慰。例如，有些老年人罹患绝症或面对亲人死亡时，通常会说"不可能""这不是真的"来否认事实。老年人不能正确面对现实，可能会带来进一步的伤害，如癌症患者因为否定患病长期拒绝有效治疗，会延误治病的最佳时机。

③退行。个体在遭遇到挫折时，表现出与其年龄不符的幼稚行为反应，是一种反成熟的倒退现象。例如，老年人有时会表现得像小孩子一样，买不到想要的东西会脾气暴躁，甚至哭闹不止，这就是一种退行行为，也就是我们常说的"老小孩""小小孩"。

④投射。个体自我对抗超我时，为减除内心罪恶感所使用的一种防卫方式。所谓投射是指把自己的性格、态度、动机或欲望，赋予到他人或他物身上，推卸责任或把自己的过错归咎于他人，从而得到一种解脱。例如，有些老年人会在公共场所倚老卖老，认为别的老年人也是一样，而且与自己比较，有过之而无不及。

⑤理想化。在理想化过程中，当事人往往对某些人、事、物做出了过高的评价。这种高估的态度，很容易将事实的真相扭曲和美化，以致脱离了现实。例如，某位老年人常在朋友面前称赞自己的女儿如何貌若天仙、乖巧可爱，但是当某一天他向大家介绍一位相貌普通的女孩就是他女儿时，大家都失望了。在这一事件中，这位老年人就是将自己的女儿理想化了。

⑥幻想。当人无法处理现实生活中的困难，或是无法忍受一些情绪的困扰时，将自己暂时带离现实，在幻想的世界中得到内心的平静和达到在现实生活中无法经历的满足，称为"幻想"，也就是我们常说的"白日梦"。幻想只是暂时使人情绪获得缓和，并不能解决根本问题，所以应鼓励老年人面对现实并克服困难，否则经常沉溺于幻想中，而使"现实"与"幻想"混淆不清时，会显现出歇斯底里与夸大妄想般的症状。

⑦仪式抵消。无论人们有意或无意犯错，令他人无辜受伤害时都会感到不安、内疚和自责。如果我们用象征性的事情和行动来抵消已经发生的不愉快事件，并借此减轻心理上的罪恶感，这种方式就称为仪式抵消。例如，一位老年人做了对不起老伴的事情，会给老

伴买一些礼物来消除其内心的愧疚感。

⑧隔离。把部分事实从意识层面中加以隔离，不让自己意识到，以免引起精神上的不愉快。最常被隔离的是与事实相关的个人感觉部分，因为这些感觉容易引起焦虑与不安。例如，老爷爷失去老伴，他特别伤心。接着又失去儿子，他却没有表现出伤心的感觉。这如何解释呢？老爷爷将所有的痛苦都藏在心里，没有表达，是情感隔离的表现。

⑨合理化，又称文饰，指无意识地用一种似乎合理的解释或实际上站不住脚的理由，来为其难以接受的情感、行为或动机辩护，以使其可以接受。合理化有三种表现：酸葡萄心理、甜柠檬心理和推诿。合理化的三种表现方式及特点具体如表 3-1 所示。这三种心理状态的表现虽不同，但其结果都会导致个体无法面对挫折和错误而逃避现实。这种歪曲事实、自我欺骗的行为状态如过度使用，则会导致各类心理问题的产生，如强迫、幻想等。

表 3-1　合理化的表现方式及特点

方式	特点
酸葡萄心理	把自己得不到的东西说成是不好的
甜柠檬心理	当自己得不到甜葡萄，只有柠檬时，就说柠檬是甜的
推诿	将个人的缺点或失败，推诿于其他理由，找人担待其过错

在王奶奶的这个案例中，王奶奶的老伴去世后，王奶奶为了逃避痛苦，都采取了什么样的心理防御？你能够根据所学知识，帮助王奶奶采取积极的心理防御吗？

二、运用老年人的社会适应理论

老年人如何才能更好地适应老年生活，主要存在以下几种理论，具体如表 3-2 所示。

表 3-2　老年人的社会适应理论

理论	具体内容	主要观点
脱离理论	人的能力会不可避免地随年龄的增长而下降，老年人因活动能力的不断下降和生活中各种角色的丧失，希望摆脱要求他们具有生产能力和竞争能力的社会期待，愿意扮演比较次要的社会角色，自愿退出社会	①老年人身体逐渐衰退，形成了脱离社会的生理基础； ②老年人脱离社会可能由老年人自愿启动（希望可以歇一歇，安享晚年），也可能由社会启动（社会的排挤）； ③老年人从社会主流生活中的撤离，既有利于老年人晚年生活，又有利于社会的继承，对社会和个人都产生了积极的影响； ④老年人的脱离过程有普遍性和不可避免性

续表

理论	具体内容	主要观点
活动理论	生活满意度源于清晰的自我认识，自我认识源于新的社会角色，新的社会角色源于参与社会的程度。该理论认为老年人的生活满意度与活动有直接关系，活动水平高的老年人比活动水平低的老年人更容易对生活满意，更能适应社会	①用新的角色取代失去的角色，从而把自身与社会的距离缩小到最低限度；②在新的社会参与中重新认识自我
连续性理论	老年不是一个独立的阶段，而是人生延续的一部分。如果一个人在衰老的过程中，生活方式和个性能保持适度的连续性，老年生活则相对比较满意。无论是生活方式的连续性，还是个性的连续性，都不是越多越好，更不是越少越好，适度的连续性才能保证理想的生活满意度	重视老年人以前的生活方式与个性，重视老年人的个体差异
角色理论	角色是个人与社会相互接纳的一种方式，老年人必然要经历不可逆转的角色中断和角色丧失，所以适应角色的改变是老年阶段的重要任务。老年人能够很好地适应改变了的角色和社会任务，就会有良好的社会适应	帮助老年人正确认识角色改变的客观必然性，调整好心态适应新的角色任务
社会交换理论	社会互动就是通过资源交换以满足自我需求的行为。每个人都有不同于他人的自我需求和资源，通过资源交换可以满足各自的需求。老年人的资源随年龄的增长而下降，缺少可以交换的资源，老年人在社会互动过程中处于依从地位。因此，他们的社会地位便相应下降	发展与老年人有关的政策和社会服务，保持并提高老年人可供交换的社会资源
相互作用理论	人们是在他们的社会环境中、在与他人的交往中获得他们的自我概念的。换句话说，人们是根据他人对自己的评判、态度来思考自身的，便会不由自主地形成自我概念。也就是说，接受消极暗示的老年人就会处于消极和依赖的地位，进一步丧失原有的独立自主能力	应该向老年人传递正能量，增强其自信心和独立意识

三、分析老年人社会适应性的影响因素

影响老年人社会适应性的因素主要有物质性和非物质性两种。物质性因素主要是指与

经济相关的因素，包括经济条件、居住条件、照料条件等方面的问题；非物质性因素是指与经济无关的因素，包括健康水平、家庭关系、人际关系、性格特点、自我接纳等方面的困难。不同性质的原因对老年人社会适应的影响方式和程度都不一样，因此采用照护策略也应有所不同。

（一）物质性因素

1. 经济条件

经济基础、物质生活条件直接影响老年人的社会适应水平，决定着老年人的精神生活。经济条件较好的老年人，有较高的物质生活自主支配权，有更多机会接触外界，往往比较积极向上、乐观自信，愿意接受一些新的观念和思想，能够更好地适应日新月异的社会环境。反之，经济条件比较差的老年人，物质条件相对拮据，很多需求不能满足，常常抱怨生活，总是觉得生活不尽如人意。

知识拓展

"经济基础决定上层建筑"是马克思主义在历史研究中运用的一种理论，揭示了物质决定意识，经济基础是指物质的基础，上层建筑是指精神层面的东西。说白了就是，没有物质作为基础，就没有资格谈精神。当老年人连饭都吃不饱的时候，谈精神是没有意义的。只有经济基础稳固了，上层建筑才能发展，所以叫经济基础决定上层建筑。

2. 居住、照料条件

居住条件是老年人生活的基础保障，由于老年人各器官功能的衰退，同时可能受多种疾病影响，老年人在日常生活中会出现活动困难和突发问题，所以老年人对居住、照料环境的要求更高。

老年人居住环境要尽量做到简单，除必需的床、桌、椅、茶具外，不必放置过多的家具，更不宜放与老年人无关的物品，这样既可以使室内宽敞、幽静，有助于安定老年人情绪，又可以避免意外的发生；室内要注意温湿度适宜、空气流通、阳光充足，有利于老年人的心身健康。除此之外，老年人居住的楼层不宜太高，周围的建筑物密度不宜过大，研究显示，建筑物过密过乱的环境容易造成老年人心理上的压抑、不安和烦躁。

（二）非物质性因素

1. 健康水平

健康水平是影响老年人社会适应的先决条件。随着年龄的增长，老年人出现生理机能衰退，会逐渐出现视听能力减弱、记忆力减退、手脚不灵活、反应迟钝、易疲劳等，日常生活能力下降在所难免。身体健康状况个体差异较大，即使是同龄人，身体状况也有很大的差异。相对而言，健康状况良好的老年人更易适应社会环境变化，而健康出现严重问题的老年人的社会适应性较差。

2. 人际关系

人际关系是指人与人之间在交往过程中产生和发展的心理关系。老年人主要的人际关系包括夫妻关系、子女关系、亲属关系、朋友关系以及邻里关系。在人际沟通的过程中，各种信息被发出或接收，机体会受到持续的社会性刺激，从而产生正常的新陈代谢和心理反应。在人际交往的过程中，良好的人际关系能够起到相互之间的心理相容、互相吸引、互相依恋的作用，促使老年人排解孤独与寂寞，让老年人感受到人际间的幸福与欢乐，增添生活的乐趣。相反，如果老年人缺乏人际沟通或者人际关系不好，正常的新陈代谢和心理反应就会受到影响，容易产生孤独、空虚、抑郁等不良情绪，也会引发生理机能的紊乱，产生心身疾病。严重时能出现痴呆症、抑郁症等疾病。

3. 性格特点

面对晚年，有的老年人兴致勃勃地享受"夕阳红"，有的老年人却自怨自艾感叹一生挫折。老年人的性格会很大程度影响其对生活的感知。老年人的性格一般被分为成熟型、安乐型、防御型、易怒型、自责型五类。其中，成熟型和安乐型的老年人的社会适应性较好；防御型、易怒型和自责型的老年人的社会适应性相对较差。不同类型老年人的性格特点具体如表3-3所示。

表3-3　老年人性格类型及特点

类型	性格特点
成熟型	这种类型的老年人感觉自己一生收获很多，较有成就感，也能理解现实，珍惜当下。他们既不为过去烦恼，也不为未来担忧，顺其自然不强求
安乐型	这种类型的老年人认为生活较为安逸，不爱凑热闹，喜欢自己发展兴趣爱好，处于"自得其乐"的状态
防御型	这种类型的老年人不易信任他人、事必躬亲，容易过度劳累，发生心血管疾病的概率也较高
易怒型	这种类型的老年人很难接受变老的事实，过分关注未实现的目标，容易产生易怒、暴躁、怨恨和绝望等负面情绪
自责型	这种类型的老年人缺乏自信，容易过分关注失败，缺乏成就感，容易情绪低落

4. 自我接纳

自我接纳，是指个体对自我及其一切特征采取一种积极的态度。简言之，就是能欣然接受现实自我的一种态度。老年人自我接纳程度越高，对自己生活状态的自我评价和满意程度越高。自我接纳程度高，老年人越是表现出乐观、积极向上的情绪，进而表现出善社交、善认同、善应变等社会适应的行为。

同学们思考一下，还有哪些你能想到的其他影响老年人社会适应的因素？

四、促进老年人社会适应

（一）健全制度保障

完善养老保障制度，从经济、医疗保健、社会福利和生活护理等方面为老年人提供全方位、多层次、强有力的制度保障，增强老年人生活安全保障感。例如，鼓励社会团体、企业单位和个人参与养老事业；提出城市公共交通为老年人提供优惠和便利；鼓励和支持街道、社区开展综合服务设施，为老年人开展文体娱乐、精神慰藉、互帮互助等活动。为老年人适应社会提供政策支持和物质支撑。

（二）完善社会服务体系

根据老年人的特点和需求，完善满足老年人需要的社会服务体系，为老年人提供方便、舒适的养老环境。例如，社区为老年人提供形式各样的养老服务，通过发放宣传册、开展心理咨询、举办讲座（见图 3-1）、指导制订生活计划等，使老年人正确认识并尽快适应老年生活。

图 3-1　知识宣讲

知识链接

公益养老

公益养老是一种新型的养老方式，社工运用专业的社会工作方法培养老年人帮助他人和寻求帮助的能力，在老年人之间形成一种互助的养老氛围，从而达到老年人自我服务的目的。主要是通过社工组织社区活动或小组活动，从中发现有想法、有条件的老年人加入志愿者中，运用"助人自助"的理念帮助老年人增强自己的独立性和自主性，最终实现自己存在的价值，提升其晚年的生活质量。例如，老年人在自己身体状况较好时，帮助社区其他老人做饭及一些家务来兑换积分，这些积分可以在养老中心兑换生活用品、参加旅游时抵现金使用、在养老中心抵午餐费等养老服务。

（三）加强家庭精神慰藉

我们常说，家是人们在疲于生计、忙于事业之后的一个能安静歇息的港湾。家庭成员间的精神慰藉对于老年人来说是最重要的。老年人的精神慰藉作为赡养人的一项义务，已经写入老年人权益保障法中，足以说明家庭成员间的精神慰藉对于老年人的重要性。家庭成员应该关爱老年人，陪伴老年人，让老年人在精神上得到支持，消除老年人在各种适应过程中的心理和情感压力。老年人可以享受晚年的天伦，在愉悦的晚年将自己的光和热发挥到极致，对社会贡献最后的光和热。

（四）提高老年人自我应对能力

首先，老年人要正确看待衰老，"春有百花秋有月，夏有凉风冬有雪"，每个时期都有每个时期的好，老年生活一样美好，老年人应该不畏老、不服老，克服颓废心理，振奋精神，发挥余热。

其次，老年人要做好思想准备，善于安排自己的生活，作息规律，合理养生。根据自己的兴趣爱好，参加一些活动。例如，参加社区的联欢会、交流讲座、公益活动、兴趣社团等；走出家门，和朋友一起亲近大自然，一起赏花、踏青、看景；与老伴游走四方，感受祖国不同地域文化和博大精深。

最后，老年人遇到问题，要主动疏泄不良情绪。心理压力使人产生悲伤、怨恨、愤怒等不良情绪。如果长时间得不到释放，必将引起"火山爆发"，而使老年人患上心身疾病。因此，老年人应学会主动宣泄不良情绪，可以痛哭一场、找人倾诉、运动散步等，直到把不良情绪宣泄掉，心中不再压抑为止。

知识拓展

中医心理治疗方法之情志疏泄

情志疏泄即通过一定的方法和措施改变人的情绪和意志，以解脱不良情绪的苦痛，尽快地恢复心理平衡。中医认为"郁则发之"。发即疏发、发泄。当人情绪不佳时，不要把痛苦、忧伤闷在心里，一定要使之发泄出来，自我解脱。主要有以下几种疏泄情志的方法。

1. 用哭疏导情绪

无论痛苦或愤怒，痛快地哭可以将身体内部的压力释放出来，将身体压力产生的有害化学物质及时排出。

2. 倾诉疏导情绪

有不良的情绪，可以向自己最亲近或要好的朋友倾诉，诉说委屈，发发牢骚，可以消除心中的不平之气。

3. 兴趣疏导情绪

根据各自的不同兴趣和爱好，分别从事自己喜欢的活动，来舒缓不良情绪。如书法、绘画、唱歌、跳舞、旅游、观光等，用这些方法排解愁绪、寄托情怀、舒畅气机、怡养心神，有益于人的心身健康。

4. 运动疏泄情绪

在情绪激动时，最好的方法是转移注意力，去参加体育锻炼，如打球、散步、打太极拳等，用肌肉的紧张去消除精神的紧张。使郁积的怒气和不良情绪得以发泄出来，从而改变消极的情绪状态。

5. 工作疏泄情绪

遇到不顺心的事情，一时又无法排解时，可用顽强的意志和理智战胜不良情绪的干扰，把理智和情感化作行动的动力，投身于工作中去，努力工作，可转化不良情绪的困扰。

6. 音乐疏导情绪

音乐疗法也是大家疏导情绪常用的一种方法。音乐可以对人的听觉器官与听神经产生影响，进而影响全身的肌肉和其他器官的活动，产生兴奋、镇痛、情绪调节等特殊的效应。

（张　艳）

任务二
空巢老人的心理护理

一、认识空巢老人的定义及现状

空巢老人是指那些子女不在身边，只有两位老人或者独自居住的老年人。空巢老人大概包括三类，第一种是真空巢，即老两口没有孩子，相依为命；第二种是形式上的空巢，主要表现为子女在外地求学或工作，或者子女虽在同一城镇但分开住；第三种是"无形"的空巢，老人尽管与儿女住在同一屋檐下，但是因为子女工作忙或者与其存在矛盾，而缺乏沟通。目前，第二种"形式上的空巢"占大多数。

空巢家庭是指无子女或子女成年后相继离开，只剩老年一代人独自生活的家庭。

子女因原因离开家庭以后，独守空巢状态下的老年人容易产生被忽略、嫌弃或抛弃的感觉，并因此产生一系列的诸如孤独、寂寞、空虚、悲伤、低落、无力感等心理失调症状，这些消极情绪状态及其相应的认知、行为等，称为空巢综合征。

同学们思考一下，下列哪一种情况属于"空巢家庭"？
A. 无子女共处，只剩老年人独自生活的家庭
B. 分居老年人组成的家庭
C. 夫妻一方过世，只剩一人独自生活的家庭
D. 无父母，只剩子女单独生活的家庭

随着社会老龄化程度的加深，空巢老人越来越多，这个问题已经成为一个不容忽视的社会问题。新加坡《联合早报》的数据显示，2000年至2010年十年间，中国城镇空巢老人比例由42%上升到54%，农村空巢老人比例由37.9%上升到45.6%。2013年中国空巢老人人口超过1亿。随着第一代独生子女的父母陆续进入老年阶段，2030年中国空巢老人数将增加到两亿多，占到老年人总数的九成。随着空巢老人数量越来越多，与之相应的空巢老人的心理健康问题也非常突出。相关调查显示，多数空巢老人在心理上存在不同程度的焦虑、不安、孤独、失落、抑郁等情绪。与病痛等肉体上的伤害相比，缺乏精神慰藉对许多空巢老人来说则是一种更大的伤害。经常独处、很少与人交流的空巢老人往往容易产生悲观情绪，甚至会产生厌世念头。

空巢的来源

"空巢"一词本来是用来形容空空的鸟巢的，小鸟翅膀逐渐变硬能独立觅食、独立生存后便会离开父母，于是很多鸟儿在老了以后通常是独自守着空巢。现在人们一致认同用这个词来形容目前很多老年人的生活现状，这些老年人虽然有子女，但常年在外，留下老年人独自生活在家中。随着家庭结构小型化，以及独生子女政策的普及，使得老年人独守"空巢"的问题越来越严重。

二、识别空巢老人常见的心理问题

（一）失落感

失落感指的是原来属于自己的某种重要的东西，被一种有形的或无形的力量强行剥夺后的一种情感体验或是某件事情失败、无法办成的感觉。一般情况下，引起空巢老人失落感的主要原因是失去了生活的目标。空巢老人大多数已经到了退休的年龄，在失去了社会角色、职业角色之后，常常把精力都集中在对子女的关心照顾上。子女的离去使空巢老人

失去了原来忙碌而有节奏的生活规律，从而产生失落感，特别是对于那些退休前位高权重的老年人，这种失落感会更强烈。

（二）孤独感

孤独感是指感到自身和外界隔绝或受到外界排斥所产生的孤伶苦闷的情感。空巢老人的孤独感不同于孤独生活本身，它是老年人认为自己被世人所遗忘，从而在心理上产生与世人隔绝开来的主观心理感受，是与人交往的需要不能满足的结果。如果身体再不好，更容易对自身的生存价值表示怀疑，甚至产生抑郁、绝望的情绪。对于老年人的这种心态，有人称之为"老年空巢孤独症"。

（三）衰老感

衰老感是指自我感觉体力和精力迅速衰退，做事力不从心的感觉。老年人机体的各个系统和器官的功能随着年龄增大而逐渐减退，衰老是进行性的、不可逆转的变化。空巢老人既失去了社会生活中紧张、忙碌的工作环境，又失去了与子女在一起的和谐、温馨的家庭生活环境，这些会让空巢老人的思维变得缓慢，理解能力下降，接受新事物和适应新环境的能力减弱，从而加重衰老的症状。

（四）焦虑症

焦虑症是指与环境不相符的、过分的、不切实际的紧张不安和过分担心。老年人退休之后，社交减少，对子女的依赖会越来越强，当儿女都不在自己的身边，这种强烈的依赖不能满足的时候，就会产生。所以，空巢老人更容易患焦虑症。可表现为坐立不安、面容紧绷、愁眉紧锁、搓手顿足、经常叹气、言语急促、反复询问、过度要求医师给予安慰或保证。同时还伴有心悸、出汗、发抖、睡眠不佳等神经功能紊乱症状。

（五）抑郁症

抑郁症是一种以显著而持久的心情低落为主要特征的情感性精神障碍疾病。老年抑郁症是老年人群中的一种常见疾病。其临床表现主要有抑郁心境，体验不到快乐，兴趣丧失，精力不足，对自己的人生表示无助，睡眠障碍以及食欲减退等。空巢老人普遍缺乏精神安慰，而且大多数老年人为儿女拼搏一辈子，为儿子买车、买房，对儿女如此的关爱，然而，子女对父母的回报、关爱和尊重不够。有些老年人认为儿女只顾个人的利益而忍心让父母独守"空巢"，空巢老人的心理落差自然很大，容易患上抑郁症。有研究数据表明，空巢老人抑郁症患病率明显高于非空巢家庭，而老年抑郁症是引起老年人自杀的最主要原因。

三、分析空巢老人心理问题产生的原因

（一）主观因素

1. 性格因素

空巢老人的子女都不在身边，使得老人们得不到来自亲人的关心和照顾，但是老人们

仍可通过加强与社区内居民、亲朋好友、同事之间的沟通来排除寂寞和孤独。而有些老年人性格内向，不愿与他人沟通，就容易产生心理问题。还有些老年人在气质上是抑郁质的，对周围的人或事没有兴趣，缺乏重新设计晚年美好生活的信心和勇气，也容易产生心理问题。

2. 认识因素

空巢家庭中，有些老年人和子女的长期分开得不到子女的关心，会使老年人从自身去寻找子女不能陪伴左右的原因，会责备自己在某些地方没有做好，致使老年人与他人交往和沟通的自信心受到打击，不敢去尝试与他人交往，自我认识出现了扭曲。

3. 沟通技巧和表达能力的不足

有充分的沟通技巧以及善于表达自己内心想法的空巢老人，往往可以与社区居民建立良好的沟通关系，能够充分参与到社区生活中，心理发展健全。相反，有些空巢老人不具备与他人良好沟通的条件，从而使自己被排斥在群体之外，也是空巢老人在心理上受到打击，加快心理问题产生的原因。

（二）客观因素

1. 家庭因素

空巢家庭中子女不在父母身边，缺乏对父母的照顾和关怀，会使老年人产生被子女"遗弃"的感觉，为自己年轻时对子女的付出得不到应有的回报而情绪低落，特别是老年人生病时得不到及时的照顾，从而降低了老年人对生活的热情。在被遗弃的意识里以及生活热情降低的情况下，心理问题非常容易产生。

2. 社区因素

在空巢家庭中，老年人在生活以及情感上遇到问题时，儿女不能给予及时的帮助，社区也不能给予空巢老人一些生活帮助及情感支持时，老年人的失落感和孤独感会更严重，这也成为心理问题产生的一个重要原因。

3. 社会因素

①文化方面：中国素有尊老爱老的传统，十分注重"孝道"，而"共享天伦之乐""膝下承欢"这些思想根深蒂固，使老年人对子女依赖性比较强，儿女不在身边，不由地心头涌起孤苦伶仃、自卑的消极情感。

②新闻传播方面：新闻报道中对于一些空巢老人悲惨状况的报道，如在家中去世后无人发现、自杀等，会在老人的心中留下阴影。而这些都可能导致老年人对空巢的悲哀感和恐惧感，对老年人的心理健康是非常不利的。

四、空巢老人的心理护理

（一）社会关爱

社会工作者给予空巢老人支持和鼓励。加强社区机构建设，完善社区的关怀和照顾体制（见图 3-2）。如定期探访空巢老人、帮助老人解决生活上的困难、给予老人一些实际生活中的帮助或实物支持、定期进行身体检查等。还可以呼吁社会的志愿者与空巢老人进行谈心，认真聆听老人的述说，通过共情建立与老年人的信任关系，鼓励老年人与他人交往，使空巢老人感觉到社会对他的关爱，缓解不良情绪。

图 3-2　社区为空巢老人过生日

知识链接

社区服务

　　全国各地很多社区服务已经很完善，包括咨询接待区、医疗服务区、休闲娱乐区、生活服务区、午间休息区、室外活动区、养生保健区等区域，能够为老年人提供膳食休息、生活照料、康复理疗、针灸按摩、精神慰藉、文化娱乐等项目，老年人可以白天到社区接受照顾和参与活动，晚上回家享受家庭生活，努力让老年人老有所养、老有所医、老有所为、老有所学、老有所乐。

（二）儿女关心

　　对待空巢老人，只有社会重视还不够，关键是儿女的关心与爱护。儿女对老年人经济上给予支持，物质上给予保障，生活上给予照料，精神上给予慰藉，是心理救援的主要内容。儿女不但要尽好经济赡养的义务，更要重视精神赡养的义务。儿女应该尽可能经常回家看望老人，及时发现老人的不良情绪，并给予疏导；异地的儿女不能回家的，应经常与父母通过电话、视频等方式进行感情和思想的交流。经常和老人通电话，问问老人的近况，告知自己身上发生的新鲜事，让老人觉得子女就在身边，这样有利于形成一个良好的家庭互动条件，是解决空巢老人心理问题的一个重要方面。

（三）亲友帮忙

亲帮亲、邻帮邻是我国各族人民的优良传统。我们主张与人为善、与邻为善，邻里间要互相帮助，帮助空巢老人购物、买菜、扫地及其他老年人不方便做的事情，陪伴空巢老人看电视、聊天、散步等，让空巢老人不再觉得孤独寂寞。

（四）心理自救

常言说得好："求人不如求己。"发挥自己的主观能动性，进行心理自救，是十分必要的。可以从以下几个方面进行调整。

1）从自我认识上，空巢老人要充分认识到培养子女是父母的义务。而子女长大成人，有属于他们自己的一片天地，为了学业和事业而离开父母这是正常的，老年人要正视这一社会现实，敞开心扉去接纳它、适应它，调整好自己心态，不能过分依赖子女，应该尽早将家庭关系的重心由纵向关系（父母与子女的关系）转向横向关系（夫妻关系）。特别是子女到了"离巢"的年龄，要有充分的心理准备，在子女离家前，父母就应该调整自己的生活重心和生活节奏，而不是一切围着孩子转，这样帮助自己做好过渡。

2）空巢老人要及时地充实新的生活内容，培养一些兴趣爱好，创造新的生活方式，参与丰富多彩的闲暇活动。让老年人"忙"起来，不再"闲"着无事做，因为闲着无事做就会容易使人产生失落感、抑郁感，诱发很多心理问题。因此，老年人应根据自身条件和个人喜爱，自找乐趣。

3）广交朋友，建立新的人际关系，尽快找到新的替代的角色，这也是空巢老人克服空巢心理的有效方法。常言道："千金难买是朋友，朋友多了春长留。"空巢老人通过广交朋友，互相关怀，喝茶聊天，结伴旅游，积极参加各种文体活动，享受老年人生活的快乐。

4）积极参与各种社会活动和公益性活动，关心社会，利用自身的特长，发挥余热，做一些力所能及的事情。例如，老年人以前是一名医生，可以给社区的群众开展医学知识的讲座；老年人以前参过军，可以给青少年讲一讲红色革命的故事等，这样使晚年生活更加充实而有意义。

学中做

张阿姨和老伴都是退休职工，去年，他们的儿子和女儿先后结婚开始各自生活，女儿嫁到另外一个城市，儿子搬到婚房住。可自从女儿儿子离开家后，张阿姨便思维迟钝、郁郁寡欢，成天闭门发呆、愁眉不展，不与亲友往来，老伴找她说话，她也不愿理睬。拉她出去参加老年人的活动，她也不去。时常说别人对她冷淡，说这个世界上人情淡漠，孤苦伶仃地活着没有什么意思。

思考：

1）张阿姨出现了什么问题？

2）如何对张阿姨进行心理护理？

（张　艳）

任务三
离退休老人的心理护理

目前，随着我国人口老龄化的快速发展，每年都会有一大批老年人离、退休，开始进入老年人的退休生活行列，将要与新的社会环境、新的社会群体建立联系，社会角色也将随之改变，因此老年人的心理活动也随之有较大变化。如果离退休老人不能适应环境的突然改变，就会出现情绪上的消沉和失落。所以，老年人能够顺利地从职业生涯过渡到离退休生活是十分重要的。

一、认识离退休综合征

（一）离退休综合征的定义

离退休综合征是指老年人由于离退休后不能适应新的社会角色、生活环境和生活方式的变化而出现的焦虑、抑郁、悲哀、恐惧等消极情绪，或因此产生偏离常态行为的一种适应性心理障碍，这种心理障碍往往还会引发其他生理疾病，影响身体健康。

（二）离退休综合征的症状

1．一般表现

①失落感：老年人离退休后，突然从繁忙的工作中闲下来，无事可做，就容易出现失落感，特别是一些老干部，退休的巨大反差使老年人产生很大的失落感。

②空虚感：老年人离退休以后，可自由支配的空闲时间多了，如果没有新的内容来充实，缺乏自己感兴趣的活动，就会感到人生没有寄托，百无聊赖，觉得空虚，生活没有意义。

③孤独感：老年人离退休之后，各种社会活动减少了，若再加上身体衰弱多病，行动不便，更少参加社会交流，长时间待在家里，很容易产生孤独感。

④无力感：许多老年人虽然到了退休年龄，但是内心是很不愿意离开工作岗位的，他们认为自己还有工作能力，但是社会要新陈代谢，必须让位给年轻一代，这种无奈很容易使老年人产生无力感。

⑤无助感：离退休后，老年人离开了原有的社会圈子，在适应新的生活模式的过程中，往往使老年人感到不安、无助和无所适从。

⑥无望感：无力感、无用感和无助感都容易导致离退休后的老年人产生无望感，对于未来看不到希望，再加上身体器官和机能的逐渐退化，让离退休老人甚至感到绝望。

2．焦虑症状

焦虑症状主要表现为与现实处境不符的持续恐惧不安和忧心忡忡。离退休老人莫名其妙地感到担心，过分担心老伴、儿孙等；在听到同自己年龄相仿的亲友去世的消息时，往往会联想到自身，不由焦虑起来，内心总是不踏实，坐立不安，控制不住紧张；有些老年人会觉得全身不舒适，奔走于各个医院，见医生就滔滔不绝地说：浑身难受，不能躺，不能坐，不愿吃，不能睡，不能干活等，但经检查又无器质性疾病。其原因是过度的内心冲突，自主神经功能失调，交感神经系统亢奋所致。

3．抑郁症状

抑郁症状主要表现为心情忧伤、郁闷、沮丧、精神消沉、萎靡不振。离退休老人感到生活没有意思，提不起精神，高兴不起来，整日忧心忡忡，度日如年，以泪洗面；兴趣丧失，几乎对任何事情均没有欲望，不能体验生活的乐趣，家门不出，电视不看；自我评价低，认为自己一无是处，没有用，是子女的累赘，无价值感，内疚、自责；甚至悲观厌世，痛不欲生。所以离退休的老年人容易因为抑郁而产生自杀观念和行为。

4．躯体不适症状

有些老年人离退休后，常常出现头痛、晕眩、失眠、胸闷憋气、胸痛或腹部不适、周身疲乏、四肢无力等症状，但到医院去做相应的检查也无其他躯体疾病，或者即使存在某种躯体疾病也不能解释这些症状。

当然，并非每一个离退休的老年人都会出现以上情形，离退休综合征形成的因素是比较复杂的，它与每个人的个性特点、生活型态和人生观有着密切的关系。

（三）离退休综合征产生的原因

1．离退休前后生活境遇反差过大

不同的老年人在离退休前后所发生的生活境遇变化是有差异的，精神心理科的专家认为，一般来说，在职时对工作全力投入或在单位担任重要角色者，退休后更容易出现离退休综合征。原因是普通职工退休前后生活变化不是很大，较容易适应退休后的生活。在职时对工作全力投入的职工，退休前的生活重心是工作和事业，退休后对于突然无所事事很不习惯；而一些领导干部在离退休前，他们有较高的社会地位和权利，离退休后社会地位和权利的消失，使他们很难适应，容易导致离退休综合征。

2．离退休后缺乏"个人支撑点"

每个人在社会中都扮演着很多的社会角色，其中有一种或几种角色及其角色活动对他本人来说是至关重要的。因为这些角色及其角色活动构成了他赖以生存和发展并维持最基本的心理平衡的"个人支撑点"。如果老年人离退休后，丧失了这些"个人支撑点"，则会造成心理失调。例如，一些在职时对工作全力投入的人，职业角色和职业活动构成了他的"个人支撑点"，个人的一切尊严、价值及其喜怒哀乐都维系于此。而退休之后，"个人支撑点"不存在了，从而导致心理问题的产生。

3. 社会支持缺乏

社会支持是指来自他人的一般性或特定的支持性行为，这种行为可以提高个体的社会适应性，使个体免受不利环境的伤害，包括家庭支持、朋友支持和其他支持。例如，儿女的陪伴与关心、亲朋好友的主动联系、社区组织活动等，这都有利于离退休老人解决心理问题，帮助他们宣泄和缓解不良情绪。

4. 自我价值感的缺失

自我价值感是指个体看重自己，觉得自己的才能和人格受到社会重视，在团体中享有一定地位和声誉，并有良好的社会评价时所产生的积极情感体验。有此情感体验者通常表现为自信、自尊和自强；反之，则易产生自卑感，自暴自弃。马斯洛层次需求理论明确指出，自我价值感的实现是人最高层次的需求。老年人在离退休后感到个人的社会价值感失去，并由此产生了无能、无用、无望、无助的悲观情绪，从而导致心理失调。

5. 个体因素的差异

每位老年人都有不同的个体差异，他们的性格、爱好、人际关系、文化程度、职业都不同，这也决定他们离退休后的适应情况不同。性格偏向好胜、固执的老年人容易患离退休综合征；退休前除工作之外无特殊爱好的老年人，退休后无事可做，容易发生心理异常；不善交际的老年人，朋友少或者没有朋友的老年人容易孤独、苦闷，有烦心的事无处倾诉，情感需求得不到满足，容易产生心理问题；文化程度越高的老年人，越不能很好地适应退休后的生活而产生心理问题；职业为从事辛苦的体力劳动的老年人，会把退休生活看成是"享清福"，对退休生活适应顺利。反之，容易出现离退休综合征。

6. 其他

离退休前心理准备情况会影响老年人离退休后的心理状态，只要老年人离退休前对离退休后的角色改变做好充足的准备，将退休后的生活安排好，就不容易产生心理问题；经济收入也是影响老年人退休后心理状态的一个重要因素，经济收入相对高的离退休老人与经济收入低的老年人相比，不容易产生心理问题；夫妻关系不和睦或者丧偶的老年人，更容易导致心理失调。还有，老年人周围的亲戚、朋友、同事的离退休情况及对离退休的看法也会影响他们，使他们对离退休问题产生种种积极的或消极的态度。

二、识别离退休前后心理变化

为了预防或减少离退休综合征对心身的影响，老年人应做好离退休后的心理调适。离退休前后，心理发展分为下面几个阶段。

（一）离退休前准备阶段

退休的心理变化其实早在退休前就开始，大多数人都清楚自己什么时间退休，但是多数人只是偶尔想到这些问题，他们对离退休后的角色改变、生活安排考虑得并不周全，没有做好充分的心理准备。如果即将离退休的人员能够做好充分的心理准备，以积极乐观的态度对待离退休，提早制订离退休后的计划，这对适应社会是非常有利的。

（二）欣然接受阶段

这是刚刚退休后的最初一段时期。在这段时期，离退休老人觉得终于从平时紧张的工作中解脱出来了，可以开始自由地支配自己的时间，做自己一直喜欢却没有时间做的事情，寻亲访友、旅游观光、种花植草、养鸟垂钓，能体验到退休后的异常轻松和喜悦。

（三）清醒阶段

离退休一段时间后，离退休老人逐渐发现，退休前的许多幻想在退休后并不能实现，而几十年的生活习惯让他们对现在的生活方式很不适应，他们开始感到失望、沮丧，导致心理失衡。因此，离退休老人在这个时期积极采取有效方法调整好心态是非常重要的。

（四）定向阶段

离退休老人在认清自己的现状后，开始调整自己的计划和目标，寻找一些新的、较为现实的追求目标，积极参加社会活动，适应自己新的社会角色。在这个阶段，离退休老人内心世界逐渐充实，情绪逐步稳定了，心理活动也趋向协调。

（五）稳定阶段

稳定阶段并不是一成不变的，而是离退休老人建立了与自己的角色改变相适应的生活模式。在这个阶段，老年人适应了退休生活，心理活动相对比较协调稳定。

离退休的老年人，如果做好以上几个阶段的心理调适，就能很好地适应老年生活。

三、离退休老人的心理护理

（一）老人方面

1．调整心态，顺应规律

衰老是不以人的意志为转移的客观规律，离退休也是不可避免的。老年人必须在心理上认识和接受这个事实。"夕阳无限好，人间重晚晴"，坚信老年人生活一样美好，将离退休生活视为另一种绚丽人生的开始，重新安排自己的工作、学习和生活。马克思曾经说过："一种美好的心情，比十服良药更能解决生理的疲惫和痛苦。"所以，老年人应该乐观豁达，安享晚年，做到老有所为、老有所学、老有所乐。

2．做好准备，预先策划

一些研究表明，离退休前曾做过妥善计划的老年人，更容易适应离退休后的生活。离、退休前的计划一般包括收入上的分配、生活上的安排和保健等方面，同时也要思考哪些是短期计划，哪些是长期计划，实施计划需要哪些条件，自己具不具备这些条件，还有哪些问题要解决等。离退休老人都要想清楚，制定好目标，然后按照这个目标执行。还要注意的是，离退休的前一两年要有意识地将自己的工作节奏慢下来。就好比一个跑步的人，不能突然就停下了，而要放慢脚步从小跑、快走、慢走，到最终停下是一个道理。突然刹车必定会摔倒，因此不能高速运转到离退休的前一天，要提前将手里的工作交代给别人，一来自己可以适应一下清闲的状态，二来可以培养新人，给予他们更多的技术指导。

3. 发挥余热，重归社会

离退休后如果老年人的身体较好、精力旺盛，可以做一些力所能及的工作。一方面，发挥余热，为社会继续做贡献，增强个人价值感；另一方面，使自己精神上有所寄托，使生活充实，增进心身健康。例如，教师退休后被回聘继续授课；离退休老人参加社区、街道的一些公益性活动，帮助公园、小区保持清洁，在家帮助儿女承担家庭炊事、打扫房间、抚育幼孙等，实现老有所为。

4. 善于学习，与时俱进

"活到老，学到老"，老年人离退休之后仍要继续学习，可以报名去老年大学学习，也可以通过网络学习新的知识和技能，如老年自我保健、老年心理学、艾灸等中医技术。学习对离退休老人是非常有益的，一方面可以保持大脑活跃，延缓智力的衰退；另一方面，老年人要通过学习来更新知识，跟上时代的步伐，能够与年轻人增进交流，避免因与社会脱节而产生无助感。

5. 培养爱好，陶冶情操

老年人在离退休后有大把的时间，如果不找点事情做，就会很无聊、会生病。所以一定让老年人培养自己的爱好，琴棋书画、种花、养宠物、烹饪、编织、制作手工艺品、运动、旅游、摄影、写作都可以，既可以陶冶情操，又能增强体质。离退休老人可以根据自己的实际情况，培养一种或几种兴趣爱好。

6. 扩大社交，排解寂寞

科学家调查结果显示，离退休老人的社交活动越积极，其早死的风险就越小，同时与人交往可增强老年人的免疫力，防止老年痴呆症和抑郁症的发展。离退休之后，老年人的生活圈子缩小了，因此老年人应该积极主动地去建立新的社交圈。例如，在美国，一种叫Meetup的社交平台深受 50 岁以上人群的喜爱，人们可以根据自己的兴趣爱好，在上面轻松找到志同道合的朋友，并组织线下活动来扩大自己的社交圈。

7. 生活自律，保健身体

离退休后，老年人的生活节奏减慢了，生活规律也发生了很大的变化。这时，如果老年人突然懈怠、懒散下来，使生活一下子变得杂乱无章，毫无规律，就会出现一系列的问题。所以，离退休后老年人的生活起居更要自律，早睡早起、锻炼身体，不暴饮暴食、抵制不良嗜好等，这样可以保持心身健康。

8. 必要的药物和心理治疗

老年人出现身体不适、心情不佳、情绪低落时，应该主动寻求帮助，切忌讳疾忌医。

对于伴有严重的焦躁不安和失眠的离退休综合征的老年人，必要时可在医生的指导下适当服用药物，以及接受心理疏导。

知识拓展

德国退休老年人的生活

最近几年，我国才调整了法定退休年龄，而德国早在数年之前，就延后了法定退休年龄，退休年龄为 65 周岁，并逐渐延长至 67 周岁。尽管如此，在退休老年人群中，有 11% 左右的人还在继续工作，大多数退休老年人想继续工作的主要两个原因是：社交以及愿意工作，愿意继续发挥余热；少数老年人退休后之所以工作，是为了赚钱。

德国老年人退休后的生活与我国退休老年人的生活有很大的差异，我们的父母在退休之后，基本上都是以带孙辈为主，继续为自己的子女发挥着余热。但是，德国老年人在退休之后，很少有老年人会帮子女带孩子的，在他们的传统观念中，压根不存在隔辈带孩子的想法。德国老年人退休之后，第一件要做的事情竟然是上网冲浪，去报名培训班专门学习电脑知识。因为这些老年人在年轻的时候，掌握的电脑知识，多限于办公使用部分。而等到退休之后，有时间重新学习电脑知识，学习搜索信息，学习浏览实时新闻、度假订票等，以便自己外出游玩时，能玩转各种现代设备。还有很多老年人去选择高校开设的老年班，继续听课、学习。

（二）家庭方面

家庭是社会生活的基本细胞，老年人离退休以后活动领域由单位转移到了家庭里。有许多研究表明，家庭支持对老年人的心理状态有相当重要的作用。老年人感觉到的来自家庭成员的支持水平会影响甚至会改变老年人的心境水平。家庭支持主要体现在以下几个方面。

1. 陪伴老人，倾听心声

老年人离退休后，家人应多陪伴老年人，要注意倾听老年人的心声，了解老年人离退休后的居住、经济生活、人际关系等适应情况，以及老年人对其生活的满意度等。从这些方面可以了解老年人的心理状况及需求，及时解决老年人存在的问题。另外，倾听本身就是一个帮助老年人进行心理疏导的过程。有时候，老年人通过一番絮絮叨叨的述说之后，心情就变得格外愉快了。

2. 给予经济支持，精神慰藉

如果老年人的衣食住行有可靠保证，生活安定，免除了后顾之忧，老年人的心理上也就得到了最大的安慰。老年人离退休后收入会减少，身体机能衰退易生病，开销较大，子女应适当给老人一些补助，解除老人的忧虑；同时，家里有什么事，不要忽略老人的建议。老年人阅历广、经验多，家里有什么大小事情，应多和老人商量，征求老人的看法和意见，要尊重他们，这样会使他们感到高兴，心理上也是一种安慰。

3. 建立良好家庭气氛

一个良好的家庭气氛，对于家庭的每一个人都是有益的，好的家庭氛围，让每个家庭成员都会感到舒畅快乐。如果老年人长期生活在不良的家庭气氛中，容易生病衰老。所以，要创造一个舒适、愉快、安稳、温暖的家庭环境，形成一个良性循环，为晚辈树立榜样，这样有利于自己老有所养，也利于社会安定。

4. 包容理解，鼓励引导

唐代孙思邈在《千金翼方》中写道："年五十以上，阳气日衰，损与日至，心力渐退，忘前失后，兴居怠惰，计授皆不称心，视听不稳，多退少进，日月不等，万事零落，心无聊赖，健忘嗔怒，情性变异……"，说明老年人的性情容易发生改变，容易生气，家人应该对老年人多多理解，给予适当的心理鼓励、引导，这些将有利于离退休老人摆脱心理危机。

（三）社会方面

为了让离退休老人有更好的社会适应性，社会支持也是非常重要的。建立社会网络和社会资源，让老年人积极与社会接触，在社会生活中感受到被支持、受尊重、被理解的情感体验，有利于离退休老人摆脱心理危机。例如，通过社工的介入，开展社区工作，宣传离退休老人心理保健的相关知识；深入社区针对离退休老人开展邻里一家亲大型互动活动，减少社区内离退休老人之间的陌生感和隔阂感，使离退休老人与家人、朋友和邻居形成密切交往的现状；开展社团活动或者小组活动，培养离退休老人健康的兴趣爱好，使他们主动参与社会交往，调动自己乐观向上的精神。同时，通过民主推选的方式选出社团或小组活动的负责人，让那些离退休之前当过领导的老年人重新感觉到被社会所需要的感觉，通过这种方式，促进他们社会角色的转变，提升他们的社会融入度，减少心理问题的产生。

学中做

王爷爷退休前是某企业的领导，退休前每天工作都精神头十足。可退休后王爷爷就像变了个人一样，目光呆滞，脸色灰暗，腰也不直了，背也驼了，过去的精神头一点也没有了，天天待在家里足不出户，情绪低落到了极点，动不动就大发脾气，这让王爷爷的老伴很苦恼。

思考：

1）王爷爷可能出现了什么心理问题？

2）分析导致其心理问题的原因有哪些？

3）如何对王爷爷进行心理护理？

（张　艳）

任务四
老年人婚姻家庭中的心理护理

"我能想到最浪漫的事，就是和你一起慢慢变老；一路上收藏点点滴滴的欢笑，留到以后坐着摇椅慢慢聊……"。每个人都期盼有一个美好的婚姻，一直到老。人到了老年之后，退出了劳动领域，子女们也陆续长大成人，独立成家，老年人需要一个伴侣在生活上相互帮助，精神上相互慰藉。所以，婚姻关系在老年人的生活中起着至关重要的支持作用。老年人的婚姻生活会发生很多状况，导致离婚、丧偶、再婚等情况发生，从而引发老年人的心理问题。

一、解决老年人夫妻关系的适应问题

老年人的夫妻关系从结婚、生儿育女到将儿女培养成人，风风雨雨度过几十年。经过岁月的磨砺，大多数老年夫妻关系是比较稳定的。但是，还有少数老年夫妇不能很好地适应老年时期的生活而产生矛盾，甚至产生离婚的想法。是什么原因导致老年人夫妻之间的冲突，如何解决，应该引起社会的关注。

（一）老年人夫妻关系出现冲突的原因

1. 家庭事务问题

夫妻之间的文化程度、价值观都不尽相同，对家庭事务的看法难免会产生分歧，老年夫妻也是一样，比较常见的问题有：家务劳动的分担形式、子女的升学就业、工作安排、恋爱婚姻及买房卖房等问题，夫妻双方意见不统一、互不相让，就容易引起争执。

2. 兴趣爱好

老年夫妻双方的兴趣爱好对夫妻关系的影响较大，特别是退休后都有闲暇时间，如果两人的兴趣爱好不同，缺少共同的语言和一致的消遣方式，就会影响老年夫妻之间的关系。例如，一方老人喜欢跳广场舞，经常去跳舞，留下另一方老人一个人在家，时间久了，另一方老人就会胡思乱想，从而产生矛盾。

3. 性格特点

人到老年由于生理、心理、社会等方面发生变化，性格也会发生改变。如果夫妻双方不能很好地适应、及时地沟通，就引发矛盾。例如，有的老年人平时喜欢清静，可老伴偏偏是个闲不住的性子，喜欢唱唱歌、跳跳舞，喜欢跟老友们聚聚会，热闹热闹，双方之间如果不能调和一下，那么就容易产生矛盾。时间长了，小矛盾都会变成大矛盾，琐事积累到一定程度，就会爆发婚姻危机。

4. 经济因素

经济是家庭关系的基础，经济会影响到一个家庭的稳定。没有一定的经济基础，婚姻关系的稳定和发展就失去了物质条件的保证。"贫贱夫妻百事哀"，这一俗语流传千年自有它流传的道理。没有物质保障的婚姻，夫妻之间根本就没有时间来讨论三观，讨论价值，讨论精神，而是整天花时间在鸡毛蒜皮的小事之上，纠结于现有的钱怎么花，意见不一致，更容易出现矛盾。所以，经济因素会直接影响到老年夫妻的生活质量与心理情绪。

5. 生理需求

不同性别的老年人的性欲望、性能力退化的早晚、程度不同。一般而言，在年龄相仿的情况下，男性老年人比女性老年人性欲更强烈一些。男性和女性老年人在性观念上也有差别，女性老年人多认为，自己的儿女都已成家，已生育儿女，提到性问题会认为是"不正经"，使老年人的心理受到压抑。这种在性生理和性观念方面的差别也会给老年夫妻生活带来阴影，导致夫妻关系不和谐。有调查显示，90%的老年人或多或少保持性生活，并且性生活的和谐程度与老年夫妻关系存在一定的相关性。性生活和谐的老年人，夫妻关系比较好。反之，性生活不和谐的老年人，夫妻关系多数都不好。

（二）解决老年人夫妻关系冲突的原则

1. 坚持相互包容的原则

"海纳百川，有容乃大。"这句话说明了相互宽容、忍让的重要意义。家庭生活的方方面面，具体而又琐碎，老年夫妻朝夕相处，难免会有意见不统一，遇到这种情况，一定要以夫妻情谊为重，要多看对方的长处，谅解对方的过失，千万不要埋怨指责，更不应翻旧账，揭对方的短处、伤疤。例如，当一方遇到诸如丢失钱物、失手损坏物品等不愉快的事，另一方切忌生硬地责怪，而应尽力安抚，以减轻其心理负担。

2. 坚持相互尊重的原则

老年夫妻不论社会身份异同、学识高低、健康状况好坏，在家庭生活中都是平等的角色，应互相尊重。家中的日常事务要共同商量，避免一意孤行，遇到意见分歧时要耐心说明解释，切忌置对方意见于不顾而自行其是。要尊重对方的生活习惯和兴趣爱好，不要过度干涉，并尽可能积极参与到对方的活动中去，培养共同的兴趣爱好和生活乐趣。爱其所同，敬其所异。

3. 坚持相互信任的原则

多疑猜忌是破坏夫妻感情的无形杀手。老年夫妻的爱情虽经历了长期考验与磨砺，但仍需通过相互信任来加以巩固和发展。随着老年娱乐活动的不断丰富多彩，很多老年人在活动中结交了新朋友。在这些活动中有男有女，大家在共同的爱好中结下深厚的友谊。如果老两口共同喜欢一项活动，问题不大，如果老两口的爱好不同，各玩各的，当看到自己的老伴与其他异性接触频繁，难免会产生误会，最后导致感情出现裂隙。夫妻之间应该相互信任，一旦发生疑虑，一定要坦诚相见，及时消除误会。同时，老年人应该主动把自己的活动情况、新结识的朋友告诉自己的老伴，双方做到"互不盘问，绝不隐瞒"，这样才能加深夫妻的感情。

4. 坚持相互体贴的原则

步入老年生活以后，每位老年人都希望得到配偶的生活陪伴、精神依托和生活照料，这是子女所不能完全替代的。当一方因生理变化或发生某些意外而产生烦恼和苦闷时，另一方的体贴和关怀，都会使对方精神上得到慰藉。例如，在一方患病时，另一方应多关心，以关怀的语气询问病情，鼓舞对方战胜疾病的信心，尽量减轻对方的心理压力，必要时带其就医，陪伴治疗。

5. 坚持感情不断培养的原则

老年夫妻在年复一年的日常生活中容易趋向过分求实而缺乏浪漫，这样的生活没有起伏，没有新鲜，过于平淡，容易导致彼此产生麻木的感觉，使几十年的婚姻走向终结。因此，双方要不断创造魅力，以持续吸引对方，适当保持性生活，相互满足情感需要。日常生活中多赞美、多欣赏对方，如"你穿这件衣服真漂亮""你今天的气色特别好"等，使对方感受到你对他的关注，并为你保持自己异性的魅力。

6. 坚持自我批评的原则

夫妻之间不能总是让对方包容自己的缺点，应该经常自我反省，多做自我批评，多改变自己、教育自己，尽量克服改正自己的缺点。例如，性子急、脾气大的老年人想要发火时，不妨想想自己的暴躁给对方带来的伤害，控制一下自己的情绪。

学中做

现年64岁的张女士与丈夫王先生共同生活了40余年，夫妻关系比较和谐。但是近日，张女士经常听到异性给王先生打电话，相约一起外出。张女士很不开心，质问王先生。王先生解释说，在退休之后，自己一度不适应不上班的生活，为了改变现状，他参加了很多老年人的活动，周一、周三去公园唱歌，周二、周四跳交谊舞，周末闲暇时还会和朋友相约去爬山。王先生表示，他希望自己的晚年生活能够充实起来，因此结交了很多朋友。但是张女士则认为丈夫出轨，因此要求离婚。

思考：

1）什么原因导致这对老年夫妻出现这样的问题？

2）如何对张女士进行心理护理？

二、解决老年人丧偶后的适应问题

在家庭、社会关系的丧失中，最难忍受的莫过于亲人的丧失，尤其是配偶的丧失。丧偶对老年人来说，是一个沉重的打击。俗话说："少年夫妻老来伴"。在经过了几十年的沟沟坎坎，两个人正应安度幸福晚年的时候，倘若有一方过世，必定会给另一方在精神上造成巨大的创伤，可能会在生理、心理等多方面出现很大改变。

知识拓展

鳏寡效应

当配偶去世后，另一位在相对较短时间内离世的可能性会明显升高。这种情况被称为"鳏寡效应"。根据多项研究的统计数据表明，配偶去世后，鳏寡者死亡的风险会升高 10%～40%；尤其是前 3 个月，死亡风险升高幅度为30%～90%。哈佛一项研究分析了 12 316 对老年夫妻的统计数据，发现在配偶过世的 3 个月里，在世一方无论是男是女，死亡风险都比平常增加了约 66%。

（一）老年人丧偶后的心理变化

1. 震惊、麻木

震惊、麻木往往是丧偶者的最初心理反应，丧偶的老年人接收到老伴去世的消息后，往往没有强烈的情绪反应，反而显得有些麻木不仁，好像对老伴去世这件事情并不在乎，也不伤心。其实并不是不伤心，只是还没有从老伴去世的震惊中缓过神来。

2. 巨大的悲痛

经历了最初的麻木感后，丧偶的老年人缓过神来，常常会痛不欲生。一般，女性老年人表现更为明显，发出撕心裂肺的哭喊声。男性老年人虽能够极力控制自己的情绪，但从悲伤的面容上，还是能让人感受到他内心深处的巨大悲痛。

3. 自责、抱怨

丧偶的老年人不愿接受老伴的突然离去，真希望老伴还在，后悔自己没有照顾好老伴，没有及早带老伴就医，为此感到很自责。有些老年人也会迁怒于其他人，对亲戚朋友以及参与救治老伴的医生，都会产生愤怒、抱怨心理。

4. 思念、忧郁

丧偶的老年人逐渐接受老伴离开的这个事实，会转而全身心地倾注于对死去老伴的思念上，特别是看到老伴以前使用过的东西、穿过的衣服等，就会回想起老伴以前的声容笑貌，不由产生悲伤、忧郁等负面情绪，主要表现为老人对什么事情都不感兴趣，经常把自己封闭在家里，精神恍惚，经常发呆。

5. 混乱无绪

虽然已经经历了丧偶的最初日子，悲痛的情绪也得到了一定的发泄，但生活仍然混乱无绪。许多丧偶的老年人在老伴死去很长时间，都迟迟不能恢复正常的生活。在某些人、某些事情的开导和启发下，开始重新组织、安排生活。从表面上看，情绪基本上恢复了常态，但在内心深处，悲哀的心情依然存在，只不过能主动地压抑或转移悲哀而已。

（二）老年人丧偶后的心理调适

1．正确面对丧偶的现实

首先应该认识到人的生、老、病、死是不可抗拒的自然规律，失去了几十年朝夕相处、患难与共的老伴的确是一件令人痛心的事情，但这又是无法挽回的事实。老年人要冷静地劝慰自己，过度的伤心、折磨自己是没有必要的，对老伴最好的怀念就是自己多保重身体，更好地生活下去，这也是老伴所希望的。

知识链接

庄子的故事

《庄子·至乐》里有这样一则故事，庄子的妻子死了，惠子前去吊唁。庄子双脚打开，像簸箕一样坐着，敲着瓦盆，唱着歌儿。惠子忍不住说："你妻子为你生儿育女，陪你日晒雨淋，同甘共苦，苦尽甘来。现在她死了，你不伤心难过也就罢了，还唱起歌来，这不会太过分吗？"庄子说："不是这样的。她死的时候我确实很难过，但仔细一想：她本来不具形体，没有出生；后来成形，来到世间；现在形体消逝，回到死亡。这跟四季运行一样，死的人已经安息，我却一直哭泣，这是不知天命。"

2．宣泄不良情绪

丧偶的老年人要想使自己尽快地从悲哀的氛围中解脱出来，可以通过各种方式进行宣泄，如在亲人挚友面前倾诉自己的感受，或者号啕大哭一场；也可将自己的留恋怀念之情，用诗文、书信或日记等形式写出来，以抒发胸怀并作为永久的纪念等。宣泄过后，重整心情，面对生活。

3．避免自责心理

内疚自责会使悲痛加重。老年人喜欢回忆往事，老年人丧偶后，常常会回想起老伴对自己的照顾，联想到自己对其的"亏欠"，追悔莫及，感到非常自责，责备自己过去有很多地方对不起老伴。其实曾经与老伴发生过口角和矛盾，这是生活中的正常现象，人非圣贤，孰能无过？夫妻相处几十年，无论是谁都会有犯错的时候，不必过分自责。而且这种自责、内疚的心理现在于事无补，反而使自己整天唉声叹气，愁眉不展，削弱了机体免疫功能，诱发其他躯体疾病。

4．转移注意力

丧偶后，老年人经常看到老伴的遗物会不断强化思念之情，加重精神上的折磨。因此，尽量把老伴的遗物收藏起来，特别是容易引起痛苦回忆的东西。丧偶老年人应该把注意力转移到现在和未来的生活中去。选择种花植草、养宠物转移情感也是不错的选择。

5. 追求积极的生活方式

老伴过世后，老年人原有的某些生活方式被迫改变，此刻的老年人充满空虚感和孤独感。应当重新调整生活方式，寻求新的、积极的生活方式。例如，参加老年大学进行再学习，焕发大脑的活力；参加社会的公益活动，如治安保卫、交通疏导等，发挥余热；培养兴趣爱好，如书法、绘画、音乐、垂钓、下棋等，陶冶情操；协助儿女做家务、照顾后代，减轻儿女的负担。丧偶老年人在这些方面可以寻求精神的寄托，减少对旧生活的眷恋。

6. 提高生活自理能力

研究发现，一般情况下，女性老年人丧偶后的适应能力，要比男性老年人丧偶后的适应能力强，这是因为大多数女性总有操持不完的家务，做饭、收拾屋子、带孙子，忙碌起来更容易忘记悲伤的情绪，而且她们能在对子孙的照料中获得乐趣。男性丧偶的老年人，因为以往生活大多有妻子料理，一旦丧偶后生活很不适应。故男性老年人应尽早学会做些家务劳动，提高生活自理能力，这样丧偶后不会因生活极不适应而过于悲伤，还能在家务劳动中打发寂寞。

7. 建立新的依恋关系

对于成年人来说，最为亲密的依恋关系一般是夫妻关系。老年人丧偶后，会导致其安全感降低，产生焦虑、孤独、哀思等心理问题，重新建立新的依恋关系迫切需要。如果此时能和父母、子女、亲朋好友等建立起一种具有代偿性的新型依恋关系，就能有效地减轻心理问题。在条件具备时，再寻求一个伴侣，也是建立新的依恋关系的一条重要途径。

学中做

林奶奶今年70岁了，她在退休后并没有赋闲在家，而是拉着老伴踊跃参加老年大学，老两口的晚年生活由此充实又舒心。不幸的是，老伴在3个月前因脑血栓突发骤然离世，林奶奶也因此消沉了一段时间。儿媳担心老人承受不下来，一有空就在家里陪着她。最近，林奶奶总是觉得胸部不适，认为自己心脏出现问题，儿子带林奶奶去了医院检查，结果心脏并没有器质性的问题。

思考：

1）林奶奶产生这样问题的原因是什么？

2）根据所学知识，帮助林奶奶制定护理方案。

三、解决老年人再婚的适应问题

爱情是永恒的话题，无关年龄，无关性别，对爱情的渴望和追求是生命的本质。老年人在内心中也是渴望爱情的，无论是离异，还是丧偶都使老年人成为单身。这些老年人都有可能面临一个再婚的问题，那么如何对待再婚问题，是老年人自身、家人及整个社会都应关注的话题。

（一）老年人再婚的心理障碍

1. 畏惧心理

畏惧心理是老年人再婚前最主要的心理障碍，主要包括以下几个方面。

（1）世俗和舆论的反对

受封建礼教和文化的影响，老年人特别是女性老年人认为，再婚会受到社会的嘲笑，认为"老不正经"，这种畏惧禁锢了她们对感情的追求，只能将找老伴的想法藏在心里。

（2）子女的反对

老年人生活中经常会听到别人家老人要再婚而儿女反对的案例，会使老年人联想到自家情况，害怕自家儿女反对，怕因为找老伴，影响到与儿女之间的关系。

（3）新的家庭矛盾

老年人再婚后要重新适应新的家庭环境，维持新的家庭关系，有些老年人信心不足，害怕与新老伴及其家人相处不好，产生矛盾。

2. 怀旧心理

对于丧偶后再婚的老年人来说，因为夫妻中一方的过世而导致前次婚姻关系的结束，几十年的感情很不容易释怀，很容易回忆以往的婚姻生活。这种怀念，常常影响再婚后的感情。

3. 自我贬值的心理

自我贬值，是老年人特别是老年妇女在再婚过程中较为普遍的一种心理现象。它主要是受传统习惯和封建文化的影响造成的，认为老年人结过婚了，已经把人生最美好的时光和青春都献给了已故的人，自身价值降低了，再加之老年人本身心灵的创伤、情绪的低落、不同程度的自卑心理，都会产生自我贬值的心理。

4. 追忆类比的心理

追忆类比，是指老年人再婚后遇到生活中所出现与之前婚姻生活相同或相似的情境时，容易联想到以前的老伴，进行对比。追忆类比包括正面追忆类比和负面追忆类比两种情况，具体如表 3-4 所示。

表 3-4　追忆类比的类型与特征

类型	特征
正面追忆类比	与新的配偶感情很好的情况下，联想到以前老伴的好，引起思念。例如，街头花园散步、外出旅游、相互关心、问寒问暖等，回忆起与以前老伴类似的情景，产生对以前老伴的无比怀念
负面追忆类比	与新的配偶发生矛盾冲突的情况下，回想到以前老伴的好，加深对新老伴的不满。例如，意见不一致、互不关心、个人独断、吵嘴打架等，容易想起以前老伴的优点，从而对新的配偶产生不满，甚至后悔自己选择了他（她）

知识拓展

老年人再婚的心理误区

心理误区一：男找保姆。有些男性老年人生活自理能力差，在家不做家务，老伴去世后，生活一团糟，非常不适应。于是想找个老伴照顾自己，择偶时侧重于找个能照顾自己生活起居的人。

心理误区二：女找靠山。有些女性老年人在经济上比较拮据，想找个老伴缓解自己经济上的困难。择偶时侧重于对方的经济收入、存款及住房条件等，而忽视对方的性格、人品、能否相互适应等关键问题。

心理误区三：找个搭档。有些老年人由于孤单，想找一个老伴。但又怕挑三拣四让人笑话，于是就想"有个伴就行"。因为对婚姻的不慎重，导致婚后彼此性格、脾气不和，经常吵架，最后以离婚结束这次失败的婚姻。

（二）老年人再婚的心理调适

1. 矫正再婚动机，慎重对待再婚

不少老年人再婚后不幸福或者离婚，原因是缺乏正确的再婚动机，结果给自己造成再次伤害。如有些老年人再婚是想让对方照顾自己，一味索取，不思付出，最后引起对方反感；有些老年人更是贪图对方的钱财，不仅令对方的子女反感，甚至会弄得双方反目，最后结果可想而知。老年人应该是从爱的需要出发，才能在婚后得到幸福。

老年人对再婚问题还应该慎重对待，切不可草率从事。如果双方没有取得共识和理解，并建立一定的感情基础就匆忙结合，日后将会陷入进退两难的境地。再婚对老年人的体力、精力都是一个严峻考验，所以老年人在考虑再婚问题时，一定要考虑周全，充分考虑对方的人品、性格、健康状况、兴趣爱好、文化素养、经济状况以及家庭成员组成等情况，尤其是双方子女对老年人再婚的态度。除此之外，还要明确权利和义务，将双方未成年子女的抚养责任和双方子女对两位再婚老年人应尽的赡养义务明确下来。涉及财产问题的，应在婚前进行公证，以免婚后发生争执。

2. 消除顾虑，走自己的路

老年人再婚有各种各样的顾虑，担心别人说闲话、儿女反对、新的家庭关系处理不好。其实，这种担心是多余的。老年人有追求自己幸福的权利，再婚是光明正大的事情，多数人是能够理解的，特别是年龄相仿的，有相似经历的，更容易互相理解。

老年人对再婚的一个重要顾虑是害怕子女反对。老年人应该静下心来，和儿女谈一谈，征求一下儿女的想法。如果儿女反对，应当善于等待，多方商量，做好工作。现在的年轻人思想越来越开通，大部分子女是通情达理、能够理解父母的，因此思想工作是可以做通的。对于少数顽固反对父母再婚的，甚至粗暴干涉的，应当向其明确，子女对老人婚姻的阻挠是不正确的行为。如果过分干涉，还有可能触犯法律。同时，积极地调动亲属好友帮助解决。

3. 注意夫妻互相包容与理解

再婚老年人双方互相包容、体谅、尊重对方是增进感情的前提。在生活习惯上、性格上，双方应注意相互适应。尊重对方以前的感情，允许对方有自己的秘密空间，如果发现对方触景生情而思念已故老伴，能够理解对方并从各方面给予抚慰，帮助对方从伤感中解脱出来，这将会进一步增进双方的感情。

4. 克服怀旧与追忆类比的心理

再婚老年人双方要尽可能排除自己记忆中的他或她，既然有了新的生活，过去无论再美好也已成为历史，没有必要经常回忆它。也不要经常将新旧老伴进行对比，特别是注意不要在新的老伴面前或当着外人夸原来老伴如何好等，以免刺伤对方的自尊心，为感情留下隐患。相反，应该善于发现和赞美新老伴的优点和长处，双方发生矛盾时应就事论事，不对过去的事和物做广泛联想，不去随意做对比。

5. 要把老伴的子女视为己出

老年人经历丧偶后，最亲的人就是自己的子女。子女问题是再婚家庭中的敏感问题，处理是否得当直接关系到新的家庭的稳定和夫妻感情。有些老年人存在私心，偷偷地攒钱或东西给自己的儿女，自己的儿女来了就准备丰盛的饭菜款待，老伴的儿女来了则不冷不热，这种偏爱，很容易使夫妻间感情产生裂痕。再婚老年人既然建立了新的家庭模式，就应该与新老伴及其儿女建立和睦友好的关系，把对方的子女视为己出，真心对待，切不可有偏向。

学中做

　　王大娘，61岁。老伴因车祸去世，有一个儿子，已经参加工作了。王大娘觉得退休后工资少，于是有了找老伴的想法。经人介绍认识了65岁的李大爷，李大爷是一位退休老干部，儿女都已经成家。两个人相处半年后，王大娘感觉对方条件好，脾气也好，就决定结婚。结婚后，王大娘觉得儿子还没有成家，就背着李大爷给自己儿子攒钱；有时还抱怨李大爷不如以前的老伴。为此，李大爷经常与王大娘发生争吵，甚至要离婚，这样让王大娘很苦恼。

　　思考：

　　1）王大娘家庭产生这样问题的原因是什么？

　　2）如何帮助王大娘适应新的家庭？

（张艳）

任务五
失独老人的心理护理

一、认识失独老人

随着"常回家看看"引发的热议，空巢家庭再次引起舆论关注。然而，社会中还有一种"空巢"，他们的"空"不是因为子女的工作繁忙、外出学习等，而是因为家中唯一的子女不幸离世，这样的家庭被称为失独家庭，失独家庭中的老人即失独老人。这些失独老人无法期待子女"常回家看看"，只期盼这个国家和社会给他们多一些保障与关爱。

二、分析失独老人的心理

失独老人由于失去独生子女，心理承受巨大的打击，中国老百姓传统观念是活着就是为了子女，将所有希望都寄托在子女身上，没有子女，就什么都没有了。当他们年老体衰，需要子女照顾时，不仅孤立无援，甚至连养老院都住不进去。失独老人作为一个特殊的群体，他们所面临的困难不仅仅是养老问题，更多的则是心理上的痛苦。由于失独老人年龄大，且面对诸多问题，因此社会应给予这一群体更多关注，并运用各方力量共同帮助其解决所面临的困境。作为老年护理专业人员更应该了解失独老人的现实和心理困境，体谅他们的内心痛苦，具体分析如下。

（一）失独创伤后应激障碍

有些失独老人在失去子女的初期，并不像常人所想象的那样悲恸欲绝，而是强忍伤心，尽力保持相对平稳正常的状态，办理子女的身后事宜，和亲友的沟通也比较顺畅，让大家感叹其坚强。然而，当事情了结之后，他们的心理状态反而越来越差，时间并没有抚平其丧子之痛。他们时常会想起孩子小时候的情景，甚至在睡梦中全是孩子的身影，严重的还会出现对子女的臆想，以为孩子已经回来了，但清醒后的落寞让老人再次陷入更强烈的精神痛苦之中。如此在生活中来来回回、反反复复体验创伤性事件被称作"闪回"。

在社交中，失独老人会变得更为退缩与逃避，特别是看到别人逢年过节一家团圆时更是不敢直视，只能远远逃离。现在很多老年人在一起聊的都是子女，子女就是一切，这对失独老人是一生的痛，因此他们大多小心翼翼的，生怕被人关心、追问，也不想看到、听到关于孩子的信息，引发自己难以承受的悲伤。甚至为了逃避有关孩子的一切邻里家常，一些失独父母成为流动人口，他们切断与亲朋好友的联络，找到一个陌生地方苟活。因此，很多失独老人给人的感觉就是木讷的，待人冷淡，回避接触。失独甚至引发一种连锁反应，物质不能弥补，夫妻之间会相互埋怨，感情可能会破裂，悲恸摧毁父母身体，家庭可能瓦解。

（二）失独老人常见的心理误区

对失独老人而言，最关键的是走出记忆阴影，与物资帮扶比较，对于他们来说精神慰藉才是最为重要、急迫的。对于独子的去世很多失独老人会存在一些自责式的心理误区，同时社会上也存在一些误解与歧视。

1. 难以自我救赎的自责

每当亲人离世，人们都会伤心难过，从而产生极大的内疚、自责。而失独老人则更是会把子女的死亡与自己联系在一起，经常说"假如那天我不让孩子去，孩子就不会出车祸了""如果早点发现她这病，去医院及时治疗就不会死了""如果转到更好的医院治疗孩子就不会死了"等，有很多个如果假设，失独老人将这些的责任都归咎于自己，既是自责也是一种自我折磨，同时也是失去孩子的怨恨、悲愤的爆发。自责是于事无补的，只会一步步将失独老人推向深渊，从而晚年变成了一个痛苦、愤恨的晚年。因此，应协助失独老人改变这种不恰当的认知，从而及时走出阴影，获得新生。

2. 封建迷信导致的后果

"这家父母命真硬，把孩子给克死了！""他们家平时不积德行善，孩子死了是报应！"……这些都是封建遗毒的言论，但是对于失独老人来说，在遭受晚年丧子的打击同时，还要承受着巨大的精神痛苦，以及周围一些人不和谐的、有失公允的声音，则更会令失独老人雪上加霜。可以想象，这种不负责任、信口开河的言论对失独老人而言是多么大的打击。这种行为如同在别人伤口上撒盐，受到这些言论的影响，失独老人更加自我封闭，远离他人。甚至有的失独老人自己本身受封建思想影响，认为都是自己错，是自己连累了孩子，是上天在惩罚他（她）。往往这样的失独老人更加执着、不容易沟通，沉迷于自己的愁苦世界。因此，我们应该积极引导他们树立正确的生命观、积极向上的人生观和价值观，帮助失独老人走出自己的孤独世界，积极开始新的生活。

（三）其他影响因素

1. 失独老人的经济状况

经济压力是失独家庭最直接的难题。因病和意外（尤其是交通意外）死亡的失独家庭占比最高，能达到八成以上。在抢救孩子的过程中，很多父母往往不遗余力，积蓄用尽、房子卖掉。现在退休金微薄、医药费开支加大，大多生活较困难，有些老年人甚至没有收入来源。因病丧子往往也会导致因病致贫，使整个家庭陷入困境。目前国家对失独家庭以经济援助为主，而事实上，失独家庭并不等于贫困家庭，所以经济补偿并非唯一有效的援助方案。

2. 失独老人的身体状况

随着年龄的增长，生理机能的退化，城市失独老人日常生活照护的需求和呼声日趋凸显。调查显示，只有 7% 失独老人认为自己的健康状况良好，93% 的失独老人存在不同程度的健康问题。高血压、颈（腰）椎增生、高血脂、糖尿病是位居失独老人常见疾病的前四位。

三、失独老人的常见类型

同为失独老人，但他们的文化程度、经济状况、生活水平、心理状态等是不同的。因此，在采用心理疗法时应根据他们的基础情况和实际需求，不能都提供一样的支持疗法。在心理护理层面，我们一般将失独老人分为疏导型、慰藉型、关注型三类。

（一）疏导型

我们将整日以泪洗面、沉浸在丧子之痛中无法走出失独阴影的老年人列为疏导型。对这类老年人应及时联系心理咨询专家进行心理干预和治疗，助其疏解悲痛情绪。首先，要引导他们客观地认识到事情的出现是意外的、不可抗力的，自己不负有责任，要拒绝"受害者与责任者"的不合理心理角色定位。其次，要帮助他们树立一个新的生活目标，家庭完满幸福自然好，但人生除了子女还有其他有意义的事情去做。

（二）慰藉型

我们将不完全沉浸在丧子之痛、恢复期相对平静但不与社会接触，无法开始新生活的老年人列为慰藉型。对这类老年人应安排志愿者与其沟通交流，定期探视、陪同散步、聊天，培养他们的兴趣爱好，引领他们积极参加社会活动，促进他们融入社会，让他们体会到自身存在的价值以及生活的目标。

（三）关注型

我们将已走出失独阴影、开始新生活的老年人列为关注型。对这类老年人应给予他们积极关注，但应尽量避免打扰，不要主动提及失独相关问题，避免反复回忆受到重复伤害，在其遇到困难时再及时提供帮助。

四、对失独老人的支持与护理

（一）对失独老人的社会关爱

1. 政府政策的支持

政府应出台有关失独老人问题的政策、法规，完善养老制度。第一代独生子女的年龄在 40 岁左右，他们的父母已进入老龄化。我国独生子女若在弱冠或而立之年早逝，而此时他们的父母大多不能再生育，在以后的岁月里，只能在痛苦中度过余生。这些失独家庭老来膝下无子，既伤心着子女的早逝，又担心将来卧病在床时无人照料，临终之时无人关怀。因此，国家应完善计划生育家庭的养老政策，针对失独家庭非常有必要从政策上、法律上扩大救助范围，建立全国统一的城乡一体的扶助标准，对于计划生育特殊家庭，从2017年1月1日起，每户一次性补助3万元，其中精神慰藉费1万元，生活补助费2万元。同时，将年龄在60周岁以上的失独家庭夫妇扶助金标准统一调整为每人每月1 000元。计划生育特殊家庭包括独生子女死亡家庭、独生子女三级以上伤残家庭以及计划生育手术并发症人员家庭。

2. 设立失独老人专门养老机构

心灵上的孤独、经济上的拮据……近年来，失独家庭养老问题引发广泛关注。应加大对失独老人帮扶救助力度。全面建成小康社会不能忽视失独家庭，全社会要为他们撑起一把"关爱伞"。将失独家庭列入集中养老扶助对象，失独老人并不愿意入住现有的养老机构，怕再次受到伤害的，可由政府投资在较大的社区建立集中养老基地，对需入住养老机构的失独家庭，给予每年每床位一定的补助经费，并给予"优先入住"的优惠政策，且设置独立专区，同时，落实医疗救助措施，积极开展心理疏导，组织失独父母定期进行心理康复，帮助他们舒缓精神抑郁、排解心结，回归正常生活。有条件者应建设专门养老机构，为失独老人这一特殊群体提供一个集医疗、护理、养老、临终关怀于一体的复合性养老机构，解决他们病有所医、老有所养、丧有所葬的难题。

（二）关注失独老人的心理健康

失去独生子女后，许多老年人会出现创伤后应激障碍。多数失独老人很长时间走不出心理阴霾，害怕与人接触，任何一个小的细节都可能会引发痛苦的回忆。很多失独老人几乎是完全封闭自己，不会轻易说出自己心中的痛苦，但又无法自行排解，只能逐渐消沉下去。他们认为，失去子女的痛，一般人难以理解。因此，就出现了失独老人QQ群、微信群等，他们喜欢抱团取暖，喜欢和相同经历的人交流。他们一起诉说子女离世的经历，或许这在一定程度上可以缓解心理的痛苦，但一次次的重复并不能解决实质性的问题。因此，关注失独家庭老人，应关注他们的心理健康，组织专业心理人员进行心理疏导，让他们从失独的痛苦中逐渐走出来，帮助他们寻找生命的意义，走出子女离世的苦痛。可以将社区、网络作为平台，组织或引导社会力量、社会组织和志愿者等关心关爱失独家庭，给予科学的心理干预，加强失独老人的心理疏导服务。

（三）丰富失独老人的晚年生活

老年人在独子离世后，夫妻间要互相关爱、互相鼓励，家人要尽量与其多交往，不要让他们游离在社会之外。充分利用社区、网络、老年大学等平台，丰富失独老人的生活，组织有意义、老年人爱好的社会活动，如社区举办失独家庭联谊会、端午节包粽子等，而在活动中重新组队，从而在活动中扩大交往，做到老有所为，即可消除他们的孤独与寂寞，也可从心理上获得生活价值感的满足，增添乐趣。如参加老年大学，可以培养兴趣爱好、提升原有的兴趣爱好造诣、消除孤独，找到生活的目标，增强幸福感和生存的价值。

（四）支持性心理疗法的应用

支持性心理疗法是指治疗师采用劝导、启发、鼓励、支持、说服等方法，帮助来访者发挥其潜在能力，提高克服困难的能力，从而促进心身康复的一种方法。它是一种基本的心理治疗方法。支持性心理疗法的核心就是支持，它只涉及心理的表浅层面，只是根据目前的情景以及老人现在的状态进行开展。支持性心理疗法在失独老人的心理护理过程中，根据失独老人的症状完成症状自评量表 SCL-90（见表 3-5），然后根据测量评分对失独老人进行劝解，疏导其不合理情绪，进行心理抚慰，对老年人的心理痛苦及困惑进行心理解释，鼓励他们走出心理牢笼，走出家门，多与社会接触，对其行为给予合理建议及具体指导。从心理学角度看，失独老人通常会有否认、愤怒、自责、接受等一系列心理变化，要走出心理上的阴影，需要心理干预，但是不仅仅需要的是爱心，更需要的是心理专业知识。支持性心理疗法基于应激理论发挥疗效。子女去世作为应激源给老年人个体带来躯体及心理的反应，而严重程度、支持资源的多少、个体对挫折的看法及应对困难的潜在能力等都可影响老年个体应激反应的大小。支持性心理疗法就是从这些方面入手，减轻挫折、改变对挫折的看法、建立适应的方法、给个体以不同形式的支持，使其顺利渡过难关，解除症状和痛苦。

首先让老人要客观地看到事情的出现是意外的、不可抗力的，具体到自己身上的责任很有限，打破以往那种"受害者与责任者"不合理的心理角色定位；其次，失独者家庭要带着一定的自我强迫，树立生活的新目标，有一个完整的家只是人生中一个重要的目标，把更多的时间和精力融入更有意义的事情中去，这样才会更积极自信，有助于更好地走出心理上的阴影。

症状自评量表 SCL-90 指导语：表格中列出了有些人可能有的症状或问题，请仔细阅读每一条，然后根据该句话与自己的实际情况相符合的程度（最近一个星期或现在），选择一个适当的数字填写在后面的答案框中（1—从无；2—很轻；3—中等；4—偏重；5—严重）。

表 3-5　症状自评量表 SCL-90

项目	从无	很轻	中等	偏重	严重
1. 头痛	1	2	3	4	5
2. 神经过敏，心中不踏实	1	2	3	4	5
3. 头脑中有不必要的想法或字句盘旋	1	2	3	4	5
4. 头晕或晕倒	1	2	3	4	5
5. 对异性的兴趣减退	1	2	3	4	5
6. 对旁人责备求全	1	2	3	4	5
7. 感到别人能控制您的思想	1	2	3	4	5

项目	从无	很轻	中等	偏重	严重
8. 责怪别人制造麻烦	1	2	3	4	5
9. 忘性大	1	2	3	4	5
10. 担心自己的衣饰是否整齐及仪态是否端正	1	2	3	4	5
11. 容易烦恼和激动	1	2	3	4	5
12. 胸痛	1	2	3	4	5
13. 害怕空旷的场所或街道	1	2	3	4	5
14. 感到自己的精力下降，活动减慢	1	2	3	4	5
15. 想结束自己的生命	1	2	3	4	5
16. 听到旁人听不到的声音	1	2	3	4	5
17. 发抖	1	2	3	4	5
18. 感到大多数人都不可信任	1	2	3	4	5
19. 胃口不好	1	2	3	4	5
20. 容易哭泣	1	2	3	4	5
21. 与异性相处时感到害羞不自在	1	2	3	4	5
22. 感到受骗，中了圈套或有人想抓住您	1	2	3	4	5
23. 无缘无故地突然感到害怕	1	2	3	4	5
24. 自己不能控制地大发脾气	1	2	3	4	5
25. 怕单独出门	1	2	3	4	5
26. 经常责怪自己	1	2	3	4	5
27. 腰痛	1	2	3	4	5
28. 感到难以完成任务	1	2	3	4	5
29. 感到孤独	1	2	3	4	5
30. 感到苦闷	1	2	3	4	5
31. 过分担忧	1	2	3	4	5
32. 对事物不感兴趣	1	2	3	4	5
33. 感到害怕	1	2	3	4	5
34. 您的感情容易受到伤害	1	2	3	4	5
35. 旁人能知道您的私下想法	1	2	3	4	5

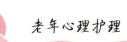

続表

项目	从无	很轻	中等	偏重	严重
36. 感到别人不理解您、不同情您	1	2	3	4	5
37. 感到人们对您不友好，不喜欢您	1	2	3	4	5
38. 做事必须做得很慢以保证做得正确	1	2	3	4	5
39. 心跳得很厉害	1	2	3	4	5
40. 恶心或胃部不舒服	1	2	3	4	5
41. 感到比不上他人	1	2	3	4	5
42. 肌肉酸痛	1	2	3	4	5
43. 感到有人在监视您、谈论您	1	2	3	4	5
44. 难以入睡	1	2	3	4	5
45. 做事必须反复检查	1	2	3	4	5
46. 难以做出决定	1	2	3	4	5
47. 怕乘电车、公共汽车、地铁或火车	1	2	3	4	5
48. 呼吸有困难	1	2	3	4	5
49. 一阵阵发冷或发热	1	2	3	4	5
50. 因为感到害怕而避开某些东西、场合或活动	1	2	3	4	5
51. 脑子变空了	1	2	3	4	5
52. 身体发麻或刺痛	1	2	3	4	5
53. 喉咙有梗塞感	1	2	3	4	5
54. 感到前途没有希望	1	2	3	4	5
55. 不能集中注意力	1	2	3	4	5
56. 感到身体的某一部分软弱无力	1	2	3	4	5
57. 感到紧张或容易紧张	1	2	3	4	5
58. 感到手或脚发重	1	2	3	4	5
59. 想到死亡的事	1	2	3	4	5
60. 吃得太多	1	2	3	4	5
61. 当别人看着您或谈论您时感到不自在	1	2	3	4	5
62. 有一些不属于您自己的想法	1	2	3	4	5
63. 有想打人或伤害他人的冲动	1	2	3	4	5

94

项目	从无	很轻	中等	偏重	严重
64. 醒得太早	1	2	3	4	5
65. 必须反复洗手、点数	1	2	3	4	5
66. 睡得不稳不深	1	2	3	4	5
67. 有想摔坏或破坏东西的想法	1	2	3	4	5
68. 有一些别人没有的想法	1	2	3	4	5
69. 感到对别人神经过敏	1	2	3	4	5
70. 在商店或电影院等人多的地方感到不自在	1	2	3	4	5
71. 感到任何事情都很困难	1	2	3	4	5
72. 一阵阵恐惧或惊恐	1	2	3	4	5
73. 感到公共场合吃东西很不舒服	1	2	3	4	5
74. 经常与人争论	1	2	3	4	5
75. 单独一人时神经很紧张	1	2	3	4	5
76. 别人对您的成绩没有做出恰当的评价	1	2	3	4	5
77. 即使和别人在一起也感到孤单	1	2	3	4	5
78. 感到坐立不安、心神不定	1	2	3	4	5
79. 感到自己没有什么价值	1	2	3	4	5
80. 感到熟悉的东西变得陌生或不像是真的	1	2	3	4	5
81. 大叫或摔东西	1	2	3	4	5
82. 害怕会在公共场合晕倒	1	2	3	4	5
83. 感到别人想占您的便宜	1	2	3	4	5
84. 为一些有关性的想法而很苦恼	1	2	3	4	5
85. 您认为应该因为自己的过错而受到惩罚	1	2	3	4	5
86. 感到要很快把事情做完	1	2	3	4	5
87. 感到自己的身体有严重问题	1	2	3	4	5
88. 从未感到和其他人很亲近	1	2	3	4	5
89. 感到自己有罪	1	2	3	4	5
90. 感到自己的脑子有毛病	1	2	3	4	5

总分：90 个项目单项分相加之和，能反映其病情严重程度。

总均分：总分 /90，表示从总体情况看，该受检者的自我感觉位于 1 ~ 5 级间的哪一个分值程度上。

阳性项目数：单项分 ≥ 2 的项目数，表示受检者在多少项目上呈有"病状"。

阴性项目数：单项分 =1 的项目数，表示受检者"无症状"的项目有多少。

阳性症状均分：（总分－阴性项目数）/ 阳性项目数，表示受检者在"有症状"项目中的平均得分。其反映受检者自我感觉不佳的项目，其严重程度究竟介于哪个范围。

学中做

　　李阿姨到社区办事，当跟熟悉的社区老主任提及儿子已经去世的事情时，偷偷掉眼泪。据李阿姨说，她非常自责，因为自己当时生病住院，同时儿媳的父亲也生病住院了，儿媳要照顾父亲，儿子工作很忙且压力大，一边要照顾孩子还要照顾她，太累了，一天晚上感觉胸口疼，儿媳又不在家，儿子自己开车去医院，结果到医院还未抢救就心脏猝死了，事情发生得很突然，李阿姨一度情绪崩溃，接受不了事实。曾试图用搬家等方法远离以前的亲戚朋友，自己也不愿跟人提起儿子去世的伤心事，每每提到总忍不住哭出声。

　　思考：

　　1）李阿姨这种情况属于正常的吗？

　　2）如果你是社区义工，对李阿姨这种情况需要进行哪些干预呢？

（韩丽娜）

项目四 老年常见心理障碍的心理护理

【知识目标】

◇ 了解焦虑症、抑郁症的概念及危害。

◇ 熟悉阿尔茨海默病的定义、表现及其分类。

◇ 熟悉自杀的预防和缓解措施。

◇ 掌握老年人心理障碍的定义、种类及其影响因素。

◇ 掌握焦虑症、抑郁症的特点及其产生原因。

◇ 掌握焦虑症、抑郁症的预防和缓解措施等技能。

◇ 掌握阿尔茨海默病的护理措施。

【能力目标】

◇ 能够有效识别老年焦虑症、抑郁症、自杀、阿尔茨海默病的症状。

◇ 能够用适合的心理治疗方法帮助老年人缓解焦虑症、抑郁症、阿尔茨海默病。

◇ 能够有效预防或延缓老年焦虑症、抑郁症的发生。

【素质目标】

◇ 培养学生具有灵活运用所学心理障碍护理知识的能力、分析问题和解决问题的能力。

◇ 培养学生具有良好的创新精神、实践能力和沟通协作能力，具有良好的职业道德、创业精神和健全体魄。

【思维导图】

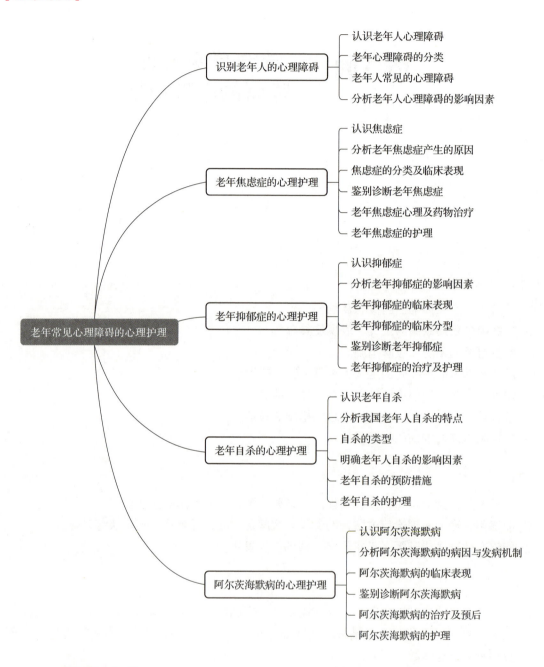

老年常见心理障碍的心理护理

识别老年人的心理障碍
- 认识老年人心理障碍
- 老年心理障碍的分类
- 老年人常见的心理障碍
- 分析老年人心理障碍的影响因素

老年焦虑症的心理护理
- 认识焦虑症
- 分析老年焦虑症产生的原因
- 焦虑症的分类及临床表现
- 鉴别诊断老年焦虑症
- 老年焦虑症心理及药物治疗
- 老年焦虑症的护理

老年抑郁症的心理护理
- 认识抑郁症
- 分析老年抑郁症的影响因素
- 老年抑郁症的临床表现
- 老年抑郁症的临床分型
- 鉴别诊断老年抑郁症
- 老年抑郁症的治疗及护理

老年自杀的心理护理
- 认识老年自杀
- 分析我国老年人自杀的特点
- 自杀的类型
- 明确老年人自杀的影响因素
- 老年自杀的预防措施
- 老年自杀的护理

阿尔茨海默病的心理护理
- 认识阿尔茨海默病
- 分析阿尔茨海默病的病因与发病机制
- 阿尔茨海默病的临床表现
- 鉴别诊断阿尔茨海默病
- 阿尔茨海默病的治疗及预后
- 阿尔茨海默病的护理

案例导入

　　李奶奶，75岁，是一名退休的教师，李奶奶刚退休时，身体健康，经常参加社区活动，讲究家居整洁，爱收拾。近一年变得不爱活动，不爱说话，不爱出门，还有时半夜起床看电视，容易发脾气。家人认为对李奶奶关心不够，所以陪李奶奶散心、聊天。一段时间后，家人发现李奶奶并没有好转，反而更糊涂了，有时下楼散步后，深夜也没回来，家人下楼去寻找，发现奶奶在楼下不断转悠，说不知道家住几楼。

思考：

1）李奶奶是"老糊涂"了还是生病了？

2）如何对李奶奶进行心理护理？

任务一
识别老年人的心理障碍

一、认识老年人心理障碍

心理障碍是指一个人由于生理、心理或社会原因而导致的各种异常心理过程、异常人格特征的异常行为方式，是一个人表现为没有能力按照社会认可的适宜方式行动，以致其行为的后果对本人和社会都是不适应的。临床上将范围广泛的心理异常或行为异常统称为心理障碍，或称为异常行为。它既可以包括轻微的心理问题，也包括比较严重的心理活动紊乱。老年心理障碍是老年人由于机体衰老、特殊的心理特点及其他影响因素刺激而导致。老年人精神心理的许多症状都带有老年期脑功能退化的特点。老年早期最容易发生，主要特征是记忆减退和听觉、视觉减退。在此基础上会出现幻听、幻想、幻视等症状，随着病情加重，老年人的孤僻等行为又会影响对脑衰弱及躯体疾病的治疗。

二、老年心理障碍的分类

老年心理障碍分为脑器质性心理障碍、功能性心理障碍、神经症、人格障碍及其他老年期心理障碍，如图4-1所示。

（一）脑器质性心理障碍

1. 脑器质性心理障碍的定义

脑器质性心理障碍是指由于大脑组织发生感染、变性、血管病、外伤、肿瘤等病理性变化所引起的心理疾病，又称脑器质性精神病。随着人类寿命的延长，老龄人口逐渐增加，脑器质性心理障碍发病率也明显增高。

知识拓展

第三届国际心理卫生大会提出的心理健康标准：

（1）身体、智能、情绪十分协调；

（2）适应环境，人际关系中彼此谦让；

（3）有幸福感；

（4）工作中充分发挥自己的能力，过着有效率的生活。

2．脑器质性心理障碍的分类

脑器质性心理障碍分为急性脑器质性综合征和慢性脑器质性综合征，如图 4-1 所示。

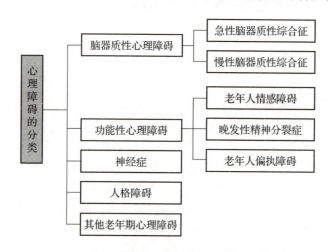

图 4-1　心理障碍的分类

（1）急性脑器质性综合征

急性脑器质性综合征又称为老年性谵妄，表现为广泛的认知障碍，尤以意识障碍为主要特征的综合征。常伴有幻觉和神经兴奋。高龄、脑器质性病变、视觉与听觉障碍、乙酰胆碱等神经递质合成减少、与年龄有关的药物动力学和药效学的改变、慢性躯体疾病的高患病率、肢体活动不灵活、药物中毒等均可引起，而药物中毒为老年谵妄的常见原因，甚至发生于常用药物的治疗剂量时。

（2）慢性脑器质性综合征

慢性脑器质性综合征又称为老年性痴呆，是由于脑萎缩而引起的心理障碍，是较严重的、持续的认知障碍，以缓缓出现的智能减退为主要特征，伴有不同程度的人格改变，但无意识障碍。

（二）功能性心理障碍

1．功能性心理障碍概述

功能性心理障碍是相对于器质性心理障碍而言的，其中，占心理障碍比例最大的一类为功能性心理障碍。它是与大脑器质性病变无关的心理疾病，这类疾病并不是老年人专属。老年功能性心理障碍分为老年人情感障碍、晚发性精神分裂症和老年人偏执障碍。

2. 功能性心理障碍的表现

（1）老年人情感障碍

其表现是情绪烦躁、思维紊乱、易激动、好发脾气、常因一些小事与他人争吵。患者自觉内心燥热、头脑不清，不能静心思考问题，健忘。心境低落，缺乏兴趣，对周围的事物、事情漠不关心，缺乏热情。患者常固执地重复一些行为动作，如反复洗脸、洗手等。

（2）晚发性精神分裂症

精神分裂症类似于妄想症，它不但会影响患者的生活，还有可能让患者长期受到疾病的折磨，老年患者的幻觉多数为假想幻觉，其内容多数是听觉上的。妄想对象多数是儿子、儿媳或其他亲属及左邻右舍，与经济、财产有关的问题居多，但老年人的表情、态度比较自然，与别人接触和沟通较好，分裂症患者所特有的非现实感及孤独感并不明显。

（3）老年人偏执障碍

患者长时间地固执地坚持自己偏颇性的看法，因他人没有遵从自己的看法而对他人充满敌意的心理状态，除占优势的固定妄想外，无精神分裂症的思维凌乱、情感平淡和意向缺乏等症状，可伴有幻听。老年人偏执障碍分为系统性、夸大性、幻想性、虚构性等类型。

知识链接

老年人心理健康标准

（1）有充分的安全感；

（2）有自知之明；

（3）生活目标符合实际；

（4）能保持个性的完整与和谐；

（5）能与社会保持接触；

（6）有良好的人际关系；

（7）情绪表达适当并能及时控制情绪；

（8）能从经验中学习；

（9）在不违背别人意愿的前提下，有限度地发展个性；

（10）能通过努力满足自己的基本需求。

（三）神经症

1. 神经症概述

神经症又称神经官能症或精神神经症，是对一组精神障碍疾病的总称，如神经衰弱、强迫症、焦虑症、恐怖症、躯体形式障碍等。神经症临床表现的主要特点为患者常深感痛苦，影响心理功能或社会功能，无任何器质性病理基础，大多会出现精神和心理异常，有时还可能导致心脏、胃肠或生殖系统发生病变，会持续迁延发作。

2. 神经症的表现

（1）精神疲劳症状

时常联想、回忆从前、脑力下降、体力下降。

（2）情绪易波动

情绪易急易怒、心情烦闷、紧张等。

（3）睡眠改变

产生失眠、睡眠质量差。

（4）头部不适感

紧张性头痛、重压感或紧束感。

（5）内脏功能紊乱

胃胀肠鸣、便秘、腹泻、心慌、胸闷气短、身体乏力、低热、皮肤划痕症呈阳性，女性会出现月经不调，男性则出现遗精、阳痿。

3. 神经症的治疗方法

以精神治疗和心理治疗为主，再辅以药物或其他物理治疗。保持乐观积极的心态，学会控制情绪，减轻自我压力。中医治疗则以调理气血、健脾润燥、补气凝神为主，增强机体循环功能，促进新陈代谢。

（四）人格障碍

1. 人格障碍概述

失智明显偏离正常且具有根深蒂固的行为方式，具有适应不良的性质，其人格在内容上、质上或整个人格方面异常。因此，患者遭受痛苦的同时也会使他人遭受痛苦，或给个人或社会带来不良影响。

2. 人格障碍的表现

情绪不稳定、自控能力较差、与人合作能力较差等。如不及时治疗，会有攻击和反社会行为，严重者会伤害他人或伤害自己。

3. 人格障碍的治疗方法

以心理治疗为主，情绪不稳定的酌情予以镇静药和抗精神病药物。

三、老年人常见的心理障碍

（一）焦虑障碍

焦虑障碍是指以焦虑为主要特征的神经症，是老年人常见的心理障碍。焦虑包括指向未来的害怕不安和痛苦的内心感受、精神运动性不安以及伴有自主神经功能失调，表现为：紧张不安、心烦意乱、担忧、注意力不集中，精神涣散，伴有运动性不安、肌肉紧张、头痛、心慌、腹部胀气、尿急等症状；可有急性惊恐发作、面色苍白、严重者有阵发性气喘、胸闷，甚至濒死感。

（二）抑郁障碍

抑郁障碍是指以抑郁情绪为突出症状的心理障碍，主要包括情绪低落、思维迟缓和行为活动减少三个主要方面。表现为情绪低落、烦躁不安、入睡困难、容易疲劳，经常感到周身不适，记忆力下降，脾气暴躁易怒；食欲减退或暴饮暴食，导致体重下降或骤增；郁郁寡欢，常伴有焦虑，甚至有自杀倾向。

（三）恐怖障碍

恐怖障碍是指以恐怖症状为主要临床表现的一种神经症，患者对某些特定的对象或处境表现出与现实不相符的强烈的不必要的恐惧，常伴有焦虑。恐怖发生时常有显著的植物神经症状。患者明知恐惧反应过分，但是不能控制而反复发作，以致影响其正常活动。恐怖的对象可以是单一或多种的，如动物、广场、登高、密闭空间等。老年人发病居多，且女性发病率高于男性。

（四）强迫障碍

强迫障碍是指以反复持久的强迫观念和强迫动作为主要症状，以有意识的自我强迫和有意识的自我反强迫同时存在为特征的一种神经症。患者明知不合理，极力抵抗，但是无法摆脱，二者强烈的冲突使患者感到十分痛苦，往往伴有焦虑、抑郁症状。

（五）失眠障碍

睡眠是维持人体生命的极其重要的生理功能，对人体必不可少。失眠障碍是老年人常见的症状，表现为精神易疲劳、紧张、心情抑郁伴随肌肉疼痛和睡眠量不正常以及睡眠中出现异常行为等睡眠障碍。个别老年人追求睡眠时间长，反而会造成心理上的焦虑，加重失眠，形成恶性循环。

学习园地

睡眠根据脑电图、眼动图变化分为以下两个时期。

1）非快速眼动期（HREM）：此时期肌张力降低，无明显的眼球运动，脑电图显示慢而同步，被唤醒则感倦睡。

2）快速眼动期（REM）：此时期肌张力明显降低，出现快速水平眼球运动，脑电图显示与觉醒时类似的状态，如唤醒、意识清楚、无倦怠感，此期出现丰富多彩的梦。

（六）疑病障碍

疑病障碍表现为过分关注自己的躯体感受，对身体变化紧张敏感，持续认为自己患有一种或者几种严重的躯体疾病，往往将正常或普通的感觉和外观理解为异常并感到苦恼，常有不适的身体主诉。容易发生强迫性症状，常伴有焦虑或抑郁。疼痛也是本病最常见的症状，表现在头部、腰部和胸部，有时甚至感觉全身疼痛。其次是躯体症状，可涉及许多不同的器官，表现多样，如心悸、吞咽困难、恶心、反酸、腹胀等。本病会影响生活质量，造成其他心理疾病。

四、分析老年人心理障碍的影响因素

（一）生理因素

导致老年人心理障碍的生理因素有哪些呢？

衰老是最直接引发老年人心理变化的因素。对老年人的心理影响带有冲击性和致命性的是生理的衰老和死亡的逼近。

1. 器官退化

随着年龄增长，感觉器官逐渐退化，出现视力下降、眼花、耳背，对事物反应迟钝，这些变化都给老年人带来负面影响，常感到孤独和寂寞。

2. 患病率增高

老年人由于各系统生理功能的逐渐衰退，因此对疾病的抵抗力下降，易患多种疾病，导致机体内环境紊乱，引发心理障碍。患有各种慢性病，疾病发作时使他们有濒死感，这些都会造成老年人强烈的心理变化，出现心理障碍。

（二）家庭因素

离退休老人多半是在家里度过晚年时光的，老伴、孩子、家庭替代工作成了他们的首要关心对象。如果家庭出现矛盾，成员之间彼此关系紧张，就会使老年人出现严重的失落、伤心、抑郁的感觉。如果一旦另一半或孩子突然去世，更会给老年人造成严重的精神打击，使其陷入极度悲伤中。

（三）环境因素

退休后部分老年人会迁入到子女所在城市，突然之间生活环境的改变，如从农村到城市、从北方到南方或从中国到外国，陌生的环境、陌生的人群、文化的差异都会使老年人短时间无法适应，产生巨大的思想压力，严重影响其心身健康。

（四）工作因素

工作变化也会造成老年人的心理问题，人到老年就会离退休，不再工作，安享晚年。但刚刚从工作岗位上退下来，老年人会感觉茫然，不知所措，无所适从。同时，经济收入的降低、工作活动的分离、社会角色的转变等都会使老年人心理上出现问题，容易产生失落、茫然、沮丧、暴躁、易怒、多疑等消极心态。

（五）其他因素

经济名誉问题以及天灾人祸等也会造成老年人的心理问题，如果在晚年还得不到别人的尊敬或名誉受损，就会有严重的心理不平衡，感觉被社会、被周围人所遗弃。而老年人身体机能严重衰退，不能够再经历大的风雨，所以他们最担心的就是晚年生活遇到天灾人祸，社会动荡不安，这些都会给老年人的心身带来严重的伤害。

学中做

张爷爷，80岁，两年前逐渐出现反应迟钝、少言寡语、不能识别家人、健忘等症状。此后病情进展缓慢，记忆力逐步下降，行动迟缓，行走需人搀扶。两周前，患者症状加重，表现为计算能力进一步下降，近期记忆和远期记忆完全丧失，不能执行日常生活功能，以致生活不能自理，并出现尿失禁。患者病程中无头痛、头晕，无精神异常，无幻觉，无肢体抽搐，无发热，体重无明显下降。既往有高血压病史十余年，近期使用降压药治疗，血压趋于平稳。二型糖尿病6年，五年前诊断为冠心病。

问题：通过以上描述初步判断张爷爷可能为何种疾病？原因有哪些？

（杨春红）

任务二
老年焦虑症的心理护理

一、认识焦虑症

焦虑症又称为焦虑性神经症，以焦虑情绪为主，是神经症这一大类疾病中最常见的一种，常伴有精神运动性不安和躯体不适。老年焦虑症是老年人常见的心理障碍。老年人由于一些不良的因素如退休后的巨大生活落差、经济状况及社会关系发生改变、与另一半或子女之间的沟通交流不畅等问题都会诱发焦虑。

📖 知识拓展

中药治疗：

阴虚肝旺：杞菊地黄丸、朱砂安神丸；

心肾不交：六味地黄丸、补心丹、养心汤；

心脾两虚：归脾汤、桂枝龙骨牡蛎汤；

肾阳虚：金匮肾气丸、右归饮、参茸地黄丸；

肾阴虚：六味地黄丸、都气丸、归勺地黄丸、参麦六味丸。

二、分析老年焦虑症产生的原因

老年焦虑症的发生原因有很多，既与先天的素质因素有关，也与外界的环境刺激有关。并且通常认为，人格因素与患该病极相关，如 A 型人格特征的个体，本身具有时间紧迫感、喜欢竞争，如其常处于快节奏、高压力的生活环境之下，易患惊恐障碍；而常常处在现实压力之下，又对压力始终缺乏合理应对方式的个体易患广泛性焦虑。具体而言，主要有以下相关因素。

（一）生物因素

1. 遗传因素

遗传在焦虑症的发生中起着重要作用。经过研究证明，焦虑症作为一种人格特征，至少有一部分潜在原因是由遗传因素引起的，调查结果显示，血缘亲属中同病率为 5%，同卵双生子的同病率为 25%，单卵双生子的同病率为 50%。有学者认为，环境因素通过易感体质共同作用的结果引起焦虑症，而易感体质是由遗传因素决定的，血缘亲属中该病的发病率明显高于一般人群，如双亲都是焦虑症病人，子女患病率提高 50% 以上。

2. 生理因素

实验结果发现，焦虑症患者血中乳酸盐含量增多，而血中乳酸盐含量可能与焦虑发作有关，机制尚不完全清楚。焦虑症患者容易出现如颤抖、心慌、多汗等症状，这是由于交感和副交感神经活动增加，肾上腺素受体大量兴奋所引起，而肾上腺素受体阻滞剂（如心得安）有减轻焦虑和惊恐发作的作用。

3. 躯体疾病因素

进入老年期后，机体各方面都开始发生老化，老年人常伴有某些慢性疾病如心脏病、脑出血、糖尿病、高血压、老年痴呆、胃炎、肿瘤等疾病，患焦虑症的概率比较高。反之，机体方面存在的症状又往往加重焦虑症状，并可伴有大量的自主神经系统症状。

4. 其他因素

研究结果显示，焦虑症患者是不能通过饮酒、吸烟、滥用药物、吸毒等行为渡过心理低谷期，反而会引起焦虑症的发生。另外，焦虑症患者出现吸烟成瘾的概率比正常人高 2 倍，滥用药物与酗酒在严重精神病患者中占 30%。

（二）心理因素

1. 人格因素

人格上具有焦虑特质的人往往容易患焦虑症，通常表现为容易焦虑不安、敏感多疑、易怒、自卑、胆小怕事、依赖性强、悲观、承受压力能力差等表现。患者往往具有 A 型人格倾向，在身体及心理极度疲劳后易发生惊恐障碍。另外完美主义者也易导致焦虑症的发生，由于内心的各种冲动、欲望与自身难以协调，极度的压抑而产生。心理分析学派认为，焦虑症是由于过度的内心冲突对自我威胁的结果。

2. 认知因素

认知对于焦虑症状的产生具有非常重要的作用。研究发现，当患者面对某一应激事件时易产生高度焦虑情绪，彻夜失眠、不吃不睡，出现类似生理疾病的症状；若患者对危险做出过分估计，使焦虑反应与客观现实不相称时，就会形成病理性焦虑反应。疾病症状的产生就会使患者出现错觉、幻想，联想到某些不良事件，甚至出现灾难性思维，导致患者产生恐惧和担忧的情绪，情绪变化又导致新的症状出现，由于焦虑导致对心身症状的错误理解、过度警觉、应对失败等，加强了危险的认知评价和焦虑水平，从而形成恶性循环。

（三）环境因素

1. 社会角色改变因素

有人提出老年人性格变化的"环境脱离理论"，认为进入老年期后，由于社会活动改变、角色改变、人际交往减少，与家人、朋友的情感交流也相应发生变化，渐渐失去生活的乐趣，必然引起本人的个性发生改变，变得保守、顽固、缺乏人情味、以自我为中心、嫉妒心强、易激惹、不主动参与社会活动。这样的人格易引发心理疾病，如焦虑症，且由于老年人的人际交往少，社会支持也少，故而当老年人有情绪问题时得不到及时的疏导，易使情绪问题变复杂，最终演变为焦虑症等神经症。

2. 家庭因素

进入老年期后，老年人的生活事件会增多，如疾病缠身、退休、经济收入降低、医药费花销增多、丧偶、孤独、与子女关系不和谐等，因此，老年人需要花费精力重新适应这些环境的变化，但由于其应变能力差，故而适应这些变化很困难。如果在没有家庭的支持下，这将为焦虑症的产生提供了时机。

三、焦虑症的分类及临床表现

焦虑症是老年期的一种常见病，老年焦虑症分为慢性焦虑症和急性焦虑症两类。

（一）慢性焦虑症

1. 慢性焦虑症概述

慢性焦虑症在临床上又称为广泛性焦虑症，患者常突然感到心烦意乱、惊恐或有一种不舒服的感觉，由此而产生连锁反应、错觉和幻想，有时有轻度意识障碍。此种类型焦虑持续时间较长，至少 6 个月，焦虑程度有起伏。

知识链接

慢性焦虑症：

1）严重标准：社会功能受损，因难以忍受又无法解脱而感到痛苦。

2）病程标准：符合症状标准至少 6 个月。

3）排除标准：疾病如甲状腺功能亢进、高血压、冠心病等躯体疾病继发的焦虑；药物如兴奋药物过量和药物依赖戒断后伴发的焦虑；相关疾病如其他类型精神疾病或神经症伴发的焦虑。

2. 慢性焦虑症的临床表现

主要表现为躯体焦虑、精神焦虑、行为焦虑。过分依赖医院以及家人，频繁去医院就诊，反复住院治疗，但病情不见好转。

（1）躯体焦虑

主要是感受到周身不适、头晕眼花、头痛、腹部不适、心悸、胸闷气短、呼吸困难及心跳加快等植物神经功能紊乱的症状，但身体检查结果却无明显异常，与其症状不相符。

（2）精神焦虑

主要表现为对一些生活小事忧心忡忡、对未来莫名其妙的担心、紧张、害怕、提心吊胆、坐卧不安、心烦意乱、不合理的推断、有大难临头的感觉。

（3）行为焦虑

主要表现为坐立不安、来回走动、不能静坐、搓手顿足，这种行为焦虑将严重影响到患者的工作、学习、生活等各种社会功能和职业功能。

（二）急性焦虑症

1. 急性焦虑症概述

反复的、有时为不可预料的焦虑或惊恐状态发作称为急性焦虑症，此种焦虑并非由实际危险环境造成，其惊恐表现与实际情况不相符，无明显或固定的诱因。病程一般不长，经过一段时间后会逐渐缓解甚至消失。

2. 急性焦虑症的表现

发作突如其来，突然感到不明原因的惊慌、极度紧张、恐惧、心烦意乱、激动不安、失眠，常伴有潮热、大汗、口渴、心悸、气促、血压升高、脉搏增快、尿频等躯体症状以及浑身肌肉颤抖、皱眉、来回走动等运动性不安表现，严重时会出现阵发性气喘、胸闷甚至濒死感，并产生妄想和幻觉。一般可以持续几分钟或更长时间，之后症状便会缓解或消失。

四、鉴别诊断老年焦虑症

（一）诊断

焦虑症的焦虑是原发的，包括焦虑的情绪体验和焦虑的躯体表现。诊断时要参考以下标准。

1）在过去6个月内的大多数时间里对某些事件和活动过度担心。

2）个体难以控制自己的担心。

3）焦虑和担心与下面6个症状中的3个（或更多）相联系，某些症状在过去6个月中经常出现。

①坐立不安或者感到心悬在半空中；

②容易疲劳；

③难以集中注意力；

④内心一片空白；

⑤易激惹，易紧张；

⑥入睡困难、睡眠不稳或不踏实。

4）焦虑和担心的内容不是其他障碍的特征内容。焦虑和担心的内容，不是关于强迫症的被细菌感染、惊恐症的惊恐发作、社交恐惧症的当众出丑、神经性厌食症的长胖、疑病症的严重疾病等。

5）焦虑、担心和躯体症状给个体的社交、工作和其他方面造成有临床显著意义的困难。

①对象不明确。焦虑症患者最明显的一个病症就是焦虑的对象不具体。如果老年人患上焦虑症，那么这些焦虑情绪会变得更加明显和严重，焦虑的对象不具体，自己也说不出到底是在担心什么事情，好像有很多，就是不明确，但是这种焦虑就像有一种非常强烈的预感一样，这样的情况会随着老年人病情的加重而变得严重。

②动作行为异常。如果老年人长时间都处于担心焦虑的状态，那么他们的动作行为就会有些异常。如坐立不安、东张西望、手心出汗、不停地颤抖、三餐不正常、没有食欲、睡眠异常。

③生理机能下降。记忆力下降，健忘的现象日益严重，不能集中精力做事情，因此无法尽力去完成一件事情，总是瞻前顾后、犹豫不决，担心、焦虑。另外，因为精神上基本处于长期焦虑状态，所以老年人的生理机能严重下降，大小便失常，便秘，严重者还会有内分泌失调、神经衰弱的症状。

（二）鉴别

在焦虑症诊断过程中，要与一些疾病、药物、相关疾病等因素所导致的焦虑相鉴别，

老年心理护理

具体如下。

1. 身体疾病所致焦虑

身体疾病如甲状腺疾病、冠心病、高血压、脑血管疾病等，在原发病的基础上，受到病程长、迁延不愈可伴发焦虑。类惊恐发作可见于甲状腺功能亢进、癫病等。因此，在疾病确诊时必须进行相应的神经生理检查，避免误诊。

2. 药源性焦虑

药源性焦虑也称医源性焦虑，许多药物在中毒、戒断或长期使用后可导致焦虑症。如苯丙氨、可卡因等长期使用，均有可能产生焦虑，应依据服药史进行鉴别。

3. 精神疾病所致焦虑

其他精神类疾病如精神分裂症、抑郁症、创伤后应激障碍等均可伴发焦虑症或惊恐发作。但焦虑症都不是其主要的临床表现。精神分裂症病人伴有焦虑时，只要发现精神分裂症症状，就不考虑焦虑症的诊断。当抑郁和焦虑严重程度主次分不清楚时，首先考虑抑郁症的诊断，以免耽误抑郁症的治疗而发生自杀等不良后果。

（三）焦虑量表

1. 焦虑自评量表（SAS）（见表4-1）

表4-1 焦虑自评量表（SAS）

陈述	评分			
1. 我觉得比平时容易紧张和着急（焦虑）	1	2	3	4
2. 我无缘无故地感到害怕（害怕）	1	2	3	4
3. 我容易心里烦乱或觉得惊恐（惊恐）	1	2	3	4
4. 我觉得我可能将要发疯（发疯感）	1	2	3	4
5. 我觉得一切都很好，也不会发生什么不幸（不幸预感）	1	2	3	4
6. 我手脚发抖打战（手足颤抖）	1	2	3	4
7. 我因为头痛、颈痛和背痛而苦恼（躯体疼痛）	1	2	3	4
8. 我感觉容易衰弱和疲乏（乏力）	1	2	3	4
9. 我觉得心平气和，并且容易安静坐着（静坐不能）	1	2	3	4
10. 我觉得心跳得快（心悸）	1	2	3	4
11. 我因为一阵阵头晕而苦恼（头昏）	1	2	3	4
12. 我有晕倒发作，或觉得要晕倒似的（晕厥感）	1	2	3	4
13. 我呼气吸气都感到很容易（呼吸困难）	1	2	3	4

续表

陈述	评分			
14. 我手脚麻木和刺痛（手足刺痛）	1	2	3	4
15. 我因胃痛和消化不良而苦恼（胃痛或消化不良）	1	2	3	4
16. 我常常要小便（尿意频繁）	1	2	3	4
17. 我的手常常是干燥温暖的（多汗）	1	2	3	4
18. 我脸红发热（面部潮红）	1	2	3	4
19. 我容易入睡并且一夜睡得很好（睡眠障碍）	1	2	3	4
20. 我做噩梦（噩梦）	1	2	3	4

焦虑自评量表（Self-rating Anxiety Scale，SAS），由 Zung 于 1971 年编制，用于评定焦虑病人的主观感受。SAS 测量的是最近一周内的症状水平，评分不受年龄、性别、经济状况等因素的影响，但如果应试者文化程度较低或智力水平较差的则不能进行自评。近些年来，焦虑自评量表已作为咨询门诊中了解焦虑症状的一种自评工具，它具有广泛的适用性。

（1）项目及评定标准

SAS 共 20 个项目，项目采用 4 级评分法，其标准为：1 分表示没有或很少有；2 分表示小部分时间有；3 分表示相当多时间有；4 分表示绝大部分时间或全部时间有。评定的时间范围，应强调是"现在或过去一周"。

（2）结果分析

SAS 的主要统计指标为总分。将 20 个项目的各个得分相加，再乘以 1.25 后取整数部分，就得到了标准分。中国焦虑评定的分界值为 50 分，分数越高，焦虑倾向越明显。49 分及以下为正常；50～59 分为偶有焦虑，症状为轻度；60～69 分为经常焦虑，症状为中度；69 分以上为有重度焦虑，症状为重度。必要时及时请教医生。

（3）评定注意事项

SAS 可以反映焦虑的严重程度，但不能区分神经症的类别，必须同时应用其他自评量表或他评量表如 HAMD 等，才有助于神经症临床分类。

2. 汉密尔顿焦虑量表（HAMA）（见表 4-2）

表 4-2　汉密尔顿焦虑量表（HAMA）

项目	无	轻	中等	重	极重
1. 焦虑：担心、担忧，感到最好的事情要发生，容易被激惹	0	1	2	3	4
2. 紧张：紧张感、易疲劳、不能放松，情绪激动，易哭、颤抖，感到不安	0	1	2	3	4
3. 害怕：害怕黑暗、陌生人、独处、动物、乘车、旅行及人多的场合	0	1	2	3	4
4. 失眠：难以入睡、易醒、睡得不深、多梦、梦魇、易惊醒、睡醒后感到疲倦	0	1	2	3	4

项目	无	轻	中等	重	极重
5. 认知功能（记忆力、注意力障碍）：注意力不能集中，记忆力差	0	1	2	3	4
6. 抑郁：丧失兴趣、对以往爱好的事物缺乏快感、忧郁、早醒、昼重夜轻	0	1	2	3	4
7. 肌肉系统症状：肌肉酸痛、活动不灵活、肌肉经常抽动、肢体抽动、牙齿打颤、声音发抖	0	1	2	3	4
8. 感觉系统症状：视物模糊、发冷发热、软弱无力感、浑身刺痛	0	1	2	3	4
9. 心血管系统症状：心动过速、心悸、胸痛、血管跳动感、昏倒感、心搏脱落	0	1	2	3	4
10. 呼吸系统症状：胸闷、窒息感、叹息、呼吸困难	0	1	2	3	4
11. 胃肠消化道症状：吞咽困难、嗳气、消化不良（进食后腹痛、胃部烧灼感、腹胀、恶心、胃部饱感）、肠动感、肠鸣、腹泻、体重减轻、便秘	0	1	2	3	4
12. 生殖、泌尿系统症状：尿意频繁、尿急、停经、性冷淡、过早射精、勃起不能、阳痿	0	1	2	3	4
13. 植物神经系统症状：口干、潮红、苍白、易出汗、易起"鸡皮疙瘩"、紧张性头痛、毛发竖起	0	1	2	3	4
14. 会谈时行为表现：①一般表现：紧张、不能松弛、忐忑不安、咬手指、紧紧握拳、摸弄手帕、面肌抽动、不停顿足、手发抖、皱眉、表情僵硬、肌张力高、叹息样呼吸、面色苍白。②生理表现：吞咽、频繁呃逆、安静时心率快、呼吸快（20次/分以上）、腱反射亢进、震颤、瞳孔放大、眼睑跳动、易出汗、眼球突出	0	1	2	3	4

汉密尔顿焦虑量表（Hamilton Anxiety Scale，HAMA）由 Hamilton 于 1959 年编制，最早是精神科临床中常用的量表之一，包括 14 个项目。《CCMD-3 中国精神疾病诊断标准》将其列为焦虑症的重要诊断工具，临床上常将其用于焦虑症的诊断及程度划分的依据。

（1）项目及评定标准

HAMA 共 14 个项目，项目采用 5 级评分法，HAMA 总分能较好地反映焦虑症状的严重程度，总分可以用来评价焦虑和抑郁障碍患者焦虑症状的严重程度和对各种药物、心理干预效果的评估。其标准为：0 分表示无；1 分表示症状轻微；2 分表示有肯定的症状，但不影响生活与活动；3 分表示症状重，需加处理，或已影响生活活动；4 分表示症状极重，严重影响其生活。

（2）结果分析

HAMA 的主要统计指标为总分。将焦虑因子分为躯体性和精神性两大类，对于躯体性焦虑，7～13 项得分比较高，而精神性焦虑，1～6 和 14 项得分比较高。按照我国量表协作组提供的资料：总分≥29 分，可能为严重焦虑；总分≥21 分，肯定有明显焦虑；总分

≥ 14 分，肯定有焦虑；总分 >7 分，可能有焦虑；总分 <7 分，没有焦虑。

（3）评定注意事项

HAMA 应由经过培训的两名医生对患者进行联合检查，但需评定者独立评分。入组时，评定当时或入组前一周的情况，治疗后 2～6 周以同样方式再次进行评定，对二者治疗前后症状和病情的变化进行比较。

五、老年焦虑症心理及药物治疗

当老年人确诊为焦虑症后，需要及时予以治疗。针对老年人这一特殊群体，要考虑到老年焦虑症的心理因素，如生活单调、寂寞，若无子女在身旁则孤独感更甚，都可能成为诱发因素。因此应采取综合性治疗方案，即老年焦虑症在辅助药物治疗的同时，更要重视心理治疗。

（一）心理治疗

1. 支持性心理疗法

（1）倾听

利用充分的时间来倾听患者的问题，理解患者所讲诉的内容，有助于达到一个倾听的效果。

（2）解释和指导

就患者的有关躯体和心理问题，给予解释和健康教育，纠正有关不正确及不合理的一些认知，给患者一个有效的指导和必要的健康教育。

（3）减轻痛苦

通过鼓励患者的情绪表达，从而减轻他的苦恼和心理的一些意境，达到治疗的目的。

（4）提高自信心

患者如果长期处于疾病状态，我们要提高他的自信心，给予鼓励和帮助，认识到自己有能力依靠自己克服有些心理问题。

2. 认知疗法

具体操作请参见老年抑郁症心理与护理项目。

3. 行为治疗法

行为治疗法是以减轻或改善患者的症状或不良行为为目标的一类心理治疗技术的总称。常用的行为治疗方法包括放松疗法、行为塑造法、代币治疗法、系统脱敏法、暴露疗法等。

（1）放松疗法

放松疗法又称放松训练或松弛疗法，它是按一定的练习程序，学习有意识地控制或调节自身的心理生理活动，以达到降低机体唤醒水平，调整那些因紧张刺激而紊乱的功能。放松疗法种类较多，如呼吸放松、渐进式放松、想象放松等。通过意识控制使肌肉放松，同时间接地松弛紧张情绪，从而达到心理轻松的状态，有利于心身健康。

放松包括精神放松与身体放松两种。当精神疲乏之后（例如较长时间的阅读、写作、操作计算机、开会、辩论等活动之后），就非常需要精神上的放松。此时，宜找一安静环境，一人独处，什么也不想，什么也不做，默念"放松、放松……"，并伴以舒畅自然的深呼吸，以便吸入大量的新鲜、含氧量丰富的空气，而呼出体内代谢产生的二氧化碳。有条件时也可以吸一些氧气（国际上流行"氧吧"，就是专门给人们提供氧气吸入以消除疲劳的场合），或在窗前眺望绿色的森林、蔚蓝色的大海、辽阔的草原……大自然的风光及绿色的基调十分有助于精神的充分放松。有半小时这样的自我放松，可在很大程度上消除疲乏。

当体力劳累而不支时，也应及时做机体的放松，并以充分放松那些已经疲乏的大肌群为主。例如，上肢活动过久引起肩、臂、腕、手肌劳累，就应将上肢搁置台面上充分放松；而当下肢因站、走过久引起劳累酸软时，就应完全仰卧在床上，伸展双下肢令所有肌群放松，或在膝弯处垫一小枕以使小腿肌得以自然放松；当下蹲过久而引起腰肌劳损时，便应平卧于较坚硬的床上，以支撑腰肌令其完全放松。不宜睡在太软的床垫上，因为那样易使腰肌得不到必要的支持，造成肌肉无法达到自然、充分的放松而使疲劳得不到缓解。

知识链接

雅各布森放松法

①到一个光线柔和而幽静的房间去，关上门，坐在一把舒适的椅子上，两足平放地面，闭上眼睛。

②开始意识到自己的呼吸。

③做几次深呼吸，每次呼气时心里都默念"放松"。

④把注意力集中到脸上，感到脸上和眼周的肌肉有些紧张，内心中把这种紧张想象为一个握紧的拳头，然后想象它逐渐放松，就像一根松软的橡皮筋。

⑤使脸部和眼睛完全放松，感到一阵放松的波传遍全身。

⑥用力将脸和眼周的肌肉绷紧，然后松开，感到放松的波扩散到全身。

⑦将以上命令用到身体其他部分。把上述的放松方法慢慢下移到下颚、颈部、双肩、背部、上臂、前臂、双手、胸部、腹部、大腿、小腿、脚腕、双脚到脚趾，直到身体每一部分都放松为止。无论在身体哪一部分，内心都先想象紧张，再想象紧张逐步消除，再把这个部位绷紧，然后使它放松。

⑧全身都放松后，就在这舒服的状态下安静地休息2~5分钟。

⑨准备睁开眼睛，开始意识到这个房间。

⑩睁开眼睛，准备恢复日常活动。

在放松时，要摒除杂念，使自己同外部世界隔绝，沉入内部的宁静中。这是最简单而有效的一种方法，每天做1~2次大有好处。若有严重的精神压力，不妨一天做3次。

（2）行为塑造法

根据斯金纳的操作条件反射研究结果而设计的培育和养成新反应或行为形式的一项行

为治疗技术称为行为塑造法。它是操作条件作用法强化原则的有力应用之一。它的应用不仅要求病人积极参与，而且也需要所有有关医务人员和病人家属密切配合。只有这样才能使病人接近或朝着最终目标的变化能得到及时而又适当的强化，并使病人的行为越来越逼近最终的目标。塑造是通过强化的手段，矫正人的行为，使之逐步接近某种适应性行为模式。塑造过程中，采用正强化手段，一旦所需行为出现，立即给予强化。

在塑造方法的应用中，要注意制定适当的目标。假定要塑造老年人走出家门与他人多交流，第一步，当老年人能走出家门在门口范围内活动时应给他鼓励与赞赏；当这种行为稳定地出现后就进入第二步，即让老年人可以走得更远一些，进入社区，完成后要表扬他；然后进入第三步，即让老年人可以与外界人员交流，并赞赏他。如此做下去，使老年人的行为一步步接近希望的行为模式。

（3）代币治疗法

代币治疗法是根据代币学习的研究结果而设计的一种常用的行为治疗方法，又称标记奖酬法。代币治疗法是一种激励系统，促使病人从事由治疗者事先选定的活动，也可以说是用来造成一种适当的行为得到强化、不适当的行为被消除的特殊环境。代币指可以在某一范围内兑换物品的证券，其形式有筹码、计分等。例如，在养老院里，为了让老年人更配合护理工作，可以每天给配合度高的老年人发一张小票券，集齐十张，就可以换一小盆植物自己养，这种方式即代币制管理。

代币治疗法的主要目标是采用循序渐进的方法，使目标行为出现或使某种不良行为减少或消退，对于提高一个人的持之以恒的能力和对某方面的兴趣产生很大的帮助，从而达到促进老年人焦虑症的康复，达到治疗的目的。

（4）系统脱敏法

20世纪50年代南非精神病学家沃尔普创立了"系统脱敏法"，它是由交互抑制发展起来的一种心理治疗方法，所以又称为交互抑制法。当患者面前出现焦虑和恐惧刺激的同时，施加与焦虑和恐惧相对立的刺激，从而使患者逐渐消除焦虑与恐惧，不再对有害的刺激发生敏感而产生病理性反应。该法可以用来治疗恐怖症，除此之外，也适用于其他以焦虑为主导的行为障碍，如口吃、性功能障碍和强迫症。系统脱敏法过程包括以下几个步骤。

①放松：第一步进入放松状态，首先应选择一处安静适宜、光线柔和、温湿度适宜的环境，然后让患者坐在舒适的座椅上，让其随着音乐的起伏开始进行肌肉放松训练。训练依次从手臂、头面部、颈部、肩部、背部、胸部、腹部以及下肢部训练，过程中要求患者学会体验肌肉紧张与肌肉松弛的区别，经过这样反复长期的训练，使得患者能在日常生活中灵巧使用，任意放松程度。

②想象：通过想象进入脱敏训练，首先应当让患者想象着某一等级的刺激物或事件。若患者能清晰地想象并感到紧张时停止想象并全身放松，之后反复重复以上过程，直到患者不再对想象感到焦虑或恐惧，那么该等级的脱敏就完成了。以此类推做下一个等级的脱敏训练。一次想象训练不超过4个等级，如果训练中某一等级出现强烈的情绪，则应降级重新训练，直到可适应时再往高等级进行。当通过全部等级时，可从模拟情境向现实情境转换，并继续进行脱敏训练。

③现实训练：这是治疗最关键的环节，仍然从最低级开始至最高级，逐级放松、脱敏

训练，以不引起强烈的情绪反应为止。为患者布置家庭作业，要求患者每周在治疗指导后对同级自行强化训练，每周 2 次，每次 30 分钟为宜。

（5）暴露疗法

暴露疗法又称冲击疗法，该方法基于 Foa 和 Kozak 的情绪加工理论。暴露疗法分为实景暴露和想象暴露，不给患者进行任何放松训练，让患者想象或直接进入最恐怖、焦虑的情境中，以迅速校正病人对恐怖、焦虑刺激的错误认识，并消除由这种刺激引发的习惯性恐怖、焦虑反应。但在具体运用时，还要考虑患者的文化水平、受暗示程度、发病原因和身体状况等多种因素。对体质虚弱、有心脏病、高血压和承受力弱的患者，不能应用此法，以免发生意外。此种方法实施难度较大，对病人心身冲击较大，须谨慎施用。

日常生活中，缓解老年人焦虑还有哪些方法？

（二）药物治疗

目前比较有效的治疗老年期焦虑症的方案是药物治疗和非药物治疗，即心理与环境治疗相结合原则。由于老年人代谢能力差，对药物的清除能力降低，应注意药物的剂量需适当酌减。

1. 苯二氮卓类药物用法

依据《中国成人失眠诊断与治疗指南》，苯二氮卓类药物用法如图 4-2 所示。

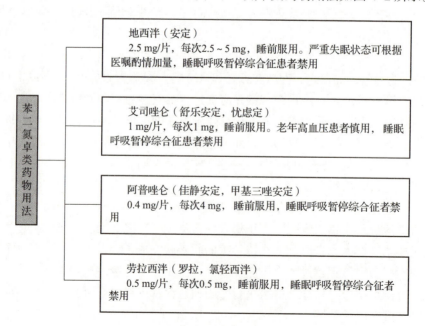

图 4-2　苯二氮卓类药物用法

2.《中国成人失眠诊断与治疗指南》建议

失眠的药物治疗也可以采用非苯二氮卓类催眠药，药物依赖性减小，并且按需服药。

六、老年焦虑症的护理

（一）病情观察

密切观察躯体情况的变化并记录。对伴有躯体疾病患者，要向其讲明激烈的情绪会对身体造成不良的影响，让患者能从主观上控制情绪反应。患者严重焦虑时，应将其安置在安静舒适的房间，避免干扰，周围的设施要简单、安全，焦虑护理最好能有专人来进行。

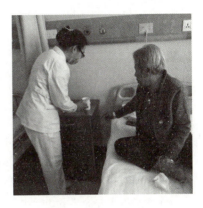

图4-3　协助老年人用药

（二）用药护理

家属要保管好药物，并督促患者规律服药，抗焦虑药物若大量服药会有一定的并发症，所以家属一定要保管好药物，以便患者更加安全（见图4-3）。

（三）饮食护理

在饮食上正常饮食就行，多补充维生素类的食物，多吃新鲜的蔬菜和水果，以清淡饮食为主，不要吃寒凉、油腻、刺激性食物。

学习园地

治疗焦虑应该从清心火入手。

劳宫穴：属手厥阴心包经，刺激该穴可泻心火，达到镇静安神、健脑益智的目的。摊开手掌，中指自然弯曲，中指点在手心的地方就是劳宫穴。将拇指指尖垂直立于掌心劳宫的位置，食、中两指立于掌背对应侧，点按时，拇指要垂直向下用力，前后一样，然后拇指向内侧抠按，会有酸麻的感觉。每天不拘次数地点按，每次约2分钟，长期坚持，就能抑制你过于亢进的心火。

中冲穴：也是手厥阴心包经的穴位，位于手中指末节尖端的中央。中医认为心主"神明"，统领思考、意志和感情，而心包是围绕在心脏周围的一层包膜，有代心受邪、代心行令的作用，所以很多和心脏有关的疾病，我们首选的不是心经的穴位，而是心包经的穴位。通过在中冲穴刺血，就可以有效地清泻心火，改善焦虑的状态。

（四）中医护理

焦虑症中医主要根据患者的症状与表现来进行对症治疗，提倡治疗与调节相结合的综合疗法。在疏肝、补肾、健胃、利肺的同时还能起到安神，调理气血，平衡阴阳的作用。

（五）心理护理

1. 加强沟通交流

加强与患者沟通交流，耐心听取患者的倾诉，了解患者的想法及需求。针对每个老年患者的个性特点，采取相应措施。语言亲切，简单易懂；既要同情、关心老人，又要保持沉着、冷静、坚定的态度。尊重老年人的感受，建立良好的护患关系。

2. 转移注意力

要对患者关心，但要保持正常范围，不要过度地关心患者，家属要有良好的判断力，根据患者的实际情况和生活行为习惯，适度地关心和照顾，在原则上要让患者做一些力所能及的事情，以转换患者的注意力。

3. 增强自信心

要让患者感觉到家属对治疗有信心，有些患者的病情可能会反复发作，家属可能在这个过程中有疑虑，但不要在患者面前表现出疑虑、消极的情况；同时家属要在患者面前表现出积极、有信心，配合治疗。

（六）健康宣教

对老年患者进行健康宣教，使其了解疾病的相关知识，认识疾病的性质，从而保持良好的心态，减少焦虑情绪，加强老年人的心理教育，提高老年人的心理素质，培养老年人的乐观情绪，积极面对生活，保持心态平和。如过分焦虑，要进行评估，必要时进行心理治疗或药物治疗。学会简易放松法。

1. 深呼吸放松法

这是一种很容易做的放松法，站定之后，双肩自然下垂，慢慢闭上双眼，然后慢慢地做深呼吸。此时，自己也配合呼吸的节奏给予一些暗示和指导语："一呼……一吸……一呼……一吸……"体会"慢慢地深深地吸进来，再慢慢地呼出去，深深地吸进来，慢慢地呼出去……"，做的时候，注意感觉自己的呼气、吸气。这样，便放松了自己，也转移了对压力和紧张的注意。

2. 肌肉放松法

每一个部位的放松都要按照先紧张再放松的方法进行，通常对手、手臂、脸部、颈部、躯干以及腿部等肌肉进行放松训练。吸气时肌肉紧张，保持 7~10 秒，再呼气，放松肌肉 10~15 秒。如用力向后仰起头部，注意背部、肩膀以及颈部的紧张，然后放松。体会紧张和放松时的不同感觉，由此减轻焦虑不安的情绪，也可缓解肌肉紧张带来的不适感。

3. 想象放松法

想象是人类精神活动的一个重要组成部分，闭上眼睛，让自己的大脑处于空白状态，想象着你自己最喜欢的环境，尽量让自己全身放松，根据你自己的需要念出暗示的内容。

4. 音乐减压放松法

音乐减压放松法是利用音乐对精神和心理的影响，根据音乐治疗学的原理，专门为长期工作或生活在紧张和压力下的人群设计的。可以放着自己喜欢的音乐，声音不宜太大，通过音乐冥想，丰富内心世界的想象力和创造力，体验生命的美感，净化心灵，引起人们轻松、美好的想象，改善心理状态。

> **学中做**
>
> 　　李奶奶，65 岁，性格内向，既往身体健康，偶发头痛，半年前儿子儿媳离婚，从此出现睡眠困难，有时早醒，每日最多睡眠为 2~3 小时，担心、焦虑、乏力、头晕、胸闷，有时在房间内来回走动，心烦气躁，爱发脾气，心情时好时坏。近一周来与老伴关系紧张，上述症状加重，并有轻生想法，在子女的陪同下前来就诊。
>
> 　　问题：
> 　　1）通过李奶奶的主诉推断她可能为何种疾病？治疗方法有哪些？
> 　　2）请为李奶奶列出主要的护理措施。

（杨春红）

任务三
老年抑郁症的心理护理

一、认识抑郁症

（一）抑郁症的定义

抑郁症又称抑郁障碍（Depressive Disorder），是最常见的精神障碍，是一类以情绪或心境低落为主要表现的疾病总称，伴有不同程度的认知行为改变，可伴有精神病性症状，如幻觉、妄想等。部分患者存在自伤、自杀行为，甚至因此死亡。抑郁障碍单次发作至少持续 2 周，常会反复发作，每次发作大多数可以缓解，部分可有残留症状或转为慢性，可造成严重的社会功能损害。

抑郁障碍是老年人最常见的精神障碍。广义的老年抑郁障碍指老年人（通常是年龄至少 60 岁）这一特定人群的抑郁障碍，既包括老年期首次发作的抑郁障碍，也包括老年前期发病持续至老年期或老年期复发的抑郁障碍，还包括老年期的各种继发性抑郁障碍。狭义的老年期抑郁障碍是特指老年期（≥ 60 岁）首次发病的原发性抑郁障碍，以抑郁心境为主要的临床表现，一般病程较冗长，具有缓解和复发的倾向，部分病例预后不良，可发展为难治性抑郁障碍。

（二）流行病学

由于疾病定义、诊断标准、流行病学调查方法和调查工具的不同，全球不同国家和地区报道的抑郁障碍患病率差异较大。一项由国际精神病流行病学联盟（ICPE）举行的研究，采用 WMH–CIDI（世界卫生组织复合式国际诊断访谈）调查了来自 10 个国家（美洲、欧洲和亚洲）的 37 000 名成人，发现大多数国家的终生患病率在 8% ~ 12%，但是不同国家或地区之间仍然存在显著差异，其中美国为 16.9%，而日本为 3% 左右。据世界卫生组织（2012 年）统计，全球约有 3.5 亿抑郁障碍患者，在 17 个国家进行的精神卫生健康调查中发现平均每 20 人就有 1 人曾患或目前患有抑郁障碍，抑郁障碍的年患病率为 1.5%，终生患病率为 3.1%，高达 1/5 的妇女在分娩后会出现产后抑郁症状。这些流行病学调查结果进一步说明了社会文化因素对抑郁症的表现、诊断以及研究方法存在潜在影响。不同类型的抑郁障碍患病率之间也存在差异。

拓展阅读

古希腊医学家希波克拉底认为人体中有四种液体，其中黑胆汁与人的抑郁气质有关，后来他认为抑郁症是一种以长时间的担心和失望为主要表现的症状。古罗马时期，盖伦重新提出抑郁质的概念，那时的概念比现在用的抑郁症这个概念的内涵和外延都要广泛，它包括悲伤、沮丧、失望、担心、愤怒、妄想和强迫等。17 世纪，英国学者波顿在《忧郁的解剖》一书中描述了大量的理论和他自身的忧郁体验，他认为忧郁症是非常可怕的疾病，"如果人间有地狱的话，那么在忧郁症患者心中就可以找到"。在他之后 300 年期间再也没有人超越他对忧郁症临床表现的描述。19 世纪末，德国精神科医生克雷丕林的狂躁－抑郁性精神病的概念，用抑郁代替了忧郁。另外一位德国精神科医生施耐德在 1920 年提出了内源性抑郁症和反应性抑郁症的概念，这些认识和观点对后来的诊断标准具有很大的影响。直到 DSM–Ⅲ（1980）中应用了重度抑郁症，后来 ICD-10 也使用了同样的概念，从此抑郁症这个概念被广泛应用和接受。

随着我国精神病学的发展，国际诊断标准的普及，我国精神病临床对于心境障碍的诊断概念也有了新的认识。国内调查显示抑郁障碍的患病率呈上升趋势。北京大学国家发展研究院 2013 年调查研究报告显示中国现有 40%（约 7 400 万）的老年人有程度较高的抑郁症状，与男性老年人相比，女性相对的心理健康状况更为糟糕，具有程度较高抑郁症状的比例高达 47.6%。根据 2014 年《自然》杂志报道的全球抑郁症流行病学情况，中国的抑郁症患者患病率为 3.02%。然而我国仍缺乏全国大规模样本的新近患病率资料。

（三）疾病负担

根据世界卫生组织全球疾病负担的研究，抑郁障碍占非感染性疾病所致失能的比重为 10%。抑郁障碍所致伤残调整生命年占精神与物质使用障碍的比重最大，为 40.5%。

抑郁障碍是与自杀关系最密切的精神疾患，全球每年有近 100 万人自杀，自杀者中约 50% 可诊断为抑郁障碍。美国所报道的抑郁障碍患者自杀率约为 $85.3/10^5$，约是普通人群的 8 倍。国内上海的研究结果显示抑郁障碍患者自杀率约为 $100/10^5$。那些未及时诊断和治疗的抑郁障碍患者的自杀危险性非常高，尤其是共患其他疾病（如焦虑障碍）和遭遇不良生活事件的患者。一般认为，抑郁障碍患者自杀意念或自杀死亡的风险与年龄、性别、社会环境变化以及抑郁障碍严重程度相关。

抑郁障碍会增加其他躯体疾病的病死率。心血管疾病患者中抑郁障碍较为常见，抑郁障碍不但降低患者对心血管疾病治疗的依从性，而且可诱发心肌梗死，使心血管疾病的长期死亡率增加 80% 以上。流行病学调查结果显示，抑郁障碍合并糖尿病、高血压等慢性病、常见病的人群日益增加，罹患率明显高于一般人群，由于长期罹患躯体疾病的负性应激，加上抑郁障碍与躯体疾病的交互作用，导致躯体疾病患者的自杀率上升、病死率增加。

（四）老年期与非老年期抑郁临床对照研究

老年抑郁患者中有 1/3 的人具有严重的迟钝和激越。与其他年龄组相比较，老年期抑郁预后不良已被人们所认识。有学者报道在头几个月中，恢复的患者可有 3 种临床转归形式，1/3 的患者可以在 3 年中完全恢复，1/3 的患者抑郁症状可完全缓解，其余 1/3 的患者由于抑郁症状反复出现，最终可发展为慢性久病状态，但只有少数患者才发展为痴呆。患者预后较好与下列因素有关：70 岁以前发病者，病期短，没有躯体疾病，过去发作曾有过好的恢复。

二、分析老年抑郁症的影响因素

抑郁障碍的病因及发病机制复杂，目前尚未完全阐明，但可以肯定的是抑郁症的发病过程由生物、心理与社会环境诸多方面因素参与。

（一）生物环境因素

1. 遗传因素

遗传因素是抑郁障碍发生的重要因素之一。抑郁障碍患者的一级亲属罹患抑郁障碍的风险是一般人群的 2～10 倍，遗传度是 31%～42%。

遗传与环境因素或应激因素之间的交互作用，以及这种交互作用的出现时间在抑郁症发生过程中具有重要的影响。

2. 生理因素

老年人生理功能减退，特别是脑功能的退化与抑郁症的发生存在密切关系，有研究表明老年抑郁症的发生可能与下丘脑—垂体—肾上腺皮质轴调节功能削弱、正常睡眠和生物周期紊乱、脑形态的变化等有关。

3. 躯体疾病因素

老年患者特别是患有冠心病、脑血管疾病、糖尿病、白内障等内科疾病的患者容易发生情绪低落甚至有轻生的念头。

4. 其他因素

如家庭、环境的影响，调查发现养老院居住的老年人抑郁症发生率可达 24.9%，社区老年人群抑郁症发生率达 29.3%，而与子女关系融洽者较关系紧张者抑郁症的发生率明显降低。

（二）心理社会因素

1. 人格特征

老年期抑郁症患者病前性格多为固执己见、依赖性强、心胸狭窄、办事认真等特点。在衰老过程中常伴随人格特征的变化，如孤僻、依赖、固执等。人格特征的研究显示老年抑郁症患者与正常老年人相比有较突出的回避和依赖性。

2. 应激因素

老年这个特殊的年龄阶段，不良生活事件不断出现，如丧偶、亲朋好友死亡，以及家庭矛盾、意外事件等因素，都容易使老年人产生悲观情绪。而且离退休或劳动能力丧失、经济来源减少、生活窘迫、在家庭中的地位和角色改变等都可导致加重老年人的孤独、寂寞、无助、无望感，成为心理沮丧和抑郁的根源。由于身体老化造成了心理防御和适应能力下降，一旦遇到负性生活事件，不易恢复心理上的平衡和稳定。若缺乏社会支持，心理平衡则更难维持，从而导致老年抑郁症的发生。

三、老年抑郁症的临床表现

老年期抑郁障碍的临床特点主要有：有阳性家族史者较少，神经科病变及躯体疾病所占比重大，躯体主诉或不适多，疑病观念较多；体重变化、早醒、性欲减退、精力缺乏等因年龄因素而变得不突出；部分老年抑郁障碍患者会以易激惹、攻击、敌意为主要表现；情感脆弱，情绪波动性大，往往不能很好地表达忧伤的情绪；自杀观念的表露常不清楚，如患者可能会说"让我死吧！"却否认自己有自杀的念头。概括来说，老年期抑郁障碍的临床表现往往不太典型，相对于老年期前发病的抑郁障碍，下列症状在其临床表现中显得较为突出。

（一）焦虑、抑郁和激越

老年患者对忧伤情绪往往不能很好表达，多用"没意思、心里难受"来表示，常伴有明显的焦虑症状，有时躯体性焦虑可完全掩盖抑郁症状。激越即焦虑激动，临床表现为焦虑恐惧。终日担心自己和家庭将遭遇不幸，大祸临头，以至搓手顿足、坐立不安、惶惶不可终日。夜间失眠，或反复追念以往不愉快的事，责备自己做错了事，导致家庭和其他人的不幸，对不起亲人；对环境中的一切事物均无兴趣。轻者喋喋不休诉说其体验及"悲惨境遇"，严重者撕衣服、扯头发、满地翻滚、焦虑万分。

可表现为各种不同类型的认知功能损害，严重时与痴呆相似，患者对自己智能降低表现出特征性的淡漠，但常有较好的定向力，且无病理反射。需要提出的是认知功能障碍是老年抑郁障碍常见的症状。约有 80% 的患者有记忆减退的主诉，存在比较明显认知障碍类似痴呆表现的占 10%～15%，如计算力、记忆力、理解和判断力下降，简易智力状态检查（MMSE）（见表 4-3）筛选可呈假阳性，其他智力检查也能发现轻至中度异常。国外作者称此种抑郁为抑郁性假性痴呆。其中一部分患者会出现不可逆痴呆。

表 4-3　中文版简易智力状态检查表（MMSE）

（1 表示正确；2 表示错误；3 表示拒绝回答；4 表示说不会做；5 表示文盲）

1. 今年是什么年份？　　1　2　3　4　5

2. 现在是什么季节？　　1　2　3　4　5

3. 今天是几号？　　1　2　3　4　5

4. 今天是星期几？　　1　2　3　4　5

5. 现在是几月份？　　1　2　3　4　5

6. 你能告诉我现在我们在哪里？例如：在哪个省、市？　　　1　2　3　4　5

7. 你住在什么区（县）？　　　　　1　2　3　4　5

8. 你住在什么街道？　街道（乡）　1　2　3　4　5

9. 我们现在是第几楼？　层楼　　　1　2　3　4　5

10. 这儿是什么地方？　地址（名称）1　2　3　4　5

11. 现在我要说三样东西的名称，在我讲完之后，请您重复说一遍，请您好好记住这三样东西，因为等一下要再问您的（请仔细说清楚，每一样东西一秒钟）。

"皮球"　　　　　"国旗"　　　　　"树木"

请您把这三样东西说一遍（以第一次答案记分）。

第一样　皮球　1　2　3　4　5

第二样　国旗　1　2　3　4　5

第三样　树木　1　2　3　4　5

12. 现在请您从 100 减去 7，然后从所得的数字再减去 7，如此一直计算下去，把每一个答案都告诉我，直到我说"停"为止。

（若错了，但下一个答案都是对的，那么只记一次错误。）

100-7=93　　1　2　3　4　5

93-7=86　　1　2　3　4　5

86-7=79　　1　2　3　4　5

79-7=72　　1　2　3　4　5　停止！

13. 现在请您告诉我，刚才我要您记住的三样东西是什么？

第一样　皮球　　　1　2　3　4　5

第二样　国旗　　　1　2　3　4　5

第三样　树木　　　1　2　3　4　5

14. （主试者：拿出您的手表）请问这是什么？

手表　　　　　　　1　2　3　4　5

（拿出您的铅笔）请问这是什么？

铅笔　　　　　　　1　2　3　4　5

15. 现在我要说一句话，请清楚地重复一遍，这句话是："四十四只石狮子"（只许说一遍，只有正确、咬字清楚的才记 1 分）。

四十四只石狮子　　1　2　3　4　5

16. （主试者：把写有"闭上您的眼睛"大字的卡片交给被试者）请照着这卡片所写的去做（如果他闭上眼睛，记 1 分）。

　　　　　　　　　1　2　3　4　5

17. （主试者：说下面一段话，并给他一张空白纸，不要重复说明，也不示范）请用右手拿这张纸，再用双手把纸对折，然后将纸放在您的大腿上。

用右手拿纸　　　　1　2　3　4　5

把纸对折　　　　　1　2　3　4　5

放在大腿上　　　　1　2　3　4　5

18. 请您说一句完整的、有意义的句子（句子必须有主语和动词），记下所叙述句子的全文。

　　　　　　　　　1　2　3　4　5

19. （主试者：把卡片交给被试者）这是一张图，请您在同一张纸上照样把它画出来（对两个五边形的图案，在交叉处形成一个小四边形）

　　　　　　　　　1　2　3　4　5

简易智力状态检查，由 Folstein 于 1975 年编制，它是最具影响的认知缺损筛选工具之一，被选入诊断用检查提纲（DIS），用于美国 ECA 的精神疾病流行病学调查；最近世界卫生组织（WHO）推荐的复合国际诊断用检查（CIDI），亦将之组合在内。国内有李格和张明园两种中文修订版本。

1. 项目及评定标准

MMSE 共 19 个项目，30 个小项。项目 1~5 是时间定向；项目 6~10 为地点定向；项目 11 分 3 个小项，为语言即刻记忆；项目 12 为 5 个小项，检查注意力和计算能力；项目 13 分 3 个小项，为短程记忆；项目 14 分两个小项，为物体命名；项目 15 为语言复述；项目 16 为阅读理解；项目 17 分 3 个小项，为语言理解；项目 18 原版本为写一个句子，考虑到中国老年人教育程度，改成说一个句子，检测言语表达；项目 19 为图形描画。被测者回答或操作正确记 1 分，错误记 2 分，拒绝记 3 分，说不会做记 4 分，文盲记 5 分。

2. 结果分析

MMSE 的主要统计指标为总分，为所有记"1"的项目（小项）的总和，即回答（操作）正确的项目（小项）数，范围为 0～30 分。

根据国内对 5 055 例社区老人的检测结果证明，MMSE 总分和教育程度密切相关，提出教育程度的分界值为：文盲组（未受教育）为 17 分，小学组（教育年限 6 年）为 20 分，中学或以上组（教育年限 >6 年）为 24 分。

3. 评定注意事项

要向被试者直接询问。如在社区中调查，注意不要让其他人干扰检查，老人容易灰心或放弃，应注意鼓励。具体要求：

1）第 11 项只允许主试者讲一遍，不要求被试者按物品次序回答。如第一遍有错误，先记分；然后再告诉被试者错在哪里，并再让他回忆，直到正确。但最多只能"学习" 5 次。

2）第 12 项为"连续减 7"测验，同时检查被试者的注意力，故不要重复被试的答案，也不得用笔算。

3）第 17 项的操作要求次序准确。

（二）精神运动性迟滞

通常是以随意运动缺乏和缓慢为特点，它影响躯体及肢体功能，且伴有面部表情减少、语言阻滞等；思考问题困难，对提问常不立即回答，经反复询问，才以简短低弱的言语答复；思维内容贫乏，大部分时间处于缄默状态；行动迟缓，重则双目凝视、情感淡漠，呈无欲状，对外界动向无动于衷。抑郁行为阻滞与心理过程缓慢相一致。

（三）躯体症状

许多老年人否认抑郁症状的存在而表现为各种躯体症状，因而情绪症状很容易被家人忽视，直到发现老人有自杀未遂或行为时才到精神科就诊，有人把这种躯体症状所掩盖的抑郁障碍称为"隐匿性抑郁症"。这些躯体症状主要表现为自主神经功能障碍或有关内脏功能障碍。

1. 疼痛综合征

如头痛、胸痛、背痛、腹痛及全身疼痛。

2. 胸部症状

如喉部堵塞感、胸闷和心悸等。

3. 消化系统症状

如厌食、腹部不适、腹胀及便秘等。

4. 自主神经系统症状

如面红、手抖、出汗和周身乏力等。

其中，以非器质性头痛及其他部位的疼痛最为常见，周身乏力和睡眠障碍也是常见症状。临床上遇到反复主诉躯体不适而查不出阳性体征的患者应考虑到隐匿性抑郁障碍的可能。

（四）疑病症状

研究报道 60 岁以上的老年抑郁障碍患者中，大约 1/3 的老年患者以疑病为抑郁障碍的首发症状，因此有学者提出"疑病性抑郁症"的术语。疑病内容常涉及消化系统，便秘、胃肠不适是这类患者最常见也是较早出现的症状之一。患者常以某一种不太严重的躯体疾病开始，担心自己的病情恶化，甚至得了不治之症，虽经解释说明但仍然无法释怀。有时躯体症状虽然日益好转，但抑郁、焦虑却与日俱增。若老年人对正常躯体功能过度关注，对轻度疾病过分反应，应考虑到老年抑郁障碍的可能。

（五）妄想

老年抑郁伴发妄想症状也较多。在妄想症状中，尤以疑病及虚无妄想最为常见，其次为被害妄想、关系妄想、贫穷妄想、罪恶妄想等。

（六）自杀倾向

老年抑郁障碍自杀的危险比其他年龄组大得多。有报道 55% 老年患者在抑郁状态下自杀。自杀往往发生在伴有躯体疾病的情况下，且成功率高。导致自杀的危险因素主要有孤独、罪恶感、疑病症状、激越和持续的失眠等。人格特征和对抑郁障碍的认知程度是决定自杀危险性的重要因素，如无助、无望及消极的生活态度往往加重自杀的危险性。老年抑郁障碍有慢性化趋势，也有的患者不堪抑郁症状的折磨，自杀念头日趋强烈以致通过自杀以求解脱。

四、老年抑郁症的临床分型

ICD-11 精神与行为障碍（草案）与 DSM-5 对抑郁障碍的临床分型略有差异，此处介绍的临床分型以 ICD-11 分类为主。

（一）抑郁障碍

抑郁障碍以显著而持久的心境低落为主要临床特征，临床表现可从闷闷不乐到悲痛欲绝，多数患者有反复发作的倾向，大多数发作可以缓解，部分可存在残留症状或转为慢性病程。抑郁发作是最常见的抑郁障碍，表现为单次发作或反复发作，病程迁延，此病具有较高的复发风险，发作间歇或可能存在不同程度的残留症状。

（二）恶劣心境

过去称为抑郁性神经症，是一种以持久的心境低落状态为主的轻度抑郁，从不出现躁狂或轻躁狂发作。这种慢性的心境低落，无论从严重程度还是一次发作的持续时间，均不符合轻度或中度复发性抑郁障碍的标准，但过去（尤其是开始发病时）可以曾符合轻度抑郁发作的标准。病程常持续 2 年以上，期间无长时间的完全缓解，一般不超过 2 个月。患者具有求治意愿，生活不严重影响，通常起病于成年早期，持续数年，与生活事件及个人性格存在密切关系。

（三）混合性抑郁和焦虑障碍

该分型在 ICD-11（草案）抑郁障碍章节首次出现，主要表现是焦虑与抑郁症状持续几天，但不足 2 周，分开考虑任何一组症状群的严重程度和（或）持续时间时均不足以符合相应的诊断，此时应考虑为混合抑郁和焦虑障碍。若是严重的焦虑伴以程度较轻的抑郁，则应采用焦虑障碍的诊断；反之，则应诊断为抑郁障碍。若抑郁和焦虑均存在，且各自足以符合相应的诊断，不应采用这一类别，而应同时给予两个障碍的诊断。该障碍会给患者造成相当程度的主观痛苦和社会功能的受损。

五、鉴别诊断老年抑郁症

抑郁障碍的诊断应结合病史、病程特点、临床症状、体格检查和实验室检查等进行综合考虑，典型的病例诊断并不困难。尽管各国对抑郁障碍采用不同的诊断分类系统，如 ICD-10、DSM-5 以及 CCMD-3，但是相差不大。也可采用老年抑郁量表（见表 4-4）来进行评估。

表 4-4　老年抑郁量表（GDS）

项目	是	否
1. 对生活基本上满意 *	1	0
2. 已放弃了许多活动与兴趣	1	0
3. 觉得生活空虚	1	0
4. 感到厌倦	1	0
5. 觉得未来有希望 *	1	0
6. 因为脑子里一些想法摆脱不掉而烦恼	1	0
7. 大部分时间精力充沛 *	1	0
8. 害怕会有不幸的事落到自己头上	1	0
9. 大部分时间感到幸福 *	1	0
10. 常感到孤立无援	1	0
11. 经常坐立不安，心烦意乱	1	0
12. 希望待在家里而不愿去做些新鲜事	1	0
13. 常常担心将来	1	0

续表

项目	是	否
14. 觉得记忆力比以前差	1	0
15. 觉得现在活得很惬意*	1	0
16. 常感到心情沉重、郁闷	1	0
17. 觉得像现在这样活着毫无意义	1	0
18. 总为过去的事忧愁	1	0
19. 觉得生活很令人兴奋*	1	0
20. 开始一件新的工作很困难	1	0
21. 觉得生活充满活力*	1	0
22. 觉得自己的处境已毫无希望	1	0
23. 觉得大多数人比自己强得多	1	0
24. 常为一些小事伤心	1	0
25. 常常觉得想哭	1	0
26. 集中精力有困难	1	0
27. 早晨起来觉得很快活*	1	0
28. 希望避开聚会	1	0
29. 做决定很容易*	1	0
30. 头脑像往常一样清晰*	1	0

评分方法：老年抑郁量表共计30个条目，其中带"*"的条目是反序计分，即计分时把以上10个条目的原始评分转换过来，1转为0，0转为1，再把30个条目的得分相加，得到总分。总分范围为0~30分，0~10分为正常范围，11~20分为轻度抑郁，21~30分为中、重度抑郁。

ICD和DSM这两大诊断系统对抑郁障碍的分类及描述，都将抑郁障碍作为一个综合征，根据严重程度、病程长短、伴有或不伴有精神病性症状、有无相关原发病因等分为不同亚型。本处主要介绍ICD-10抑郁障碍诊断标准的要点。在ICD-10中，抑郁障碍的诊断标准包括3条核心症状与7条附加症状。3条核心症状：①心境低落；②兴趣和愉快感丧失；③导致劳累增加和活动减少的精力降低。7条附加症状：①注意力降低；②自我评价和自信力降低；③有自罪观念和无价值感；④认为前途暗淡悲观；⑤有自伤或自杀的观念或行为；⑥睡眠障碍；⑦食欲下降。ICD-11的分类比较复杂，首先根据抑郁发作次数，分为单次与多次发作，然后可根据严重程度分为轻度、中度和重度三种类型，此外在中、重度单次、多次抑郁发作中，根据有无精神病性症状进行分类。

（一）轻度抑郁

具有至少 2 条核心症状和至少 2 条附加症状，且患者的日常工作和社交活动有一定困难，对患者的社会功能有轻度影响。

（二）中度抑郁

具有至少 2 条核心症状和至少 3 条（最好 4 条）附加症状，且患者的工作、社交和生活存在困难。

（三）重度抑郁

3 条核心症状都存在和具备至少 4 条附加症状，且患者的社会、工作和生活功能严重受损。

（四）伴有精神病性症状

符合中、重度抑郁发作的诊断标准，并存在妄想、幻觉或抑郁性木僵等症状。妄想一般涉及自罪、贫穷或灾难迫在眉睫的观念，患者自认为对灾难降临负有责任；幻觉多为听幻觉和嗅幻觉，听幻觉常为诋毁或指责的声音，嗅幻觉多为污物腐肉的气味。诊断抑郁发作时，一般要求病程持续至少 2 周，并且存在具有临床意义的痛苦或社会功能的受损。

六、老年抑郁症的治疗及护理

（一）老年抑郁症的提早预防

1. 早发现、早诊断、早治疗

如果能及早地识别抑郁症的早期表现，对老年人自身的病情特点、发病原因、促发因素、发病特征等加以综合考虑，就可制订出预防复发的有效方案，做到"防患于未然"。

2. 加强心理护理与社会支持（见图 4-4）

对于病情趋于恢复者，应针对性地进行心理护理，要求老年人正确对待自己，正确认识抑郁，锻炼自己的性格，树立正确的人生观，面对现实生活，正确对待和处理各种不利因素，争取社会支持，避免不必要的精神刺激。

图 4-4　心理护理

3. 预防危险因素及干预措施

老年期抑郁症与心理社会因素息息相关，因此，预防危险因素并采取干预措施是十分必要的。预防的原则在于减少老年人的孤独及与社会隔绝感，增强其自我价值观念。具体措施包括：鼓励子女与老年人同住，安排老年人互相之间的交往与集体活动，改善和协调好包括家庭成员在内的人际关系，争取社会、亲友、邻里对他们的支持和关怀，鼓励老年人参加有限度的一些力所能及的劳动，培养多种爱好等。

4. 社区干预及家庭干预

争取在社区康复服务中心进行社会技能训练和人际交流技能训练，提高独立的生活能力，发展社会支持网络，帮助老年人重新获得人际交往的能力。家庭干预包括以心理教育与亲属相互支持为主的干预及以生存技能、行为技能训练为主的措施。

（二）老年抑郁症的心理疗法

1. 支持性心理治疗护理

支持性心理治疗是通过倾听、安慰、解释、指导和鼓励等方法帮助患者正确认识和对待自身疾病，使患者能够积极主动配合治疗，该疗法可用于所有抑郁障碍患者，可配合其他治疗方式联合使用。积极倾听，给予患者足够的时间述说问题，通过耐心的倾听，让患者感受到医生对自己的关心和理解。引导患者觉察自己的情绪，并鼓励患者表达自身情绪，以减轻苦恼和心理压抑。进行疾病健康教育，使患者客观地认识和了解自身的心理或精神问题，从而积极、乐观地面对疾病。

2. 认知疗法

认知行为治疗通过帮助患者认识并矫正自身的错误信念，缓解情感症状、改善应对能力，以减少抑郁障碍的复发。不合理的认知和信念会引起不良的情绪和行为反应，只有通过疏导、辩论来改变和重建不合理的认知与信念，才能达到治疗目的。

3. 音乐疗法

音乐疗法是利用音乐去达到治疗的目标，这包括重建、维持及促进心理和生理的健康。美好的音乐能促使人的感情得以宣泄，情感得以抒发，促进血液循环，增强胃肠蠕动及消化腺体分泌，加强新陈代谢活动及提高免疫抗病能力，从而消除郁闷情绪，心绪安定，胸襟开阔，有利于身体健康。

由于每位抑郁症老人的症状、病因、性格、爱好、情感、处境不同，因此，心理护理人员在运用音乐治疗技术时要注意选择不同的音乐，心境决定乐曲，乐曲的选择是音乐疗法有效治疗抑郁症的关键。比如，当老人病情正发作时，精神萎靡，情绪低落，一般会选择明快的乐曲来配合治疗。而当情绪被激怒或充满敌意时，则会选择轻松的乐曲。

音乐疗法治疗抑郁症选择歌曲的标准：乐曲中的低音厚实深沉、内容丰富，中、高音的音色要有透明感，具有感染力。单纯的音乐疗法是单纯通过听音乐或参与音乐活动达到治疗疾病的目的。它与一般欣赏娱乐音乐有区别。它是音乐治疗师根据老年人所患疾病的不同，而开出的不同的音乐处方，就像药方一样，让老年人接触不同的音乐，使人体机能产生不同的变化。

音乐治疗疗程一般每日 1 次，每次 20 分钟，7～14 次为一个疗程，间隔 7 天再进行下一个疗程。每个疗程内应辅加集体性心理保健及音乐艺术讲座，特殊病例应另加个别心理治疗。

注意事项：注意"三不宜"，不宜空腹时听进行曲，这种曲调有极强的节奏感，会进一步使人感到饥饿；不宜吃饭时听打击乐，进食时听这种节奏明快、铿锵有力的曲调，会引起心跳加快，情绪不稳，影响食欲和消化；不宜睡觉前听交响乐，此类音乐气势恢宏，跌宕起伏，令人激动不已，难以入眠。

4. 情感关怀

子女工作繁忙，缺乏对父母等老年人的照顾，容易导致老年人性格发生消极变化。向老年人及家属提供心理指导、家庭支持危机干预及应对措施，调整老年人与家属之间的情感表达方式，能改善抑郁患者的家庭环境，提高家庭成员之间的亲密度，增强情感上相互支持的能力，更好地应对困难；化解矛盾，动员自身防御功能，帮助老年人克服困难，度过逆境，使环境因素的不良影响减少到最低限度。

对老年抑郁患者的日常照顾要有极大的爱心、耐心，与患者沟通时说话语速要慢，让老年人听得懂，以免造成其误会而引起患者不愉快。患者提出问题时要特别专心听并与患者确定问题，及时解决问题。在照顾和护理患者时要用情感温暖他们，不嫌弃他们，并尊重他们的生活习惯、宗教信仰等。

5. 沟通

老年抑郁症患者的护理不单是对老年人生活上的照顾，还应包括对老年人心理上的支持、理解和鼓励。深入了解患者的心理世界，理解和体会患者的情绪和思维方式有助于对患者的心理护理。因此，针对抑郁症患者的护理，首先要表示对患者的理解，得到患者最大的信任，让患者感到被理解、尊重和接纳。在交流过程中，要认真聆听患者的倾诉，重视患者所提出的每一个问题并认真回答，适当地表示理解，摒弃偏见，不做任何价值批判。在得到患者信任的基础上，让患者充分表达自己，宣泄其不良情绪。对患者的积极行为和积极态度表示肯定，引导他们对积极向上的生活态度的向往。鼓励老年人谈论自己过去发生的事情，及通过看老照片和收藏的纪念物品，听老歌曲等唤起老年人对往事的记忆，以促进交谈。

6. 营造社会支持

社会和家庭支持也是老年抑郁症的重要保护因素。从老年抑郁症患者的康复角度来讲，家属所起的作用是十分重要的。要对亲友进行宣教，提高亲友对疾病的认识，让其亲友认识到抑郁症不是思想病，也不是"装病"，要理解老年人的痛苦，不对患者指责批评。鼓励老年人亲友在精神上、行动上给予老年人理解和支持，鼓励其亲友常来看望老人，给予患者心身关怀，能让老年人感受到亲情的温暖，得到精神上、心理上的安慰。使老年人感到生活有意义、有兴趣、有安全感，使老年人生活在一个和谐的家庭和社会环境，可以帮助他们树立生活的信心和战胜疾病的勇气。

学中做

> 张女士，62岁，退休工人，初中毕业，张女士一生经历坎坷，总觉得身不由己，厄运缠身。初中毕业时，家中变故使她失去了上高中的机会。50岁时丈夫突发脑出血去世。5年前儿子一家又由于车祸意外身亡。从此，张女士变得情绪低落，忧郁沮丧，一生的坎坷挫折总是挥之不去，觉得自己似乎是家人的克星，感到前途渺茫、悲观厌世，不愿意与朋友来往，别人的欢乐反而增添自己的痛苦。她常常独自呆坐，伤心流泪。长期情绪低落，张女士思维变得迟钝，记忆力明显下降。
>
> 问题：通过病例描述推断张女士出现了什么问题？如何对她进行心理护理？

（杨春红）

任务四
老年自杀的心理护理

一、认识老年自杀

自杀是指个体在复杂心理活动作用下，蓄意或自愿采取各种手段结束自己生命的行为。老年自杀是指60岁以上个体蓄意结束自己生命的行为。

二、分析我国老年人自杀的特点

自杀意念自评量表

（一）从老年人的年龄段看

70～80岁的老年人为自杀高发人群，因这一年龄段的年老人身体状况逐渐下降，丧偶、兄弟姐妹去世等家庭变故较多，是承受身体和精神压力最大的年龄段。文盲多于非文盲，因为文化程度决定了老年人认识世界、处理外界矛盾和应对困难的技巧或能力，当然，也可以理解为文化程度低的老年人经济收入也普遍不高。

（二）从婚姻及居住状况来看

自杀的老年人多为丧偶、独居的老年人。由于他们内心相对寂寞，易产生抑郁心理，因而容易引发自杀念头。

（三）从老年人的人格特点看

疑病、易激惹、好挑剔、过于自信、情感缺失的，男性略多于女性。

（四）从自体疾病上看

慢性疾病和疼痛性疾病的老年人多选择自杀，因城市老年人经济情况和医疗条件相对良好，造成农村老年人自杀远远多于城市，自杀者的家庭人均收入普遍偏低，贫困是导致老年人自杀的重要原因之一。

（五）从精神疾病来看

抑郁症、精神分裂症、焦虑症等是导致老年人自杀的常见精神疾病，其中抑郁症是引发老年人自杀的最常见疾病。

三、自杀的类型

（一）自杀的动机

自杀的动机如图 4-5 所示。

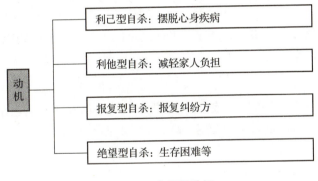

图 4-5 自杀的动机

（二）自杀的目的

自杀的目的如图 4-6 所示。

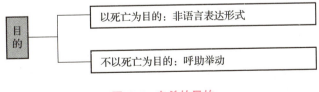

图 4-6 自杀的目的

（三）自杀的心理反应

自杀的心理反应如图 4-7 所示。

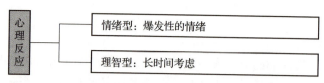

四、明确老年人自杀的影响因素

我国学者认为老年人自杀的冲动与其本人生活事件有关，促使老年人自杀的原因很多，但主要与心理、生理、社会等因素有关，常交汇在一起。

（一）心理和社会因素

1. 孤独寂寞情绪

现代社会的变革使老年人边缘化，多为空巢老人，久而久之便产生了焦虑、恐惧、孤独等，易患抑郁症。

2. 应激事件

老年人面对无法接受的事实，如家庭变故、家庭矛盾、解决问题能力的降低、无法解决心理矛盾时，会产生焦虑、抑郁、绝望而产生自杀倾向或行为。

3. 经济困难

经济困难是老年人自杀的主要原因，特别是农村老年人，因年老导致自己不能劳动，经济收入减少、年老体弱多病医药费用增高、子女赡养不力等。

（二）躯体因素及精神因素

1. 慢性躯体疾病

如中风偏瘫、糖尿病足、白内障失明等老年人，由于不堪折磨选择自杀结束自己的生命，以减轻家人负担及自己的痛苦。

2. 精神因素

抑郁症、精神分裂症、焦虑症是导致老年人自杀的常见精神疾病，其中抑郁症是老年人自杀中最常见的原因。

五、老年自杀的预防措施

随着我国人口老龄化进程的加快，如何提高广大老年人的生活质量，已逐步引起了全社会的重视。尤其是随着我国物质文化生活水平的逐步提高，老年人群体寿命逐步增加，如何提高老年人的心理健康水平，使老年人在身心愉快的状况下安度晚年，已成为老年学研究领域研讨的重要课题之一。老年人自杀的首要诱因是抑郁，因此老年人抑郁症的预防和护理是老年人自杀干预的有效措施。

（一）家庭支持

家庭是老人生活的主要场所，子女是老年人的精神寄托，子女孝顺能有效预防老年人的自杀意念。家人一旦发现老年人出现情绪焦虑、脾气增大或是自杀倾向，应及时疏导，解决心理问题，或是及时找专业的心理医生有效帮助老人，减少自杀的发生。因此，子女的陪伴、关爱显得尤为重要，应适时了解老年人的心理反应，给予耐心劝导、疏解、鼓励、转移注意力，打消其自杀意念。根据老年人实际情况，安排合理时间丰富其退休生活，让老年人体现个人的价值，老有所为。老年人不仅需要子女在经济、物质上的帮助，子女更是老年人的重要精神支柱。同时，应妥善处理药品与危险物品，放在老年人不宜取到的地方。

（二）社会支持

社会社区街道工作要加强，成立老年人休闲活动中心、活动室为老人们营造氛围，建立起关爱老年人温暖的社会大家庭，妥善安排老年人退休后的业余生活。完善老年群体医疗保障制度，让老人们看得起病，买得起药。拓宽老年人的交际圈子，丰富老人们的精神生活，找到归属感，避免孤独产生心理问题而致自杀。为老年人提供每年一次的免费身体检查、心理咨询，减少老年群体患病后的心理负担。尽可能解决其生活中的实际困难，社区工作人员加强留意观察老年人的情绪，及早发现、及早介入干预，制止自杀念头，增加健康教育。

（三）个人支持

敞开心扉，保持愉悦的心情。首先，常到户外运动，参加社区组织的活动，培养自己的生活情趣；其次，力所能及地参加一些活动和工作，加强与社会的联系，发挥自己的余热，融入社会；再次，可以通过画画、下棋、养鱼、养花等来陶冶老年人的情操。

另外，老人是否幸福安详地度过晚年生活关键还在于家庭的力量，如若子女工作忙没有时间照顾老人，可以征求老人同意送到当地的养老中心。

六、老年自杀的护理

（一）危机干预

危机是一种对个人有威胁的应激状态，当生理的或心理的强烈刺激超过个体的心理或体质的承受能力时，便出现危机状态。危机又称为应激障碍，不仅自身体验巨大痛苦，还可能导致自杀、暴力等严重后果。

危机干预是给应激障碍患者以及时的帮助，使其安全度过危机，恢复应激前的生理、心理和社会功能水平，以预防不测发生。

及时营救自杀老人，根据老年人自杀手段尽快采取营救措施，同时尽快通知老人的家属，防止老人再次自杀，做好防护。

如何早期识别老年抑郁症？

老年抑郁症患者主要有七大心理症状和两大躯体症状，如果出现下列症状且已持续两周就需要就诊于心理门诊。

1. 心理症状

（1）闷闷不乐，老是高兴不起来，一天中至少2/3的时间都是这样。

（2）对什么都提不起兴趣，总是觉得生活没意思。

（3）疲乏无力，无精打采。

（4）思考问题困难、行动迟缓，像变了一个人，常常一个人发呆。

（5）自我评价低，认为自己一无是处，总认为自己是家人的累赘。

（6）莫名心慌，担心家人的安危，坐立不安。

（7）悲观厌世，有轻生念头。

2. 躯体症状

（1）消化道症状：食欲不振、腹胀或便秘。

（2）睡眠不好：经常失眠、早睡或入睡困难。

（二）心理评估、制定方案

待老人情绪稳定时，通过心理评估，了解老人的心理状态，做出心理护理诊断，制定出心理护理方案，以便实施心理护理。

1. 心理评估

一般资料的整理与评估，注意甄别资料来源的可靠性，分析出老年人自杀的原因及目前的心理状态。

2. 选择合适心理测量量表

根据心理评估选择合适的心理测量量表，如自杀意念自评量表（见表4-5）等，注意查明所使用的《心理测量量表》本身的可靠性及在临床上使用的时限，以求准确评估老年人的心理状态。

表4-5　自杀意念自评量表（SIOSS）

指导语：在这张问卷上印有26个问题，请你仔细阅读每一条，把意思弄明白，然后根据你自己的实际情况，在每一条问题后"是"或"否"的括号内打"√"。每一条问题都要回答，问卷无时间限制，但不要拖延太长时间。

姓名：　　性别：　　年龄：　　岁　　填表日期：　　年　　月　　日

1. 在我的日常生活中，充满了使我感兴趣的事情。是（　　）否（　　）

2. 我深信生活对我是残酷的。是（　　）否（　　）

3. 我时常感到悲观失望。是（　　）否（　　）

4. 我容易哭或想哭。是（　　）否（　　）
5. 我容易入睡并且一夜睡得很好。是（　　）否（　　）
6. 有时我也讲假话。是（　　）否（　　）
7. 生活在这个丰富多彩的时代里是多么美好。是（　　）否（　　）
8. 我确实缺少自信心。是（　　）否（　　）
9. 我有时发脾气。是（　　）否（　　）
10. 我总觉得人生是有价值的。是（　　）否（　　）
11. 大部分时间，我觉得我还是死了的好。是（　　）否（　　）
12. 我睡得不安，很容易被吵醒。是（　　）否（　　）
13. 有时我也会说人家的闲话。是（　　）否（　　）
14. 有时我觉得我真是毫无用处。是（　　）否（　　）
15. 偶尔我听了下流的笑话也会发笑。是（　　）否（　　）
16. 我的前途似乎没有希望。是（　　）否（　　）
17. 我想结束自己的生命。是（　　）否（　　）
18. 我醒得太早。是（　　）否（　　）
19. 我觉得我的生活是失败的。是（　　）否（　　）
20. 我总是将事情看得严重些。是（　　）否（　　）
21. 我对将来抱有希望。是（　　）否（　　）
22. 我曾经自杀过。是（　　）否（　　）
23. 有时我觉得我就要垮了。是（　　）否（　　）
24. 有些时期我因忧虑而失眠。是（　　）否（　　）
25. 我曾损坏或遗失过别人的东西。是（　　）否（　　）
26. 有时我想一死了之，但又矛盾重重。是（　　）否（　　）

自杀意念自评量表操作说明：

1. 说明

26个项目，4个因子：绝望、乐观、睡眠、掩饰。

绝望12题：2、3、4、8、11、14、16、17、19、20、23、26。

乐观5题：1、7、10、21、22。

睡眠4题：5、12、18、24。

掩饰5题：6、9、13、15、25。

2. 计分

题目1、5、6、7、9、10、13、15、21、25为正向计分："是"计0分；"否"计1分。剩余为反向计分。

3. 解释

绝望：分值越高，表明绝望程度越高。

乐观：分值越高，表明越不乐观。

睡眠：分值越高，表明睡眠状况越不好。

掩饰：分值4分表明说谎，测量不可靠。

自杀意念总分＝绝望＋乐观＋睡眠≥12，且掩饰因子分<4，则判定为有自杀意念，表现为绝望程度越高、越不乐观、睡眠有障碍的心理特点。

4. 制定心理护理方案

通过评估，制定出合理的心理护理方案。

（三）实施护理

1）潜意识地将问题意识化，注意倾听，沉着冷静，采用精神分析理论疗法。

2）引导老年人找到问题的症结，助人自助，找到有效解决问题的方法，一般采用认知疗法。同时还需给予其家属心理疏导，使其更多体恤老年人的处境，主动深入老年人的内心世界，宽待老年人已发生的非理智行为，以此来为老年人赢得更多的支持。

3）宣泄情绪，自我放松，精神、肌肉放松。帮助老年人管理好自己的情绪，避免走弯路；在娱乐中娱乐，在运动中增强体质，营造良好的群体氛围，促进人们相互了解、沟通，促进心身健康。

4）激发自身的潜能，释放自己，调整心态，强化行为，采用自我催眠，调整内部气血阴阳的运行。

5）通过广泛的社会关爱来唤醒自杀轻生老年人对美好生活的眷念，重建自尊、自信，乐观地面对人生。

学中做

不愿意再拖累侄儿

大连庄河农村，有位黄爷爷，他小时候有眼疾，视力模糊，在他26岁时妻子难产，妻子和孩子没保住，他大受刺激，眼睛从此失明，需要别人帮助和照顾。黄爷爷失明后一直由大哥照顾，一照顾就是五十多年，2006年大哥突因胃癌去世，由侄子负责照顾他，后来嫂子突发脑出血，全身瘫痪，家里经济负担更加沉重。以前黄爷爷喜欢听广播，现在什么都不喜欢了，多次说不想活了，侄子只是安慰他，没当回事，后来黄爷爷在家里上吊自杀。

问题：

1）黄爷爷存在哪些自杀因素？

2）黄爷爷为什么自杀？

3）如果你是黄爷爷的侄子，多次听黄爷爷说不想活了，你怎么劝解他呢？

（丛春蕾）

任务五
阿尔茨海默病的心理护理

一、认识阿尔茨海默病

（一）定义

阿尔茨海默病（Alzheimer disease，AD）是一种起病隐袭、进行性发展的慢性神经退行性疾病，临床上以记忆障碍、失语、失用、失认、执行功能障碍为特征，同时伴有精神行为异常和社会生活功能减退。1906 年德国神经精神病学家 Alzheimer 报告了首例患者，大脑病理解剖时发现了该病的特征性病理变化即老年斑、神经原纤维缠结和神经元脱失。AD 曾被称为早老年性痴呆和老年性痴呆，现一般将 65 岁以前发病者称早发型，65 岁以后发病的称晚发型，家庭发病倾向的称家庭性 AD（FAD），无家族发病倾向的称散发性 AD。

（二）流行病学

阿尔茨海默病是一种常见的老年病，是痴呆最常见的病因，其发病率随年龄逐渐增高。

年龄与 AD 患病显著相关，年龄越大患病率越高。60 岁以上的老年人群，每增加 5 岁患病率约增加 1 倍。女性患者约为男性患者的 2 倍。AD 与遗传有关是比较肯定的，大部分流行病学研究都提示，痴呆家族史是 AD 的危险因素。如果家族中有患者，则一级亲属有较高患病风险，其中尤以女性为著。此外对双生子研究发现，如一方患阿尔茨海默病，同卵双生的另一方患病率为 90%，而双卵双生的另一方患病率为 45%，较普通人群患病率是显著增高的。脑外伤作为 AD 危险因素已有较多报道，严重脑外伤可能是某些 AD 的病因之一。有甲状腺功能减退者，患 AD 的相对危险度高，抑郁症史，特别是老年期首发抑郁症是 AD 的危险因素。低教育水平与 AD 的患病率增高有关，可能的解释是早年的教育训练促进了皮质突触的发育，使突触数量增加和"脑储备"增加，因而减低了痴呆发生的风险。

二、分析阿尔茨海默病的病因与发病机制

阿尔茨海默病为多病因复杂疾病，其发病机制尚未完全阐明。多年来，AD 的病因和发病机制取得了许多进展，出现了几种主要的病因与发病机制的理论。

（一）生物环境因素

1. 遗传素质和基因突变

绝大部分的流行病学研究都提示，家族史是该病的危险因素。某些患者的家属成员中患同样疾病者高于一般人群，此外还发现先天愚型患病危险性增加。进一步的遗传学研究证实，该病可能是常染色体显性基因所致。最近通过基因定位研究，发现脑内淀粉样蛋白的病理基因位于第 21 对染色体。可见痴呆与遗传有关是比较肯定的。

2. 免疫调节异常

免疫系统激活可能是 AD 病理变化的组成部分，如 AD 脑组织 B 淋巴细胞聚集，血清脑反应抗体（Brain-reactive Antibodies）、抗 NFT 抗体、人脑 S100 蛋白抗体、p-AP 抗体和髓鞘素碱性蛋白（MBP）抗体增高。AD 的 B 细胞池扩大，可能反映神经元变性和神经组织损伤引起的免疫应答。

3. 环境因素

流行病学研究提示，AD 的发生亦受环境因素影响，文化程度的高与低、吸烟、脑外伤和重金属接触史、母亲怀孕时年龄小和一级亲属患唐氏综合征等可增加患病风险；年龄也是 AD 的重要危险因素，60 岁后 AD 患病率每 5 年增长 1 倍，60～64 岁患病率约 1%，65～69 岁增至约 2%，70～74 岁约为 4%，75～79 岁约为 8%，80～84 岁约为 16%，85 岁以上为 35%～40%，发病率也有相似增加。AD 患者女性较多，可能与女性寿命较长有关。

4. 躯体疾病

如甲状腺疾病、免疫系统疾病、癫病等，曾被作为该病的危险因素研究。有甲状腺功能减退史者，患该病的相对危险度高。该病发病前有癫病发作史较多。偏头痛或严重头痛史与该病无关。由于铝或硅等神经毒素在体内的蓄积，加速了衰老过程，对于老年痴呆的发生也有很大影响。

5. 其他

发表在《英国医学杂志》上的一项新研究却提醒我们，你的记忆力可能会在长期单身生活的日子里悄然流逝，芬兰科学家对 1 400 名参与者进行了长达 20 年的随访研究，结果发现，无论是因为找不到合适对象、不想结婚、离婚还是丧偶等原因，长期单身的人记忆力仿佛特别"脆弱"，年老后很轻易出现比较严重的记忆受损或者失忆症状，罹患老年痴呆的风险也较高。

（二）社会心理因素

1. 相关疾病因素

不少研究发现抑郁症史，特别是老年期抑郁症史是该病的危险因素。除抑郁症外，其他功能性精神障碍如精神分裂症和偏执性精神病也与 AD 有关。

2. 缺乏目标，失去生活乐趣

孤独老人退休后，没有了工作上的奋斗目标，同时子女多不能陪在身边照顾，老人自己在家没有太多的生活乐趣，这会让老人感到特别孤独、无用，性格会逐渐向负面发展。进一步加速了老人向老年痴呆发展的步伐。

3. 忧虑、易激惹

部分病人由于出现幻觉、错觉、虚构等思维和行为障碍，会怀疑自己年老虚弱的配偶有外遇，怀疑子女偷自己的钱物或物品，认为家人作密探而产生敌意，不合情理地改变意愿，持续忧虑、紧张和激惹，拒绝老朋友来访，言行失控，冒失的风险投资或色情行为等。

拓展阅读

世界老年痴呆日

世界老年痴呆日，是国际老年痴呆协会 1994 年在英国爱丁堡第十次会议上确定的，每年 9 月 21 日在全世界许多国家和地区都要举办这个宣传日活动，使全社会都懂得老年痴呆症的预防是非常重要的，应当引起足够的重视。

三、阿尔茨海默病的临床表现

阿尔茨海默病通常是隐袭起病，病程为持续进行性进展。临床表现可分为认知功能缺损症状和非认知缺损的精神神经症状，两者都将导致社会生活功能减退。

（一）认知功能缺损症状

痴呆的认知功能损害通常包括记忆障碍、失认、失用和失语及由于这些认知功能损害导致的执行功能障碍。

1. 记忆减退

记忆障碍是诊断的必备条件。痴呆患者的记忆损害有以下特点：新近学习的知识很难记忆；事件记忆容易受损，远记忆更容易受损；近记忆减退常为首发症状。表 4-6 列出了"正常老化的健忘"与"阿尔茨海默病的健忘"的区别。

表 4-6　"正常老化的健忘"与"阿尔茨海默病的健忘"的区别

项目	正常老化的健忘	阿尔茨海默病的健忘
遗忘的范围	体验过的部分忘记	体验的全部遗忘掉
过后再想起	经常	少有
依从口头或字面的指示	能够依从	慢慢不能依从

项目	正常老化的健忘	阿尔茨海默病的健忘
用笔记或提醒方法弥补	能够使用	慢慢不会使用
对于要找的东西	自己知道努力地去寻找	不知道找，但会怀疑偷走或怪罪他人
对事情的判断力	正常	降低
症状的发展	非常缓慢地发展	发展得较快
健忘的意识	有，知道自己有健忘现象	无，不知道或否认
自我生活照顾	对日常生活没有影响	对日常生活有影响，需要接受看护

2. 语言障碍

早期患者尽管有明显的记忆障碍，但一般的社交语言能力能相对保持。深入交谈后就会发现患者的语言功能损害，主要表现为语言内容空洞、重复和赘述。语言损害可分为三个方面，即找词（Word Finding）能力、造句和论说（Discourse）能力减退。命名测验可以反映找词能力。患者可能以物品的用途指代名字，例如用"写字的东西"代表笔。语言词汇在语句中的相互关系及排列次序与句法知识有关，句法知识一般不容易受损，如有损害说明痴呆程度较重。当痴呆程度较轻时，可能会发现患者的语言和写作的文句比较简单。论说能力指对将要说的句子进行有机地组合。痴呆患者论说能力的损害通常比较明显，他们可能过多地使用代词，而且指代关系不明确，交谈时语言重复较多。除了上述表达性语言损害外，患者通常还有对语言理解困难，包括对词汇、语句的理解，这些统称为皮质性失语症（Aphasia）。

3. 失认症

指在大脑皮质水平难以识别或辨别各种感官的刺激，这种识别困难不是由于外周感觉器官的损害如视力减退所致。失认症（Agnosia）可分为视觉失认、听觉失认和体感觉失认。这三种失认又可分别表现出多种症状。视觉失认可表现为对物体或人物形象、颜色、距离、空间环境等的失认。视觉失认极容易造成空间定向障碍，当视觉失认程度较轻时，在熟悉的地方也会迷路。有视觉失认的患者阅读困难，不能通过视觉来辨别物品，严重时不能辨别亲友甚至自己的形象，患者最终成为"精神盲（Mind Blind）"。听觉失认表现为对声音的定向反应和心理感应消失或减退，患者不能识别周围环境声音的意义，对语音、语调及语言的意义难以理解。体感觉失认主要指触觉失认。体感觉失认的患者难以辨别躯体上的感觉刺激，对身体上的刺激不能分析其强度、性质等。严重时患者不能辨别手中的物品，最终不知如何穿衣、洗脸、梳头等。

4. 失用症

指感觉、肌力和协调性运动正常，但不能进行有目的性的活动，可分为观念性失用症（Ideational Apraxia）、观念动作性失用症（Ideomotor Apraxia）和运动性失用症（Motor Apraxia）。观念性失用症指患者不能执行指令，当要求患者完成某一动作时，他可能什么也不做或做出完全不相干的动作，可用模仿动作。观念动作性失用症的特点是不能模仿一个动作如挥手、敬礼等，这与顶叶和额叶皮质间的联络障碍有关。运动性失用症指不能指导指令转化为有目的性的动作，但患者能清楚地理解并描述命令的内容。请患者做一些简单的动作如挥手、敬礼、梳头等可以比较容易地发现运动性失用。大部分轻中度痴呆可完成简单的和熟悉的动作；随着病情进展，运动性失用逐渐影响患者的吃饭、穿衣及其他生活自理能力。

5. 执行功能障碍

执行功能（Executive Function）指多种认知活动不能协调有序地进行，与额叶及有关的皮质和皮质下通路功能障碍有关。执行功能包括动机，抽象思维，复杂行为的组织、计划和管理能力等高级认知功能。执行功能障碍表现为日常工作、学习和生活能力下降。分析事物的异同、连续减法、词汇流畅性测验、连线测验等神经心理测验可反映执行功能的受损情况。

（二）精神行为症状

痴呆的精神行为症状常见于疾病的中晚期。患者早期的焦虑、抑郁等症状，多半不愿意暴露。当病情发展至基本生活完全不能自理、大小便失禁时，精神行为症状会逐渐平息和消退，明显的精神行为症状程度较重或病情进展较快。痴呆的精神行为症状多种多样，包括失眠、焦虑、抑郁、幻觉、妄想等，大致可归纳为神经症性、精神病性、人格改变、焦虑抑郁、谵妄等症状群。

（三）神经系统症状和体征

轻中度患者常没有明显的神经系统体征。少数患者有锥体受损的体征。重度或晚期患者可出现原始性反射如强握、吸吮反射等。晚期患者最明显的神经系统体征是肌张力增高，四肢屈曲性僵硬呈去皮质强直。

临床上为便于观察，根据疾病的发展，大致可将 AD 分为轻度、中度和重度。

1. 轻度期

发病的早期，一般有 1~3 年，近记忆障碍多是本病的首发症状，并因此引起家属和同事的注意。患者对新近发生的事容易遗忘，难以学习新知识，忘记约会和事务安排；看书读报后能记住的内容甚少；记不住新面孔的名字；注意力集中困难，容易分心，忘记正在做的事件如烹调、关闭煤气等。在不熟悉的地方容易迷路。时间定向常有障碍，记不清年、月、日及季度；计算能力减退，很难完成 100 连续减 7 的运算；找词困难、思考问题缓慢，思维不像以前清晰和有条不紊。早期患者对自己的认知功能缺陷有一定的自知力，可伴有轻度的焦虑和抑郁。在社会生活能力方面，患者对工作及家务漫不经心，处理复杂的生活事务有困难，诸如合理地管理钱财、购物、安排及准备膳食方面。工作能力减退明显，对过去熟悉的工作显得力不从心，患者常回避竞争。尽管有多种认知功能缺陷，但患者的个人基本生活如吃饭、穿衣、洗漱等能完全自理。患者可能显得淡漠、退缩、行动比以前迟缓，初看似乎像抑郁症，但仔细检查常没有抑郁心境、消极及食欲和睡眠节律改变等典型的抑郁症状。此期病程一般会持续 3~5 年。

2. 中度期

病程较长，一般病后 2~10 年。随着痴呆的进展，记忆障碍日益严重，不仅近期记忆下降，远期记忆也明显下降，变得前事后忘。记不住自己的地址，忘记亲人的名字，但一般能记住自己的名字。远记忆障碍越来越明显，对个人的经历明显遗忘，记不起个人的重要生活事件，如结婚日期、参加工作日期等。除时间定向外，地点定向也出现障碍，在熟悉的地方也容易迷路，甚至在家里也找不到自己的房间。语言功能退化明显，思维变得无目的，内容空洞或赘述。对口语和书面语的理解困难。注意力和计算能力明显受损，不能完成 20 连续减 2 的运算。由于判断能力损害，患者对危险估计不足，对于自己的能力给予不现实的评价。由于失认，患者逐渐不能辩论熟人和亲人，常把配偶当作死去的父母，最终不认识镜子中自己的影像。由于失用，完全不能工作，患者不能按时令选择衣服，难以完成各种家务活动，洗脸、穿衣、洗澡等基本生活料理能力越来越困难，需要帮助料理。常有大小便失禁。此期患者的精神和行为症状比较突出，常表现情绪波动、不稳、恐惧、激越、幻觉、妄想观念及睡眠障碍等症状。少数患者白天嗜睡，晚上活动。大部分患者需要专人照料。

3. 重度期

晚期阶段，一般病后 8~10 年，主要呈现极明显的智能障碍，记忆力严重丧失，仅存片段记忆，不认识镜中的自己。一般不知道自己的姓名和年龄，更不认识亲人。患者只能说简单的词汇，往往只有自发语言，言语简短、重复或刻板，或反复发某种声音，最终完全不能说话。对痛觉刺激偶尔会有语言反应。语言功能丧失后，患者逐渐丧失走路的能力，坐下后不能自己站立，患者只能终日卧床，大、小便失禁，进食困难。此期的精神行为症状逐渐减轻或消失。大部分患者在进入此期后的 2 年内死于营养不良、肺部感染、压疮或其他躯体疾病。如护理及营养状况好，又无其他严重躯体病，仍可存活较长时间。

四、鉴别诊断阿尔茨海默病

阿尔茨海默病的临床诊断一般是依据患者详细的病史、临床症状、精神量表检查等，诊断的准确性为 85%~90%。临床上常用的诊断标准包括：疾病国际分类第十版（ICD-10）、美国精神病学会精神障碍诊断和统计手册（DSM-Ⅳ-R）、美国神经病学，以及《中国精神疾病分类方案与诊断标准》第三版（CCMD-3）等标准。这里介绍简单、实用的中国精神疾病诊断标准。

（一）《中国精神疾病分类方案与诊断标准》第三版（CCMD-3）

1. 症状标准

1）符合器质性精神障碍的诊断标准；

2）全面性智能性损害；

3）无突然的卒中样发作，疾病早期无局灶性神经系统损害的体征；

4）无临床或特殊检查提示智能损害是由其他躯体或脑的疾病所致；

5）下列特征可支持诊断但非必备条件：

高级皮层功能受损，可有失语、失认和失用症状；淡漠、缺乏主动性活动，或易激惹和社交行为失控；晚期重症病例可能出现帕金森症状和癫痫发作；有躯体、神经系统影像学检查证据。

6）神经病学检查有助于确诊。

2. 严重标准

日常生活和社会功能明显受损。

日常生活能力量表（ADL，见表4–7）由美国的 Lawton 和 Brody 制定于 1969 年。由躯体生活自理量表（Physical Self–maintenance Scale，PSMS）和工具性日常生活活动量表（Instrumental Activities of Daily Living Scale，IADL）组成，主要用于评定被试者的日常生活能力。主要统计量为总分、分量表分和单项分。总分最低为 14 分，为完全正常；大于 14 分表示有不同程度的功能下降；最高为 56 分。单项分 1 分为正常，2~4 分为功能下降。凡有 2 项或 2 项以上单项分大于 3 分或总分大于 20 分，表明有明显功能障碍。

表 4–7　日常生活能力量表（ADL）

项目	自己完全可以做	有些困难	需要帮助	根本无法做
1. 乘公共汽车	1	2	3	4
2. 行走	1	2	3	4
3. 做饭菜	1	2	3	4
4. 做家务	1	2	3	4
5. 吃药	1	2	3	4
6. 吃饭	1	2	3	4
7. 穿衣	1	2	3	4
8. 梳洗	1	2	3	4
9. 洗衣	1	2	3	4
10. 洗澡	1	2	3	4
11. 购物	1	2	3	4
12. 上厕所	1	2	3	4
13. 打电话	1	2	3	4
14. 处理自己的财物	1	2	3	4

3. 病程标准

起病缓慢，病情发展虽可暂停，但难以逆转。

4. 排除标准

排除脑血管病等其他脑器质性病变所致智能损害、抑郁症等精神障碍所致的假性痴呆、精神发育迟滞或老年人良性健忘症。

说明：阿尔茨海默病痴呆可与血管性痴呆共存，如果脑血管病发作叠加于阿尔茨海默病的临床表现和病史之上，可引起智能损害症状的突然变化，这些病例应作双重诊断。如血管性痴呆发生在阿尔茨海默病之前，根据临床表现也许无法做出阿尔茨海默病的诊断。

国内 AD 的诊断仍然依靠排除法，即先根据认知功能损害的情况，判断是否有痴呆，然后对病史、病程、体检和辅助检查的资料进行综合分析，排除各种特殊原因引起的痴呆后才能作出 AD 的临床诊断，确诊 AD 有赖于脑组织病理检查。痴呆患者由于认知功能损害而不能提供完整可靠的病史，故更多情况下是要通过知情人包括亲属和照料人员来了解病史。接下来要对患者进行精神检查和体格检查。精神检查前，通常会用一个简短的标准化痴呆筛查工具对患者的认知功能进行初步检查，国内外使用最多、信度和效度比较好的是简易智力状态检查（MMSE）。该测验简便易行，但这种筛查并不能代替详细的精神检查。精神检查的重点是评价患者的认知功能状态，在体格检查时要强调对患者进行详细的神经系统检查。最后要进行痴呆诊断的实验室检查。诊断 AD 的常规检查项目应包括血、尿、粪常规检查，胸部 X 线检查，血清钙、磷、钠、钾测定，肝肾功能、梅毒筛查，艾滋病毒筛查，血 T3、T4 测定，血维生素 B12 及叶酸测定，脑电图检查，脑 CT 或 MRI 检查。

（二）痴呆简易筛查量表

痴呆简易筛查量表（BSSD）是张明园于 1987 年编制的，本量表易于掌握、操作简便、可接受性高，是一个有效、适合我国国情、应用较为广泛的痴呆筛查量表。

1. 项目及评定标准

BSSD 有 30 个项目，包括了常识／图片理解（4 项）、短时记忆（3 项）、语言／命令理解（3 项）、计算／注意（3 项）、地点定向（5 项）、时间定向（4 项）、即刻记忆（3 项）、物体命名（3 项）等诸项认知功能。评分方法简便，每题答对得 1 分，答错为 0 分。

2. 结果分析

统计量为 BSSD 的总分，范围为 0～30 分，分界值为：文盲组为 16 分，小学组（教育年限 <6 年）为 19 分，中学或以上组（教育年限 >6 年）为 22 分。

3. 评定注意事项

1）年、月、日（第 1～3 题）。按照阳历纪年或阴历纪年回答均为正确。

2）五分分币、钢笔套、钥匙圈。回忆时（第 12～14、21～23 题）无须按照顺序。

3）连续减数（第 15～17 题）。上一个计算错误得 0 分，而下一个计算正确，后者可得 1 分。

4）命令理解（第 18~20 题）。要按指导语将三个命令说完后，请被试者执行。

5）痴呆简易筛查量表 BSSD（见表 4-8）指导语：老年人常有记忆和注意等方面问题，下面有一些问题检查您的记忆和注意能力，都很简单，请听清楚再回答。

表 4-8 痴呆简易筛查量表（BSSD）

1. 现在是哪一年？
2. 现在是几月份？
3. 现在是几号？
4. 现在是星期几？
5. 这里是什么市（省）？
6. 这里是什么区（县）？
7. 这里是什么街道（乡、镇）？
8. 这里是什么路（村）？
9. 取出五分硬币，请说出其名称。
10. 取出钢笔套，请说出其名称。
11. 取出钥匙圈，请说出其名称。
12. 移去物品，问"刚才您看过哪些东西？"（五分硬币）
13. 移去物品，问"刚才您看过哪些东西？"（钢笔套）
14. 移去物品，问"刚才您看过哪些东西？"（钥匙圈）
15. 一元钱用去 7 分，还剩多少？
16. 再加 7 分，等于多少？
17. 再加 7 分，等于多少？
18. 请您用右手拿纸（取）。
19. 请将纸对折（折）。
20. 请把纸放在桌子上（放）。
21. 请再想一下，让您看过什么东西？（五分硬币）
22. 请再想一下，让您看过什么东西？（钢笔套）
23. 请再想一下，让您看过什么东西？（钥匙圈）
24. 取出图片（孙中山或其他名人），问"请看这是谁的相片？"
25. 取出图片（毛泽东或其他名人），问"请看这是谁的相片？"
26. 取出图片，让被试者说出图的主题（送伞）。
27. 取出图片，让被试者说出图的主题（买油）。
28. 我国的总理是谁？
29. 一年有多少天？
30. 中华人民共和国是哪一年成立的？

（三）阿尔茨海默病的分型

1. 老年前期型

起病年龄 <65 岁，症状进展迅速，较早出现失语、失写、失用等症状。

2. 老年型

起病年龄 >65 岁，病情进展缓慢，以记忆损害为主要临床表现。

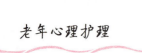

3. 非典型或混合型

临床表现不能归结于上述两型者。

4. 其他或待分类的阿尔茨海默病

为研究方便，阿尔茨海默病也可分为下列几型：家族型；早发型（发病年龄<60岁）；21号染色体三联体型；合并其他变性病，如帕金森病等。

五、阿尔茨海默病的治疗及预后

（一）阿尔茨海默病的治疗

本病病因不明，目前尚无特效治疗，现证实有效的治疗方法基本属于对症治疗。尽管目前尚无特效治疗方法可以逆转或阻止阿尔茨海默病的病情进展，但早期在支持、对症等综合性治疗策略基础上进行针对病因的干预治疗，对延缓患者日常生活质量迅速减退仍十分重要。由于人们一直以来都认为痴呆是年龄增长不可避免的结局，缺乏对痴呆早期诊断和早期治疗重要性的认识，所以阿尔茨海默病患者通常都难以得到最佳的诊断和治疗。研究显示，只有不到50%的患者进行过正规的诊断，而接受正规治疗的患者就更少。

心理社会治疗是对药物治疗的补充。鼓励早期患者参加各种社会活动和日常生活活动，尽量维持其生活自理能力，以延缓衰退速度。但应注意对有精神、认知功能、视空间功能障碍、行动困难患者提供必要的照顾，以防意外。

社会心理治疗的主要内容是帮助患者家属决定患者是住院治疗、家庭治疗还是日间护理等；帮助家属采取适当的措施以防患者自杀、冲动攻击和"徘徊"等，以保证患者的安全。帮助家属解决有关法律问题如遗嘱能力及其他行为能力问题。社会治疗很重要的方面是告知有关疾病的知识，包括临床表现、治疗方法、疗效、病情的发展和预后转归等。

（二）阿尔茨海默病的预后

因目前的治疗方法尚不能有效遏制阿尔茨海默病的进展，即使给予治疗，患者病情仍会逐渐进展，通常病程为8~10年，但个体间存在很大的差异，有些患者可存活20年或更久。患者多死于并发症，如营养不良、继发感染和深静脉血栓形成等。加强护理对阿尔茨海默病患者极其重要，对于绝大多数患者来说，本病后期都需要他人看护照料。

六、阿尔茨海默病的护理

老年性痴呆是老年人中危害甚大的疾病之一。随着人的寿命不断提高和日渐增长，对此病的预防对老年人来说是非常重要的。

（一）三级预防

1. 一级预防

迄今为止由于病因未明，有些危险因素在病因中已提到过，对 AD 有些是可以预防和干预的。如预防病毒感染，减少铝中毒，加强文化修养，减少头外伤等。

2. 二级预防

因 AD 确诊困难，故需加强早期诊断技术，早期进行治疗。一般认为 AD 是衰老过程的加速。Jobst 等对确定的和可能性大的 AD 和无认知功能缺陷的老年人每年做 1 次头颅 CT 检查，测量中部额叶厚度，结果显示：确定的和可能性大的 AD 患者额叶萎缩明显快于无认知缺损的老年人。故对疑有此病和确定此病的老年人，定期做此方面的检查，并给予积极的治疗是非常必要的。

3. 三级预防

虽然 AD 患者的认知功能减退，但仍应尽量鼓励患者参与社会日常活动，包括脑力和体力活动。尤其是早期患者，尽可能多地活动可维持和保留其能力。如演奏乐器、跳舞、打牌、打字和绘画等，都有助于病人的生活更有乐趣，并有可能延缓疾病的进展，因为严重的痴呆患者也可对熟悉的社会生活和熟悉的音乐起反应。

知识链接

手指节奏操

1）先用右手拇指依次掀按其余 4 指的指头，即先分别掀按食指 2 次，中指 1 次，无名指 3 次，小指 4 次，然后反过来分别掀按无名指 3 次，中指 1 次，食指 2 次。即采用 2、1、3、4、3、1、2 的顺序，总共掀按 16 次。接着换左手进行。

2）十指交叉相握：两手十指交叉用力相握，然后用力猛拉开，给指部肌肉必要的刺激，做十余次。

3）刺激手掌中点：从中指指根至手腕横纹正中引一条线，刺激其正中点若干次。揉擦指尖，经常交换揉擦中指尖端。

4）手指运动：经常进行手指的运动，如打球、拉二胡、拉风琴、弹风琴、绘画、写书法、玩健身球等。

5）手指分开并拢：将双手手指依次分开二指，又依次二指并拢，每日 2 次，每次 100 下。

6）手指屈伸：十指握拳伸展，做 16 次。然后两手握拳后，先拇指与小指同时伸开，再食指与无名指同时伸开，中指不动；再是食指、无名指与中指相合，最后是拇指、小指与其他 3 指相合成拳。这样手掌一屈一伸为 1 次，做 16 次。

（二）适当运动

老年痴呆患者应经常使用手指旋转钢球或胡桃，或做手指操，"手指是大脑最突出部分"（康德语），如经常做上述运动，可刺激大脑皮质神经，促进血液循环，增进脑力灵活性，延缓脑神经细胞老化；也可进行头颈左右旋转运动，这种运动不但可使上脊椎的转动变得滑顺，预防老年人罹患椎骨脑底动脉循环不全的病症，还有延缓脑动脉硬化，预防老年痴呆的功效。

（三）建立良好的生活习惯

设法帮助病人使其生活具有规律，按时起床、洗漱、吃饭、休息，病情允许的情况下鼓励他们干一些力所能及的家务活，让病人"记住"自己该干什么事情。特别要注意避免昼夜颠倒，白天睡觉，晚上反而精神兴奋不睡，这样既会影响他人和邻里休息，又会由于缺乏人照顾而发生意外。与阿尔茨海默病相关的很多危险因素与人们日常生活方式有关，因此，预防阿尔茨海默病应从中青年做起。如养成良好的饮食、休息和用脑习惯，尽量避免患上一些慢性疾病，包括高血压、糖尿病，还应控制血脂、避免脑外伤等。

（四）良好的家庭氛围

周围的人，特别是子女要对老年痴呆患者给予充分的理解、谅解，尽可能给老年人创造安静、舒适并为病人所熟悉的生活环境，尽量保持与社会的接触，防止处于孤独封闭的状态，尽可能多地让老年人参加一些适合他们的社会活动，注意对他们倾注同情和关怀，衣食住行安排要舒适。要常常给他提起亲友的情况，亲友若能经常探望老人并与他攀谈，能刺激他的记忆欲望。

（五）培养良好的饮食习惯

要减少糖、盐、油的摄入量；少饮或不饮烈性酒；要常吃富含胆碱的食物，如豆制品、蛋类、花生、核桃、鱼类、肉类、燕麦、小米等；要常吃富含维生素B12的食物；吃食物时要多咀嚼：生理学家发现，当人咀嚼食物时，其大脑的血流量会增加20%左右，而大脑血流量的增加对大脑细胞有养护作用。因此，老年人在吃食物时要多咀嚼，在不吃食物时也可进行空咀嚼，用此法可预防老年痴呆症。多食用三高（高蛋白、高维生素、高纤维素）和三低（低脂肪、低糖、低盐）食品，戒烟、戒酒。合理安排一日三餐，保证人体所需的营养成分，防止体重增加，避免使用铝制炊具等。

（六）乐观的生活态度

老年人应尽量避免不良心理刺激，学会自我控制和自我调节，平时要保持乐观情绪，克服孤独、压抑、焦虑的负性心态，是预防老年痴呆的关键措施。不以物喜，不以己悲，保持一颗平常心。年轻的心态是一剂最好的健康良药。

（七）老有所为，勤于用脑

人要活到老，学到老，用脑到老，在生活中不断有所创造。老年人要多走出家门，多参加社会活动。平常要常看有益的书报杂志、影视节目，练练书法、学学绘画，或与人对弈、弹拉歌曲，也可学计算机、学外语、玩智力拼图和模型等。

学中做

李某，70 岁，患有甲肝和高血压，但是不抽烟不喝酒，病情也在通过药物控制，但其他症状又出现了，而且越来越严重了。主要症状是：每天反复整理他的东西，而且很多都故意掩藏起来；从来不认为他自己患病或者记性不好，也不愿意别人说他的病情；如果给他一些算术题或者增强记忆力的东西时他都不太配合；几乎能忘了所有刚刚做过的事情，但是远期记忆却很清晰。

问题：

1）请问他的病情处于什么状态（病情分类的早期、中期还是晚期）？

2）该如何让他认识到自己的病情并愿意接受治疗和锻炼呢？（有时说过之后，他就忘了）

（杨春红）

项目五 老年特殊心理障碍的心理护理

【知识目标】

◇ 了解老年人酒精依赖、烟草依赖、药物依赖、性心理障碍的病因及诊断方法。

◇ 熟悉老年人酒精依赖、烟草依赖、药物依赖、性心理障碍的临床表现、分型。

◇ 掌握酒精依赖、烟草依赖、药物依赖、性心理障碍的老年人心理护理措施。

【能力目标】

◇ 能够使用所学知识，初步判断老年人是否出现了酒精依赖、烟草依赖、药物依赖，性心理障碍。

◇ 能够对酒精依赖、烟草依赖、药物依赖、性心理障碍的老年人实施相应的心理护理。

【素质目标】

◇ 能够在实际工作中为酒精依赖、烟草依赖、药物成瘾、性心理障碍的老年人提供个性化的护理，促进老年人心身健康。

◇ 对老年患者实施心理护理过程中，能够保护老年人隐私，维护老年人的自尊心，满足老年患者的合理要求。

【知识导图】

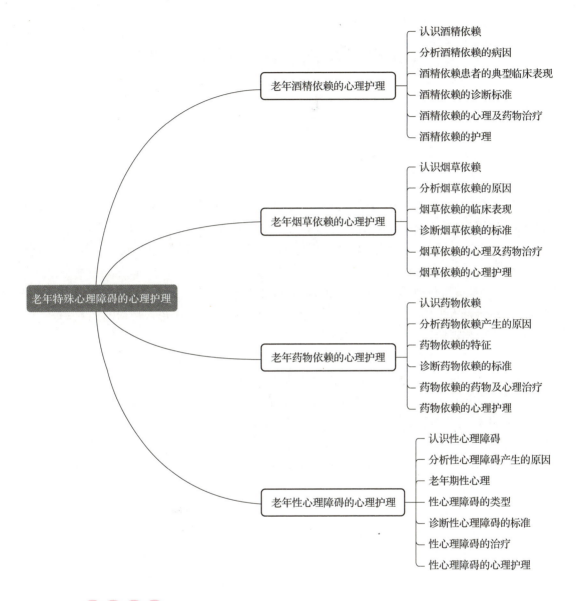

老年特殊心理障碍的心理护理
- 老年酒精依赖的心理护理
  - 认识酒精依赖
  - 分析酒精依赖的病因
  - 酒精依赖患者的典型临床表现
  - 酒精依赖的诊断标准
  - 酒精依赖的心理及药物治疗
  - 酒精依赖的护理
- 老年烟草依赖的心理护理
  - 认识烟草依赖
  - 分析烟草依赖的原因
  - 烟草依赖的临床表现
  - 诊断烟草依赖的标准
  - 烟草依赖的心理及药物治疗
  - 烟草依赖的心理护理
- 老年药物依赖的心理护理
  - 认识药物依赖
  - 分析药物依赖产生的原因
  - 药物依赖的特征
  - 诊断药物依赖的标准
  - 药物依赖的药物及心理治疗
  - 药物依赖的心理护理
- 老年性心理障碍的心理护理
  - 认识性心理障碍
  - 分析性心理障碍产生的原因
  - 老年期性心理
  - 性心理障碍的类型
  - 诊断性心理障碍的标准
  - 性心理障碍的治疗
  - 性心理障碍的心理护理

案例导入

　　洪爷爷，67岁，每天吃饭就要喝酒，喝完酒后就不吃饭了，这种情况已持续多年。现如今，洪爷爷喝完酒后就昏昏大睡，并感到浑身无力，且脾气也变得越来越暴躁，为此家人多次劝他戒酒，但一直没有成功。如果洪爷爷一天不喝酒，他就会感到头晕，浑身不舒服。

　　思考：

　　1）洪爷爷出现了何种症状？

　　2）如何帮助洪爷爷缓解这一现象？

任务一
老年酒精依赖的心理护理

一、认识酒精依赖

全球大约有 20 亿人饮用酒精类饮料，其中约有 7 630 万（3.8%）人被诊断为酒精使用障碍（世界卫生组织，2004）。就发病率与死亡率而言，在世界各地，非正常酒精饮用让个人和社会都蒙受巨大损失。据世界卫生组织调查（2004 年），每年有 180 万人（占全球死亡人口的 3.2%）死于饮酒。

酒精使用量、酒精使用障碍及负面效应在各国的分布并不一致：欧洲的人均酒精饮用量最高（每年每人平均消耗 10 ~ 11 升纯酒精），美洲次之（每年每人平均消耗 6 ~ 7 升），东南亚及穆斯林聚居地区的人均饮用量最低。

近 20 多年来，随着我国经济的发展，酒生产量及人均消耗量均有明显增加。于是由饮酒造成的各种危害，酒精依赖住院率也随之增加。由中南大学精神卫生研究所牵头，国内五家单位对国内五城市饮酒的流行病学调查结果（2001 年）表明，普通人群（15 岁及以上）的男女饮酒率及总饮酒率分别为 74.93%、38.8% 和 59%。年饮酒量为 4.47 升纯酒精，男性饮酒量为女性的 13.4 倍，男性、女性和总的酒精依赖患病率分别为 6.6%、0.2% 和 3.8%。最新调查数据显示，中国饮酒人数目前已超过 5 亿人。2015 年，全国 36 个城市白酒消费者比例高达 22.97%。

（一）酒精依赖的定义

酒精依赖，又称酒瘾。指由于长期较大量饮酒，机体对酒精产生的心理上的嗜好与生理上的瘾癖。为满足嗜好和避免因停饮而发生身体不适反应，酒精依赖者不得不经常饮酒。反复饮酒之后，身体对酒精产生耐受性，导致酒量越来越大。长期大量饮酒可导致慢性酒精中毒，引起肝硬化、胃炎等一系列身体疾病和遗忘、幻觉、意识障碍等精神症状。酒精依赖者的病死率、自杀率和交通事故死亡率都显著高于一般人群。除危害个人健康外，经常饮酒和醉酒还给家庭生活和社会治安带来一系列的麻烦。

（二）酒精依赖的社会成本

酒精依赖的社会成本是惊人的。酗酒与很多意外有直接关系，并且酒精依赖通常也是自杀的一个重要因素。酒精受害者通常不仅仅是饮酒者本身，而且包括其他无辜的人。例如，在喝酒的情况下开车，控制力和反应能力都会降低，实际上是对人的生命的漠不关心。不只是对驾驶人和他的乘客，同时也是对无辜的大众生命的轻视和犯罪。

在美国酒精依赖的流行状况得到了深入研究。2001—2002 年全美普查数据显示，在此期间 12 个月内的酒精依赖发生率为 3.81%（Grant，Dawson，Stinson，Chou，Dufour & Picdering，2004）。Grant 等人进一步分析了发生率与性别、族群和年龄的关系。就酒精滥用而言，12 个月内的发生率在男性中更高（男性为 6.93%，女性为 2.55%）。这一性别差异在白人、黑人和西班牙裔中尤为明显；在印第安人和亚裔中虽存在，但不具有统计学显著性。性别差异在白人、黑人和西班牙裔的各年龄段人群中都很显著，65 岁以上西班牙裔人群，性别差异存在，但不具有统计显著性。就种族而言，相比黑人、亚裔和西班牙裔，白人的酒精滥用发生率更高。进一步比较后发现，印第安裔和西班牙裔中的酒精滥用发生率高于亚裔。最后从年龄的角度看，酒精滥用的发生率随着年龄的增长而降低。这一变化存在于所有人群中，在男性和女性人群中也如此。

二、分析酒精依赖的病因

中国人认为，喝酒表示快乐和吉祥。社会上大多数人接受喝酒的行为，而喝酒在中国人的生活中亦十分重要，例如在农历新年、婚宴及生日宴会上均会以酒庆祝和迎宾；甚至在各种社交晚宴上，喝酒也十分普遍。酒精是一种麻醉剂，为亲神经物质。节日家宴，亲友同聚，稍饮 1~2 杯并不至于产生酒精依赖。

（一）病因

目前为止，酒瘾的成因尚不十分清楚，普遍认为其影响因素有生物遗传因素、病理心理因素、社会文化因素以及对嗜酒行为的政策影响等。在酒精依赖症发生的有关因素中，主要是酒精的药理作用、生物学因素、性格因素、环境因素、社会因素、文化因素等。

1. 心理冲突因素

老年朋友由于离开工作岗位，社会地位、家庭地位出现改变，可能会出现心理上的不平衡，于是以酒会友，希望通过琼浆玉液的麻醉得到精神上的满足和解脱。

2. 性格因素

身体的衰老演化导致人格改变、自我控制能力差、不顾他人忠言劝阻。酒精依赖症与药物依赖症有许多共同的性格特征，如意志薄弱、情绪易变、持续性和耐久性的缺乏等，但不是所有这些特征都具备。

（1）性格特征

慢性酒精中毒时，较轻的状态显示为有神经质、抑郁状态或精神分裂症的倾向。有人从饮酒的行为来观察人格倾向，并且根据酒精依赖的社会环境、家庭环境、性格失调等分为孤独饮酒者与社交饮酒者两种。对于前者，从人格上说是由于难以适应过度敏感和不安的人际关系而引起的虚无感造成的适应障碍、自我放弃、罪恶感等社会隔离的特征；后者在人格上却表现为有在他人面前倾诉的倾向，渴望得到承认的欲望等特征。

（2）典型的酒精依赖患者性格特征

典型的酒精依赖患者性格特征分为4类。

①颓废饮酒者：感情、智力、身体处于老化倾向的人们，过度无聊而去饮酒；

②愚钝饮酒者：由于知识能力的低下，除饮酒以外得不到其他快乐的人，为了与社会接触或为了增强自尊心而饮酒；

③自我显示饮酒者：本质上软弱性格的人们，为了表达自己的主张，得到攻击性、夸大性的机会而饮酒；

④解脱型饮酒者：与颓废的饮酒者相反，易生气，易失魂落魄，心中一片浑浊，为了逃避这种不愉快而饮酒。

3. 环境因素

患酒精依赖症的少年半数以上出生在分裂家庭中，而在正常家庭中长大的孩子很少得这种病。69%酒精依赖者的家庭有犯罪史，71%的酒精依赖者幼年期是由缺乏爱情的双亲养大的。

4. 社会、文化因素

从史前开始，人在生活中存在的饮酒动机、饮酒习惯与社会因素、文化因素就有着密切的联系，是酒精依赖形成的重要的促进因素之一，这一点是不分地域的。

（二）酒精的吸收与代谢

经口摄入的酒精，多数在小肠的上部吸收，经血液循环进入全身的脏器，2%～10%的酒精经呼气、尿、汗排泄；剩余的部分在体内代谢为乙醛、乙酸，最后代谢成水和二氧化碳。

酒精的代谢场所主要在肝脏，有两大系统参与酒精的代谢：乙醇脱氢酶系统和微粒体乙醇氧化系统。大部分的酒精是通过乙醇脱氢酶系统代谢的，其中乙醇脱氢酶限速酶在以上的代谢中，需要一些酶及辅酶的参加，这会产生一些中间产物，如氢离子、丙酮酸、嘌呤类物质。临床上，我们常常可以见到在大量饮酒后，出现高乳酸血症、高尿酸症（痛风发作）。长期大量饮酒使体内的脂肪氧化受阻，大量的脂肪酸以及中性的脂肪积蓄、堆积在肝脏内，形成脂肪肝、高脂血症、动脉硬化等。大量酒精能损害肝细胞，导致酒精性肝炎、肝硬化等。

三、酒精依赖患者的典型临床表现

酒精依赖包括对酒精的心理依赖、生理依赖与耐受性。在临床和行为上的一些表现，如图5-1所示。

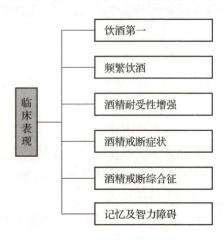

图5-1 酒精依赖患者临床表现

临床表现
- 饮酒第一
- 频繁饮酒
- 酒精耐受性增强
- 酒精戒断症状
- 酒精戒断综合征
- 记忆及智力障碍

（一）饮酒第一

将饮酒视为生活中第一优先事项，置个人健康、工作纪律、家庭责任和社会规范于不顾，一味追求喝酒，到后来举杯就不能自制，经常是不醉不休。

（二）频繁饮酒

为避免戒断症状的发生而频频饮酒。不少酒精依赖者起床后的第一件事便是饮酒，因为经过一夜睡眠之后，体内酒精经过代谢已所余无几。

（三）酒精耐受性增强

由于机体对酒精的耐受性使得酒量越来越大，饮酒越来越多。但患者对真实饮酒量总是讳莫如深，"没喝多少"成了他们的口头禅。

（四）酒精戒断症状

血内酒精浓度降低到一定水平以下时便出现戒断症状。表现为手颤抖、肢体及躯干颤抖、情绪激动、恶心、出汗等。如果及时喝上几口酒，这些症状便很快消除，否则会愈演愈烈，甚至出现意识障碍和抽搐。

（五）酒精戒断综合征

酒精戒断综合征指长期大量摄取酒精后，突然断酒后而出现谵妄、幻觉、四肢抖动等一系列神经精神症状。

酒精戒断综合征分为早期综合征和后期综合征。戒断症状包括自主神经系统障碍、情感障碍、意识障碍、知觉障碍等症状与体征。各症状各期之间均有潜伏期，并呈阶梯状出现。早期综合征可能有震颤、精神运动性亢进、幻觉、意识障碍及自主神经系统机能亢进。后期可出现谵妄状态。

1. 单纯性戒断反应（Uncomplicated Alcohol Withdrawal）

长期大量饮酒后突然停止或减少饮酒量，在数小时后出现手、舌或眼睑震颤，并有恶心或呕吐、失眠、头痛、焦虑、情绪不稳和自主神经功能亢进，如心跳加快、出汗、血压增高等，少数患者可有短暂性幻觉或错觉。

2. 震颤谵妄（Alcohol Withdrawal Delirium）

长期大量饮酒如果突然断酒，大约在 48 小时后出现震颤谵妄，表现为意识模糊，如分不清东西南北、不识亲人、不知时间；有大量的知觉异常，如常见形象歪曲而恐怖的毒蛇猛兽、妖魔鬼怪，此时患者极不安宁、情绪激越、大喊大叫。另一重要的特征是全身肌肉粗大震颤，并伴有发热、大汗淋漓、心跳加快，部分患者因高热、衰竭、感染、外伤而死亡。

3. 癫痫样发作（Epileptic Attack）

多在停饮后 12~48 小时后出现，多为大发作。

（六）记忆及智力障碍

长期大量饮酒者，由于饮食结构发生变化，食欲降低、不能摄入足够量的维生素、蛋白质、矿物质等身体必需物质，常伴有肝功能不良、慢性胃炎等躯体疾病，所以酒精依赖者身体状况较差，贫血、营养不良者并不少见。长期的营养不良状态势必影响神经系统的功能及结构。酒精依赖者神经系统的特有症之一是记忆障碍，称之为器质性遗忘综合征，主要表现为近事记忆障碍、虚构、定向障碍三大特征，同时患者还可能有幻觉、夜间谵妄等表现。

韦尼克脑病是由于维生素 B1 缺乏所致，表现为眼球震颤、眼球不能外展和明显的意识障碍，伴定向障碍、记忆障碍、震颤谵妄等。大量补充维生素 B1 可使眼球的症状很快消失，但记忆障碍的恢复较为困难，一部分患者转为器质性遗忘综合征，呈慢性病程，但部分经数月仍有可能恢复。

酒精性痴呆（Alcohol Dementia）指在长期、大量饮酒后出现的持续性智力减退。表现为短期、长期记忆障碍，抽象思维及理解判断障碍、人格改变；部分患者有皮层功能受损表现，如失语、失认、失用等。酒精性痴呆一般不可逆。

（七）酒精依赖的分型

研究发现，一般酒精依赖开始的年龄在 30 岁左右，现在世界各国老年人酒精依赖人数有增加的趋势。国外将老年人酒精依赖分为 3 种类型。

1. 早发型

在年轻时已形成酒精依赖。40 岁以前已有饮酒问题，即在形成严重的酒精依赖后，常发生短时间内连续饮酒，引起酒精性癫病发作，出现幻觉、妄想症等，容易引发因饮酒引起的社会、家庭问题。

2. 老年恶化型

在早发型的基础上逐渐加重，至 55 岁以后必须进行酒精依赖治疗。

3. 迟发型

年轻时无酒精依赖，55 岁以后由于工作、家庭和身体方面出现问题，又无法解决，在情绪低落的情况下，才造成酒精依赖。

四、酒精依赖的诊断标准

世界卫生组织（WHO）对酒精依赖患者的诊断标准为以下六项中满足三项（见表 5-1）即为酒精依赖。

表 5-1　酒精依赖诊断标准

1）饮酒者有强烈的欲望或强迫感。自己努力去戒酒但很快又恢复到原来的水平，客观上知道饮酒的危害但仍有异常饮酒行动或欲望。
2）饮酒中止或减量引起戒断症状，而再次饮酒后症状或减少或消失。
3）对酒精有耐受性。开始饮酒多因过量而醉，逐渐变为因醉而满足。
4）从饮酒开始到结束，自己不能控制其时间和量。
5）尽管知道饮酒对身体已造成严重的不良后果，但仍饮酒。
6）饮酒的意愿高于一切。

五、酒精依赖的心理及药物治疗

治疗的第一步是建立良好的医患关系。患者往往是带着无奈来到诊室，或者嘴上说要戒酒，但三心二意。所以接诊时应该充分注意患者的心态，建立良好医患关系。首先要仔细询问患者的病史，倾听患者的痛苦，尽量用开放的问题询问病史，这样可以在患者讲述病史的时候，自己就把自己的问题给理清楚了。

让酒精依赖者接受治疗的第一个障碍来自患者的"否认"，不管是有意的还是无意的，患者总是把自己的问题淡化，或根本不承认自己有问题。在这种情况下，首先要搞清楚否认的原因，倾听患者的解释。可让患者记录每日的饮酒情况，包括饮酒量、次数、环境、饮酒时酒友、饮酒前的内心活动等。

（一）积极治疗原发病和并发症

临床上酒精依赖的老年患者常常共患精神障碍，治疗时应积极治疗原发病和并发症。

（二）加强营养

酒精依赖老年人由于生活不规律、大量饮酒，抑制食欲，进食较差。因此应加强营养，以提高机体的抵抗力。

（三）药物治疗

1. 急性酒精中毒的治疗

急性酒精中毒的救治原则基本上与其他中枢神经抑制中毒的救治相同，包括催吐、洗胃、生命体征的维持、加强代谢等一般措施。近年来有人将阿片受体拮抗剂纳洛酮用于急性酒精中毒的救治。

2. 戒断症状的处理

（1）单纯戒断症状
由于酒精与苯二氮卓类药理作用相似，在临床上常用此类药物来解除酒精的戒断症状。

（2）震颤谵妄

谵妄在断酒后1~4日出现，多在72~96小时达到极期。需要注意的是脑、代谢、内分泌问题也可出现谵妄，应给予鉴别。一般注意事项为发生谵妄者多有不安、兴奋，需要安静的环境，且光线不宜太强。镇静苯二氮䓬类应为首选。控制精神症状，可选用氟哌啶醇。

（3）酒精性幻觉症、妄想症

大部分的戒断性幻觉、妄想症持续时间不长，用抗精神病性药物治疗即可有效，可选用第二代抗精神病药物，如利培酮口服。

3. 酒增敏药

酒增敏药是指能够影响乙醇代谢，增高体内乙醇或其代谢浓度的药物。此类药物以戒酒硫为代表，预先3~4天服用足够剂量，可使人在饮酒后15~20分钟出现显著的体征或症状，如面部发热，不久出现潮红、血管扩张，头、颈部感到强烈的搏动，出现搏动性头痛；呼吸困难、恶心、呕吐、低血压等极度不适、软弱无力，严重者可出现精神错乱和休克。以上躯体反应是体内醛增加的结果。由于乙醛症候群的不愉快感觉和身体反应使得嗜酒的老年患者见到酒后"望而却步"，以达到戒酒的目的。

（四）抗酒渴求药

抗酒渴求药包括纳洛酮、乙酰高牛磺酸钙。

拓展阅读

1. 戒酒综合征的表现

酒精依赖者停酒不久后，会有浑身不自在或说不出的难受感觉，为此他们情绪焦虑、坐立不安。随着停酒时间延长，焦虑情绪越发严重，并可出现惊恐不安、短暂的错觉和幻觉、讲话含糊不清或躁动兴奋，这就是很典型的戒酒综合征，它多半在戒酒不当的情况下发生。

2. 戒酒综合征的三个阶段

戒酒专家根据严重程度将戒酒综合征分为以下三个阶段。

（1）第一阶段戒酒综合征

一般于饮酒后6~12小时出现，表现为双手震颤，重者可累及双侧整个上肢，甚至是躯干，病情严重者还可出现伸舌震颤，除此外还常见厌食、失眠、烦躁等症状。

（2）第二阶段戒酒综合征

出现时间为断酒后24~72小时，除上述症状外，常出现幻听，内容常为辱骂性或迫害性的。可继发冲动行为，兴奋相对较轻。

（3）第三阶段戒酒综合征

震颤谵妄，常发生于末次饮酒72小时之后，此时常常感到意识不清，震颤明显并伴有步态不稳，可出现各种生动的幻觉，如看到各种小动物，并且表现紧张、焦虑、恐惧。并且记忆力明显受损，还可出现癫痫样抽搐。即使在发达国家，一旦发生震颤谵妄，经治疗者总的死亡率仍可达10%～15%，未经治疗者则更高。

六、酒精依赖的护理

根据患者的情况，对其进行护理时，一方面要采取措施帮助其戒酒；另一方面，也要考虑到在戒酒过程中，患者可能会出现戒断症状，包括身体方面的症状和精神的症状，护士也要做好这方面的护理准备。

（一）入院评估

1. 入院查体

长期饮酒可能导致慢性酒精中毒，而慢性酒精中毒又容易引发感染或脑外伤，因此患者入院要仔细检查老年患者头部及四肢有无外伤，尤其要注意意识情况并详细记录及时处理，以免耽误病情。

2. 收集资料

收集全面、详细的患者饮酒史（包括过往及当下饮酒情况、相关问题）对治疗非常重要。酒精饮用的测量主要围绕饮酒频率及相应饮用量这两项指标进行，以及饮酒方式，如是否只在每周的特定日子饮酒等。还可以收集其他信息，如患者是独自还是与他人一起饮酒。这些信息都有利于制订治疗方案，如酗酒一般出现在特定场合或与特定人群聚集时。除当下饮酒信息之外，其他历史饮酒数据的采集也是有效的。例如询问患者的饮酒行为从什么时候起成为其关注对象，饮酒何时开始成为问题，开始饮酒的年龄，第一次醉酒的年龄，现今饮酒方式与过往的相似或不同之处等。

（二）戒断反应的护理

酒精依赖症患者有饮酒强迫性，一旦停止就会出现戒断反应，严重的有肢体震颤，步态不稳，发生谵妄。因此要加强巡视，出现戒断症状时，要及时通知医生处理。

单纯戒断症状可遵医嘱应用苯二氮卓类药物，此类药物与酒精的药理作用相似，临床常用此药来缓解酒精戒断症状。由于酒精依赖者有依赖素质，所以应特别注意用药时间不宜太长，以免发生对苯二氮卓类药的依赖。如果戒断后期有焦虑、睡眠障碍，可试用抗焦虑药。

震颤谵妄在断酒后 48 小时后出现，72～96 小时达到极期。发生谵妄者，多有兴奋不安，需要有安静的环境，光线不宜太强，如有明显的意识障碍、行为紊乱、恐怖性幻觉、错觉，因此需要有人看护，以免发生意外。如有大汗淋漓、震颤，可能有体温调节问题，应注意保暖。同时，由于机体处于应激状态、免疫功能受损，易致感染，所以应注意预防各种感染、特别是肺部感染。

大部分戒断性幻觉、妄想症持续时间不长，用抗精神病药物治疗即可有效，可选用氟哌啶或奋乃静口服或注射，也可使用新型抗精神病药物，如利培酮、喹硫平等，剂量不宜太大，在幻觉、妄想控制后可考虑逐渐减药，不需像治疗精神分裂症那样长期维持用药，所以护士应监测患者用药情况，注意观察患者用药后的反应。

（三）心理护理

1. 心理分析

主动接近患者，观察患者的言语及行为变化，根据观察结果，分析患者的心理状态，以便"对症下药"。

2. 建议良好的护患关系

患者往往是带着无奈来就诊的，或者嘴上说要戒酒，但三心二意，所以应充分注意患者的心态，建立良好的护患关系。与患者沟通时要心平气和，态度要和蔼，认真听其诉说，尽量用开放的问题提问，这样可以在患者讲述病史的时候，自己就把自己的问题理清楚了。例如患者承认了自己的问题，他们声称自己能够控制自己，"想喝就可以喝，不想喝就可以停止"，"我现在一点都不想喝酒"，此时不能与之发生争执，以免加剧患者的否认、焦虑和愤怒。护理人员应平心静气地把他的问题说清楚，并通过家属做工作。

3. 建立社会支持

多与家属交流，指导家人接纳酒精依赖症老年人，多关心和鼓励患者，让患者感受到温暖与关爱，对生活增加信心；同时，可安排其他酒精依赖患者与其多交流，大家一起分享戒酒经验，避免单独作战的孤独感。

4. 分析饮酒的利与弊

让患者描述饮酒及戒酒的利弊有助于酒精使用障碍的治疗，促进饮酒或戒酒的矛盾推力由此形成，即所谓的决策平稳，若戒酒的益处大于饮酒的益处，决策会倾向于戒酒。

5. 治疗精神障碍共病

许多酒精依赖患者也同时患有其他精神障碍，常见的有抑郁症、焦虑症、强迫症等。这些精神障碍可能是导致酒精依赖的原因，也可能是酒精依赖的结果。改善精神症状将有助于酒精依赖的治疗。

6. 预防复发

"复发"一词在不同文献中有不同的定义，如实现戒断一段时期后再次饮酒或使用其他物质；复发是医务人员及患者都须重视的临床治疗现象。任何成瘾性疾病，复发往往不可避免，似乎患者在酗酒－戒酒－酗酒的循环中。但是，患者在貌似重蹈覆辙的循环中明白了导致复发的社会、心理原因，学会了如何应付这些问题，再加上社会、心理的支持、干预，还是有不少患者能返回到主流社会中。因此只要患者还有戒酒动机，我们永远不要放弃。

7. 健康教育

告知患者戒酒对老人及社会的积极意义，防止出现复饮念头。同时也要向患者说明戒酒过程中可能出现的一些戒断症状，避免患者遇到戒断反应时出现紧张、恐惧心理。

学中做

毛爷爷，68岁，自从30多岁起就开始喝酒。起先是因为工作要求，必须陪领导和客户喝点酒，逐渐地，喝酒成了他每天的生活习惯，午饭或者晚饭时，总爱喝几杯白酒。一年前，毛爷爷去深圳帮女儿女婿带孩子，仍继续着每天喝酒的习惯，家人并未在意。大半年后，他因为感冒服药，而不得不停止喝酒。停酒后的第二天，他给远在湖北的老伴打电话，说他头很晕，记不清楚要做的事。当时老伴并未重视。停酒后的第五天，女儿发现他紧张害怕，手脚发抖，说有人追赶他，打他，找他要钱，陷害他，并经常说听到有人叫他，就算是夜里也要去开门。他还经常自言自语，有时对着墙壁说"进来坐一下，你冤枉我"。

问题：

1）根据酒精依赖的诊断标准，对毛爷爷进行心理评估。

2）做出心理护理计划，采取有效的心理护理措施消除毛爷爷的酒精依赖问题。

任务二
老年烟草依赖的心理护理

一、认识烟草依赖

烟草最早产于中南美洲的安提斯群岛（多巴安岛），由当地印第安人最先种植并吸食。哥伦布把烟草籽带回了西班牙，烟草开始在欧洲蔓延。我国是在明朝（1573年到1619年间）开始引进并种植烟草。爱因斯坦也曾经错误地认为吸烟"可能使人能够以平静和客观的方式判断一切与人相关的事务"，而没有考虑到吸烟对健康的危害。

世界卫生组织指出：2008年烟草导致全球超过500万人死亡，在21世纪，由烟草致死的人数将达10亿。我国目前吸烟人数约为3.5亿。每年有100万人死于烟草相关疾病，50年内将有1亿中国人死于烟草相关疾病，其中一半将在中年（35～60岁）死亡，即损失 20～25 年的寿命。

我国是烟草大国，是世界上最大的卷烟生产和消费国，2011 年的卷烟产量与 2002 年相比增加了 41%。据《2016 年中国控烟报告》统计，每天有 3.16 亿中国人吸烟，7.4 亿人生活在二手烟的环境中。中国疾控中心控烟办发布《2010 年中国控制吸烟报告》指出，我国 15～24 岁年龄段女性吸烟率呈上升趋势。在重点监控城市上海，2002 年到 2009 年，20～39 岁女性吸烟率从不足 2% 上升到 7.2%，八年增长了约三倍。我国目前遭受被动吸烟危害的人数高达约 4.5 亿，其中 15 岁以下儿童有 1.8 亿。

世界卫生组织 1987 年 11 月建议将每年的 4 月 7 日定为"世界无烟日"，并于 1988 年开始执行。自 1989 年起，世界无烟日改为每年的 5 月 31 日。

（一）定义

吸烟成瘾又称烟草成瘾，即烟草依赖性。一项调查表明，吸烟者中知道吸烟有害的占 95%，愿意戒烟的为 50%，而戒烟成功的仅有 5%。

拓展阅读

日常生活讲的成瘾一词在精神病学中被称为依赖。许多人在长期使用精神活性物质后产生强烈的依赖而不能自拔，同样某些易感人群也容易沉迷或热衷于某些行为而不能自控，并致心理和躯体功能受损，对个人、家庭和社会产生极大危害。如网络游戏沉迷者的网络游戏障碍、难以自拔的病理性赌博行为、疯狂购物行为等，这些行为具有成瘾行为的一般特征：周期性的强烈欲望，难以控制；冲动行为的背后是为了某种形式的犒赏——买到东西、偷窥到手、赢钱、赢得游戏，或者缓解烦恼等；行为的过程有快感，结果有满足感等。DSM-5 提出了一个全新的精神疾病的类别，称为"行为成瘾"。在 DSM-5 中该类别与物质成瘾整合在一起，称为物质使用与成瘾障碍。

（二）烟草的成分

烟草燃烧的烟雾中有 4 000 多种化学物质，其中 400 多种具有毒性，超过 50 种能致癌。

1. 尼古丁

尼古丁为高度成瘾性物质。它可以引发血管收缩，心跳加快，血压升高；造成血管内膜受损，加重动脉硬化；大量尼古丁可引起冠状动脉痉挛，诱发心绞痛和心肌梗死。

2. 焦油

焦油为烟草燃烧后产生的黑色物质。它是引起肺癌和喉癌的主要原因，会加重哮喘和其他肺部疾病的症状，还会造成吸烟者手指和牙齿发黄。

3. 一氧化碳

一氧化碳可以与血红蛋白结合，形成碳氧血红蛋白，阻止血红蛋白与氧结合，使血红蛋白失去携带氧的能力，造成机体缺氧。一氧化碳还会使胆固醇增多，加速动脉硬化。

4. 放射性物质

放射性物质通过烟草烟雾进入人体，蓄积在肺内，并经血液循环转移到其他组织，形成内照射源，成为诱发癌症的原因之一。

5. 其他化学物质

丙酮、杀虫剂、砷、镉、甲醛、氨、氰化氢、萘、氯乙烯。

（三）吸烟可导致多种疾病

点燃的香烟被吸烟者吸入口中的部分称为主流烟，由点燃部直接冒出的称为侧流烟。香烟的燃烟中所含的化学物质多达 4 000 种，其中在气相中含有近 20 种有害物质，有致癌作用的如二甲基亚硝胺、二乙基亚硝胺、联氨、乙烯氯化物，其他有害物质如氮氧化物（95% 为一氧化氮）、吡啶和一氧化碳（CO）等。粒相的有害物质达 30 余种，其中促癌物有芘、1- 甲基吲哚类、9- 甲基咔唑类等。CO 对血红蛋白（Hb）的亲和性很强。因吸烟出现大量 CO-Hb 而使心血管系统受累，尤其使运送氧的能力减弱，容易导致缺血性心脏病、心绞痛和呼吸困难。

有关吸烟对健康影响的专著或论文较多，与吸烟有关的躯体疾病主要有呼吸道、消化道、心血管疾病及各种癌症等。

1. 吸烟与 COPD 及慢性支气管炎

吸烟是 COPD 致病的主要危险因素，可通过一系列病理生理作用引发气道阻塞、肺气肿。吸烟者对于慢性支气管炎的患病率比不吸烟者高 2～8 倍。

2. 吸烟与肺癌

大量流行病学研究证实，吸烟是导致肺癌的首要危险因素，因肺癌死亡的患者中，87% 是由吸烟（包括被动吸烟）引起的。男性吸烟者肺癌的死亡率是不吸烟者的 8～20 倍。重度吸烟者比不吸者肺癌发病率高 15～30 倍，而且吸烟越多，肺癌的发病率也越高。吸烟与肺癌的发生呈剂量 - 效应关系，每日吸烟 25 支以上，肺癌发生率为 227/10 万；15～24 支 139/10 万；1～14 支为 75/10 万。

3. 吸烟与心血管疾病

尼古丁会使血压升高，促使血管收缩，增加心脏的负担；吸烟还会增加血液中胆固醇含量，使血液变得黏稠，加之动脉狭窄，血液流动就会更加困难，就易产生血块，从而导致心脏病和中风。有研究证明，吸烟者比不吸烟者患心脏病和中风的概率高 2～3 倍。

4. 吸烟可引起味觉功能障碍和食欲减退

长期吸烟的人，由于烟雾直接经过口舌，在香烟中烟碱的反复刺激下，舌表面的味蕾会逐渐被破坏掉，从而产生味觉缺失，表现为进食时感觉不到食物的滋味。鲜香饭菜，食之无味，就不能有效地刺激大脑中的食欲中枢，于是产生了食欲减退。

5. 吸烟会引起返流性食管炎

香烟中的主要成分尼古丁，就有作用于迷走神经，从而使下食管括约肌松弛的作用。

因此，经常大量吸烟的人，非常容易诱发或加重返流性食管炎，产生胃灼热感和反酸，甚至造成吞咽困难。

6. 吸烟能引起慢性胃炎和消化性溃疡病

香烟中的尼古丁能作用于迷走神经系统，使胃肠的功能活动紊乱，使胃与小肠的接口处，即幽门括约肌松弛、胆囊收缩，其结果是碱性的胆汁、肠液容易返流入胃，刺激、损伤胃黏膜，从而产生慢性胃炎和消化性溃疡。

7. 吸烟会产生更多皱纹

吸烟使血管容量降低，因此无法供应皮肤所需的氧气和其他营养成分。

8. 吸烟会致使眼睛损伤

香烟中有害的化学成分会聚集在眼睛的晶状体，使其成雾状，造成雾视和其他眼疾。

9. 吸烟会导致骨质疏松症

吸烟会减少体内的维生素和激素，无法维持健康的骨骼所必需的养料。

二、分析烟草依赖的原因

造成烟草依赖的原因与生理、社会、心理等有着密切的关系。

（一）生理因素

吸入烟草后尼古丁胆碱样受体被激活，于是引起多种神经递质的释放。尼古丁依赖主要与多巴胺的释放有关。尼古丁依赖是由社会环境因素和生物学因素共同作用下形成的一种复杂性疾病。有些老年人由于烟龄比较长，害怕戒烟出现戒断性的生理反应，所以也就任其发展，虽然明知烟草依赖的危害，也感到无计可施。

（二）社会因素

首先，随着人们生活水平的提高，烟草产量增加，烟草随处可得，烟草的可获得性与尼古丁滥用及成瘾行为建立了密切关系。

其次，开始使用香烟的年龄往往是心理发育过程中的"易感期"，此时很容易受到所在团体的影响，加上好奇、寻求刺激等，在这种环境下逐渐养成习惯。例如有些老年人是从年轻时就有吸烟的习惯，一吸几十年，到了老年想戒又不容易戒了。

最后，文化背景及社会环境的影响，如敬烟和递烟在很多地区的普通民众中是一种社交礼节，以增进人际关系，特别是在一些重要的场合，如果不接受就被认为是不礼貌的表现，不利于人际关系的建立。这种情况以男性居多，这也造成了烟草依赖中男性老年人居多的现象。

（三）心理因素

首先是吸烟者的心理特征。如反抗性和冲动性等，常常发生在年轻人身上。对于老年人初次吸烟往往是由于空巢或离退休在家，感到无聊，借以解闷。还有的老年人与家人关系不和，由于房产或养老问题等与子女产生矛盾，为了排解烦闷而借烟消愁。

其次是尼古丁的心理强化作用。尼古丁可以刺激大脑，激发人们的兴奋水平，提供效率，并具有增加正性情绪和对抗负性情绪的作用。所以一些老年朋友依赖烟草来对抗由于身体机能衰退所带来的不适感。

（四）吸烟对老年人的十大危害

1. 吸烟影响食欲

烟草的有毒成分会抑制消化腺的分泌，使口腔里的唾液分泌减少；烟草对口腔有污染，抑制嗅觉和味觉，进食时就会感到平淡无味，使老年人的食欲下降。

2. 吸烟可使体力下降

美国科学家试验表明：吸烟对心肺功能产生影响，可诱发产生某些慢性病，吸烟在短时期内也影响人体的体力适应性。

3. 吸烟可致视力下降

吸烟可致眼底视网膜血管早期硬化、视力下降更为明显。

4. 吸烟可致头痛

长期每天吸烟达 20 支以上者，其血中碳氧血红蛋白的浓度可达 10%，从而引起头痛、呕吐、倦怠、乏力等症状。

5. 吸烟会出现口臭

吸烟可产生多种化学物质，这些物质经过口腔黏膜和肺等吸收进入血中，其中一部分又经肺脏排出，从而会产生难闻的气味。

6. 吸烟易诱发子宫颈癌

国外研究发现，吸烟会刺激子宫颈中的敏感细胞，使之产生反应性的增生而转变为癌，这是女性吸烟而引起子宫颈癌的主要原因。

7. 吸烟有损于骨髓造血机能

最近国外学者研究发现，吸烟有损于骨髓造血功能，是急、慢性粒细胞白血病的危险因素之一。

8. 吸烟加速老年性痴呆症的发病

最近研究证实，吸烟能加速老年性痴呆症的产生。一般吸烟者比非吸烟者早 5 年产生老年性痴呆，重度吸烟者发病还要早些。原因是香烟中尼古丁干扰了脑内信息的传递机制。

9. 吸烟会损害老年人记忆力

众所周知，人脑的记忆力有赖于通过血液输送给大脑充足的氧气。而香烟中除含有大量尼古丁外，燃烧时放出相当数量的一氧化碳。一氧化碳和血红蛋白结合成碳氧血红蛋白后，使血液运输氧气的能力降低，往往造成大脑缺氧，因此降低记忆力。

10. 吸烟易患胃溃疡

长期吸烟的老年人，易发胃溃疡。因烟中的许多有害成分不断刺激胃酸的分泌，抑制胰腺中碳酸氢盐的分泌，使十二指肠逐渐酸化，而引起溃疡的产生。

三、烟草依赖的临床表现

烟草依赖的实质是对尼古丁的依赖，表现为无法克制的尼古丁觅求冲动，以及强迫性地、连续地使用尼古丁，以体验其带来的欣快感和愉悦感，并避免可能产生的戒断症状。

尼古丁对人体最显著的作用是对交感神经的影响，可引起呼吸兴奋、血压升高；可使吸烟者自觉喜悦、敏捷、脑力增强、焦虑减轻。大剂量尼古丁可对植物神经、骨骼肌运动终极胆碱能受体及中枢神经系统产生抑制作用，导致呼吸肌麻痹、意识障碍等。长期吸入尼古丁可导致机体活力下降、记忆力减退、工作效率低下，甚至造成多种器官受累的综合病变。

吸烟者对尼古丁产生依赖后，身体上表现为耐受性增加和戒断症状，行为上表现为失去控制。具体如下。

（一）耐受性增加

多数吸烟者在首次吸烟时不能适应烟草的味道，因此在开始吸烟的一段时间内，烟量并不大。但随着烟龄的增加，烟量也会逐渐增多，特别是人到老年，甚至超过每日 60 支，这对于一个非吸烟者来说是完全不能耐受的。

（二）戒断症状

停用烟草后，体内的尼古丁水平会迅速下降。通常在停用后的一天内开始出现戒断症状，包括渴求、焦虑、抑郁、不安、头痛、唾液腺分泌增加、注意力不集中、睡眠障碍、血压升高和心率加快等，部分人还会出现体重增加的情况。戒断症状在停用烟草后的前 14 天内最为强烈，大约 1 个月后开始减弱，但有一些烟草依赖者在特定环境下对烟草的渴求会持续 1 年以上。

（三）失去控制

多数烟草依赖患者知道吸烟的危害，并有意愿戒烟或控制烟量，但经多次尝试后往往以失败告终，部分吸烟者甚至在罹患吸烟相关疾病后仍不能控制自己，无法做到彻底戒烟。烟草依赖是一种慢性高复发性疾病，多数吸烟者在戒烟后会有复吸的经历，这是一种常见现象。在仅凭毅力戒烟的吸烟者中，只有不到 3% 的吸烟者能在戒烟后维持 1 年不吸烟。国外研究发现，吸烟者在戒烟成功之前，平均会尝试 6～9 次戒烟。

四、诊断烟草依赖的标准

按照世界卫生组织国际疾病分类 ICD-10 诊断标准，确诊烟草依赖综合征通常需要在过去一年内体验过或表现出下列 6 条中的至少 3 条，如表 5-2 所示。

表 5-2　烟草依赖诊断标准

1）对吸烟的强烈渴望或冲动感。
2）对吸烟行为的开始、结束及剂量难以控制。
3）当吸烟被终止或减少时出现生理戒断状态。
4）有烟草的耐受性，如必须使用较高剂量的烟草才能获得过去较低剂量的效应。
5）因吸烟而逐渐忽视其他的快乐或兴趣，在获取、使用烟草或从其作用中恢复过来所花费的时间逐渐增加。
6）固执地吸烟不顾其明显的危害性后果，如过度吸烟引起相关疾病后仍然继续吸烟。

有国际资料显示，即使接受最有效的戒烟治疗，4 个吸烟者中也只有 1 个能长期戒烟。究其原因，是因为烟草依赖是一种慢性、高复发性疾病。世界卫生组织已将烟草依赖列入国际疾病行列（分类为 ICD-10，F17.2）之中，确认烟草是目前对人类健康的最大威胁。

五、烟草依赖的心理及药物治疗

从群体的角度，提高公众对吸烟危害的认识，制定法律限制烟草产品的各类广告，特别是针对青少年的广告和各类推销活动，规范烟草工业的行为、提高烟税等都非常必要。从个体的角度看，可以通过改变行为与认知的综合方法，如松弛训练、刺激控制等减少烟草使用。烟草依赖的最佳治疗方案为药物、心理和行为治疗相结合。尼古丁依赖的药物治疗有以下几种：尼古丁替代 NRT 药物、安非他酮（缓释剂）、伐尼克兰。

六、烟草依赖的心理护理

社会对吸烟问题的重视是预防烟瘾和解决烟草依赖的关键。广泛宣传吸烟的危害，以及公共场合的禁烟规定，都是心理干预的有效手段。烟草中的尼古丁是导致吸烟成瘾的重要原因。现有的研究显示，尼古丁依赖与其他药物依赖一样，是一种慢性复发性脑疾病。对于吸烟成瘾的治疗多种多样，主要包括药物治疗、心理和行为治疗、中医中药治疗等。对烟瘾的心理干预，以行为疗法中的厌恶疗法较为多用，包括想象厌恶，当引起对吸烟的厌恶感后，其干预效果也会令人满意。

此外，一些欧美国家还在临床上试用了对烟草依赖的特异性药物疗法以达到提高戒烟率的目的。"尼古丁替代疗法"是世界上应用广泛且被临床研究验证的戒烟方法之一，得到了世界卫生组织的认可和推荐。此疗法可使在戒烟过程中时常出现的痛苦得以舒缓，因为令人吸烟成瘾的是香烟中的尼古丁，"尼古丁替代疗法"巧妙地用小剂量安全性好的尼古丁，帮助人们在心理和生理上克服对香烟的依赖，减小对吸烟的需求，使戒烟成功的概率增加近 1 倍。

以下为戒烟技巧5A法。

（一）询问（Ask）：了解患者是否吸烟

依赖程度可根据吸烟量、戒断症状严重程度、临床评定量表得分判定。目前，临床评定量表使用较多的是尼古丁依赖量表（见表5-3）。若评分为1~3分。尼古丁轻度依赖，建议使用戒烟辅助药，或靠毅力戒烟；若评分为4~6分。尼古丁中度依赖，建议使用戒烟辅助药；若评分大于7分，表明为尼古丁重度依赖，建议使用戒烟辅助药。

拓展阅读

老年人对戒烟常见的错误认识：

（1）不能戒烟，原来吸烟时没事，一旦戒烟身体会很不舒服，甚至得肺癌

之所以出现这种情况是因为戒烟后血液中尼古丁浓度减低，在心理和行为习惯的影响下，会出现渴望吸烟、头晕目眩、胃部不适、便秘、紧张、易激惹、注意力不能集中、抑郁及失眠等症状，这在医学上称为戒断症状群。这些症状在戒烟后2~3周可迅速消失。这是戒烟的正常过程，有时限性，会随着时间的延长而逐渐减轻并消失。因戒烟得肺癌是个谬论。有些人戒烟之后是患了肺癌，但那是当初多年吸烟导致的，如果不吸烟或早戒烟就可能不患肺癌或晚患肺癌。

（2）吸了一辈子烟仍然很长寿，也没有健康问题

每个人的体质是有差异的，但烟草确实夺去了许多人的生命。有一项自1951年起对英国男性进行的长达50年的前瞻性研究，观察到长期吸烟以及戒烟对健康的影响。研究发现有一半的规律吸烟者死于他们的习惯，而且平均起来吸烟者比不吸烟者早约10年死亡。

（3）烟有过滤嘴、焦油低，对身体危害不大

焦油仅是烟草中众多有害成分的一种，减少焦油的吸入，可能会减低患某些疾病的危险，但烟草里其他有害物质仍然存在，会对健康造成危害，根本没有所谓的"安全"烟！

（4）戒烟后会发胖

体重增加是准备戒烟者通常关心的问题，尤其是女性。但不是所有人戒烟后都会发胖。因戒烟发胖的人，一段时间内平均体重也不过增加2~5千克。只需在饮食习惯和日常活动方面做一些调整，便可防止发胖或尽快使体重恢复到原来的状态。事实上平均增重几公斤相对于吸烟所致的健康危害几乎可以忽略不计。

表 5-3　评估尼古丁依赖程度

评估内容	0分	1分	2分	3分
早晨醒来后多长时间吸第一支烟	>60分钟	31~60分钟	6~30分钟	5分钟以内
您是否在许多禁烟场所感到很难控制吸烟的需要	否	是		
您最不想放弃的是哪一支烟	其他时间	早晨第一次		
您每天吸多少支烟	≤10支	11~20支	21~30支	≥31支
您是否在早晨醒来后的第一小时内吸烟最多	否	是		
如果您患病卧床是否还会吸烟	否	是		

（二）建议（Advise）：强化吸烟者的戒烟意识

告诉每一位吸烟者"毫不犹豫地"戒烟。应该以清楚的言语告诉吸烟者戒烟以及戒烟的时间，例如："您从现在就应该开始戒烟，要完全戒掉，而不能只是减少吸烟的量"。强调戒烟的重要性。烟草使用不仅是一个最能有效预防的病因，而且也是影响疾病预后的主要因素。应该与吸烟者交流戒烟的重要性。例如："戒烟是你恢复健康的最重要的一步"。告知吸烟者为什么应该戒烟。结合吸烟者的病史和症状，进行针对性分析，并讲述被动吸烟者的孩子和家庭的危害等。

（三）评估（Assess）：明确吸烟者戒烟的意愿

戒烟和决心大小对戒烟成败至关重要，戒烟只有在吸烟者确实想戒烟的前提下进行才能够成功。通过询问戒烟的兴趣与意愿对戒烟动机做定性的判定是较简便易行的方法，对有意戒烟者，应提供治疗干预。

（四）帮助（Assist）：帮助吸烟者戒烟

向愿意戒烟者提供药物和专业咨询，以协助戒烟。除非患者有禁忌证，或某药物对特定患者群（如妊娠女性、轻度吸烟者、青少年）的疗效或安全性缺乏足够证据，应向所有患者提供药物，目前戒烟指南推荐的戒烟药物包括尼古丁替代治疗（五种剂型：贴片、咀嚼胶、口含片、鼻吸入剂、经口吸入剂）、盐酸胺非他酮缓释片、伐尼克兰等。

（五）随访（Arrange）

随访时间为 6 个月，近期可频繁，第一周、第二周、第一个月随访。总随访次数不少于 6 次。随访内容为表扬戒烟成功者、鼓励偶尔吸烟者、帮助失败者分析原因。对于复吸者要解释复吸是常见现象，多数需多次戒烟才成功。

王爷爷，68岁，吸烟已经有40多年了，最近几年患有高血压、冠心病。医生建议老年人戒烟，但王爷爷说："我吸烟几十年了，吸烟的时间太长了，我已经适应了这种味道，再说我还能活几年，现在让我戒烟，打乱身体适应性，我认为还不如维持原状。"

有王爷爷这种想法的老年人不在少数，认为自己年龄大了，戒不戒都一样，还不如维持现状。这是对戒烟的错误认识，所以应该提醒老年朋友多看到戒烟的益处，正确对待戒烟。

问题：

1）根据烟草依赖的诊断标准，对王爷爷进行心理评估。

2）判定王爷爷是否是烟草依赖症，并做出心理护理计划，采取有效的心理护理措施消除王爷爷的烟草依赖问题。

任务三
老年药物依赖的心理护理

一、认识药物依赖

（一）药物依赖的定义

药物依赖（Drugdependence）亦称药物成瘾。世界卫生组织于1974年将药物依赖定义为是强烈地渴求并反复地应用药物，以获取快感或避免不快感为特点的一种精神和躯体的病理状态。

药物成瘾已经成为现代严重的社会问题，药物依赖者并非出于医疗或营养的需要，而是为了满足嗜好，为了避免停药带来的躯体不适反应，不得不持续性或周期性地长期用药并欲罢不能。

药物依赖有精神依赖和躯体依赖之分。精神依赖是指患者对药物的渴求，以期获得服药后的特殊快感。精神依赖的产生与药物种类和个性特点有关。容易引起精神依赖的药物有：吗啡、海洛因、可待因、杜冷丁及巴比妥类、酒精、苯丙胺、大麻、盐酸曲马多、麻果等。机体方面的条件是：遗传素质、既往教育环境和现在的处境。一般认为性格或特定的精神状态对药物感受性有显著影响。躯体依赖是指反复使用药物使中枢神经系统发生了某种生理变化，以致需要药物持续存在于体内，以避免出现戒断综合征的症状。轻者全身不适，重者出现抽搐，可威胁生命。可引起躯体依赖的典型药物是：吗啡类、巴比妥类和酒精。

（二）药物依赖的分类

目前国际上对毒品的排列分为十个号，主要是鸦片、海洛因、大麻、可卡因、安非他明、致幻剂等十类，其中海洛因占据第三、第四号，即三号毒品和四号毒品，因此世界上人们普遍称之为"三号海洛因""四号海洛因"。由于这样的习惯叫法使人们误以为还有一号、二号海洛因，实际是吗啡或吗啡盐类。

常见的药物依赖有以下几种。

1. 阿片类物质成瘾

阿片类物质是指任何天然的或合成的、对机体产生类似吗啡效应的一类药物。阿片是从罂粟果中提取的粗制脂状渗出物，粗制的阿片含有吗啡和可待因在内的多种成分。吗啡是阿片中镇痛的主要成分，大约占粗制品的10%。

2. 大麻依赖

大麻属大麻科一年生草本植物，生长于北非、北美、中东、印度、西印度群岛及中亚部分地区。大麻雌、雄异株，花叶含有丰富的大麻脂，人吸食后能产生致幻作用。

大麻的精神效应是一个复杂的问题，这是由于大麻吸食者往往伴有程度不同的心理问题。大麻的药理作用开始阶段是一种极度的陶醉状态，表现为欣快、人格解体和视觉敏锐。随后而来使全身松弛，另外还有歪曲的时间与空间知觉等。

吸食大麻会导致精神与行为障碍，引发支气管炎、结膜炎、内分泌紊乱等疾病，并导致举止失常、判断力失准、注意力减弱、记忆力受损、平衡力失衡、精神错乱等，表现为冷漠、呆滞、做事乏味、懒散、情感枯燥、易怒、失眠、焦虑、对人极度怀疑、紧张、激动。经常吸食大麻会对大麻产生强烈的精神依赖性，在事业上丧失进取心，丧失工作、生活和学习能力，并诱发精神错乱、偏执狂和妄想型精神分裂症等中毒性精神病，常常会做出危害社会的犯罪或攻击行为。

3. 中枢神经系统兴奋剂依赖

中枢神经系统兴奋剂，或称精神兴奋剂，包括咖啡或茶中所含的咖啡因，但引起关注的主要是可卡因及苯丙胺类药物。可卡因与苯丙胺类药物具有类似的药理作用，我国可卡因滥用的情况远远低于西方国家，但苯丙胺类药物在我国的滥用有增加趋势。苯丙胺类兴奋剂具有相似的化学结构，苯丙胺类兴奋剂因以苯丙胺作为基本合成原料，又称为合成毒品。具有药物依赖性、中枢神经兴奋、致幻、食欲抑制和拟交感能效应等药理、毒理学特性，是联合国精神药品公约管制的精神活性物质。

苯丙胺使用过量会产生急性中毒，通常表现为不安、头昏、震颤、腿反射亢进、话多、易激惹、烦躁、偏执性幻觉或惊恐状态，有的会产生自杀或杀人倾向。

4. 镇静催眠药和抗焦虑药依赖成瘾

此类药物包括范围较广，在化学结构上差异也较大，但都能抑制中枢神经系统的活动。目前在临床上主要有两大类：巴比妥类和苯二氮卓类。巴比妥类是较早的镇静催眠药，根据半衰期的长短可分为超短效、短效、中效及长效巴比妥类药物。临床上主要用于失眠，滥用可能性最大。

苯二氮卓类药物的主要药理作用是抗焦虑、松弛肌肉、抗癫痫、催眠等。不同的苯二氮卓类药物的作用时间差异较大，如地西泮为 20～80 小时，而劳拉西泮仅为 10～20 小时。由于这类药物安全性好，即使过量，也不致有生命危险，目前应用范围已远远超过巴比妥类药物。

镇静催眠药中毒症状与醉酒状态类似，表现为冲动或攻击行为、情绪不稳、判断失误、说话含糊不清、共济失调、站立不稳、眼球震颤、记忆受损，甚至昏迷。巴比妥类的戒断症状较严重，甚至有生命危险。症状的严重程度取决于滥用的剂量和滥用时间的长短。在突然停药 12～24 小时内，出现戒断症状。

5. 致幻剂成瘾

近年来，娱乐场所流行用氯胺酮作为致幻剂（K 粉）所产生的成瘾性问题，引起全社会的重视，长期使用该药对中枢神经系统、呼吸系统、循环系统、消化系统、泌尿系统等造成的损害也渐为人们所认识，特别是对中枢神经系统和泌尿系统的损害尤为引人关注。氯胺酮为一种分离性麻醉药，临床上用于手术麻醉剂或麻醉诱导剂。近年来，滥用氯胺酮的问题日益严重，特别是在一些娱乐场所。

二、分析药物依赖产生的原因

（一）社会因素

药物依赖在很大程度上存在一定的社会问题。有些国家对药物管制不严，容易取得；加上亲人、朋友中原有药瘾者的怂恿，大众传播媒介的渲染，难免使意志薄弱的老年人受到影响，如一旦成瘾，便不能自拔；而医生滥开处方，长期连续服药，也易促成药物依赖的发生。

（二）人格特征和身体素质

药物依赖的发生与人格特征和身体素质有一定关系。有些老年人由于身体机能的衰退，认为只有服用药物，才能保持身体健康。一旦有了这一想法，就会不停地觅药，产生依赖。

（三）生理心理效应

药物的输入扰乱了身体内部的内稳态，身体为恢复平衡而做出相应方向的代偿反应，在克服代偿反应的同时，如果要保持药效就得逐渐增加药量，这就是耐受性的由来。停药之后，外来干扰不复存在，而体内代偿反应继续进行，便引起戒断症状。大多数老年人对停药以后出现的戒断反应认识不清，误以为是停药导致的身体疾病的加重，所以不得不继续依赖药物。

三、药物依赖的特征

（一）对药物的心理依赖

即老年依赖者具有持续地或周期地渴望体验该药物的心理效应，这种愿望可以压倒一切。为了得到药物，会不择手段行事。所有能产生依赖的药物均有心理依赖性。

（二）对药物的生理依赖

依赖者必须继续用药方能避免戒药后的戒断症状。各人的戒断症状轻重不一，包括种种不适感和躯体症状。不适感常与心理依赖的要求相重叠，而躯体症状是有生理基础的，可能非常严重，甚至引起死亡。但有的能产生依赖的药并没有躯体依赖性。

（三）对药物的耐受性

即服用的药量必须逐渐加大，才能达到与原来相同的效应。由此可见，在药物成瘾过程中，有生物学因素，也有心理学因素，而一些社会因素导致药物成瘾也是不可忽视的。

（四）对药物依赖的多样性

药物依赖者可以依赖一种药物或同时依赖多种药物，也可以合并烟酒依赖。

（五）脱离正常的生活轨道

由于长期依赖药物，使依赖者脱离正常生活轨道，可给本人、家庭和社会带来不良后果。

（六）在停止使用药物或减少使用剂量时会出现戒断状态

不同药物所致的戒断症状因其药理特性不同而不同，一般表现为与所使用药物的药理作用相反的症状。例如酒精（中枢神经系统抑制剂）戒断后出现的是兴奋、不眠，甚至癫病样发作等症状群。

四、诊断药物依赖的标准

第四版修订版的《精神障碍诊断与统计手册》（DSM-IV-TR；美国精神病学会，2000年）中将药物依赖诊断为满足7个症状中的3个或3个以上（见表5-4）。这些症状必须对人造成极大困扰且在一年中出现。每个症状都反映出一种观念，即人不能在离开药物的情况下生活，且为使用药物作出了极大的牺牲。评估这些症状需要真正的临床技巧。许多患者将药物使用及相关症状与耻辱感联系在一起。使用直截了当且简明的提问方式，同时运用热忱、非评判式且具共情的方法，有助于建立护患间的治疗关系并鼓励彼此坦率。频繁的点头、微笑和目光接触是非常必要的。

表5-4　药物依赖症状

1）耐药性；
2）戒断症状；
3）超过预期的使用；
4）戒瘾失败或持续渴望使用药物；
5）浪费时间；
6）日常活动减少；
7）非问题性的持续性药物使用。

目前对于药物依赖的诊断着重于使用后果，而非次数或频率，并且在诊断时对药物使用的量或规律性没有硬性或简单的规定。药物依赖症状包括耐药性（对同等剂量药品的反应下降，或需要加大剂量才能达到与用药初期的同等效应）、戒断症状（当未摄入药物时出现明显不适），这两个症状曾一度被认为是此种疾病的标志。DSM-IV根据是否有生理反应来辨别药物依赖。如果耐药性或戒断症状在诊断所需的三种症状中出现，那么生理依赖的诊断就是合适的。不过，即使没有耐药性或戒断症状，也可以做出不具有生理因素的物质依赖诊断。也就是说，三种症状并存但没有出现耐药性或戒断症状的人仍符合诊断要求。其他症状包括：使用量超过最初预期、对药物的持续渴望或无法尝试减少使用量、使用药物导致时间荒废、因使用药物而活动量减少，以及不顾负面后果地持续使用药品。

五、药物依赖的药物及心理治疗

成瘾类药物治疗分为急性期的脱毒治疗和脱毒后防止复吸及社会心理康复治疗。首先要帮助患者戒除药物依赖；其次考虑服用药物的原因，如患者接触药物的过程中出现戒断症状，要做好预防措施。

（一）脱毒治疗

脱毒治疗是指通过躯体治疗减轻戒断症状，以及预防由于突然停药可能引起的躯体健康问题的过程。

阿片类物质脱毒治疗可分为替代治疗与非替代治疗，两者可结合使用。对于戒断症状较轻、合作较好的患者可单独使用非替代治疗。替代治疗利用与毒品有相似作用的药物来替代毒品，以减轻戒断症状的严重程度，使患者能较好地耐受。然后在一定的时间（如14～21天）内将替代药物逐渐减少，最后停用。目前常用的替代药物有美沙酮和丁丙诺啡。非替代治疗可用可乐定和中草药、针灸治疗。

对大麻滥用或者依赖患者，目前还没有公认的或经证实有效的短期或长期治疗药物。应针对患者具体情况，采用个体化的干预措施。大麻过量使用所致的急性中毒通常给予对症处理，包括止吐、止泻、静脉输液，大量饮水促进排泄、监测生命体征，维持水电解质平衡。大麻对应的躯体戒断症比较轻微，因此通常情况下不需要给予特殊处理。

苯丙胺类物质目前尚无推荐的替代药物。大部分患者经过休息、营养补充，在一周内可自行恢复。对于症状严重而持续者，一般选用氟哌啶醇，大量的临床报告证实效果良好，常用量 2～5 mg 肌注，视病情轻重调整剂量；如能配合治疗，也可选用非经典抗精神病药物口服，如帕利哌酮、喹硫平、奥氮平等。地西泮等苯二氮卓类药物也能起到良好的镇静作用。

巴比妥类的戒断症状应予以充分注意，在脱瘾时减量要缓慢。以戊巴比妥为例，每日减量不超过 0.1 g，递减时间一般需要 2～4 周，甚至更长。国外常用替代治疗，即用长效的巴比妥类药物，来替代短效巴比妥类药物。例如用苯巴比妥替代戊巴比妥，然后每天逐渐减少 5%～10% 苯巴比妥剂量，减药的时间也在 2～4 周间。苯二氮卓类的脱瘾治疗同巴比妥类类似，可采取逐渐减少剂量，或用长效制剂替代，然后再逐渐减少长效制剂的剂量。

氯胺酮滥用的处理往往是对症处理。部分滥用者在停用"K 粉"时有轻、中度失眠、焦虑反应，可使用中、小剂量的抗焦虑药，如苯二氮卓类药物。但此类药物不能长久使用，以免产生依赖，所以应在两个星期之内减量至停药，或换用不同作用机制的同类药物。

（二）心理行为治疗

多数研究表明，心理社会干预能针对某些问题如复发等起到良好的治疗效果。为防止复吸可对患者进行认知行为治疗，主要目的在于：改变导致适应不良行为的认知方式；改变导致吸毒的行为方式；帮助患者应付急性或慢性渴求；促进患者社会技能、强化患者不吸毒行为。

六、药物依赖的心理护理

一般来说，药物成瘾的治疗和康复分为脱毒、康复、回归社会的照顾 3 个阶段，而心理干预贯穿于始终。

所谓脱毒就是让体内成瘾药的毒物排除干净。然后进入康复阶段，康复的实质就是心理治疗阶段，这是戒除药瘾并取得成功的关键，通常采用认知疗法、感情支持与行为矫正疗法。在解决认识问题的同时要给予感情上的支持，树立自信心，并及时进行不良行为的矫正。使成瘾的病态生活方式转变为正常的健康生活方式，最后回归到社会。

1. 急性期脱毒护理

专业医生对患者进行病情分析后，护理人员应帮助患者树立积极心态，告知患者积极心境对治疗的重要性。多与患者家属沟通，让家人多关心和支持老年人，增加老年人的信心，有助于老年人戒除药物依赖。

2. 社会心理康复治疗护理

药物成瘾者基于认知行为治疗方法，帮助患者增加自控能力以避免复吸。讨论对吸毒、戒毒的矛盾心理；找出诱发渴求、复吸的情绪及环境因素；找出应付内外不良刺激的方法、打破重新吸毒的恶性循环。

群体治疗使患者有机会发现他们之间共同的问题、制订出切实可行的治疗方案；能促进他们相互理解，让他们学会如何正确表达自己的情感、意愿，使他们有机会共同交流戒毒成功的经验和失败的教训；也可以相互监督、相互支持，有助于预防复吸、促进康复。人际间、家庭成员间的不良关系是导致吸毒成瘾、治疗后复吸的主要原因，因此护理人员应促进家庭成员间的感情交流。

3. 预防老年人出现药物依赖的方法

1）老年人要认识到自己的病况，明确药物成瘾对自身的危害，积极主动配合医生治疗。

2）逐渐减少依赖药的服用剂量，原则是"逐渐"减量，切忌大幅度削减用量或完全停用，以使身体逐步适应。否则，由于身体无法耐受会出现戒断症状，且有一定的危险性。

3）可用非依赖性或依赖性较低的药物暂时替代，减轻由于削减依赖药物用量而出现的不适应症状。

4）依赖戒除后，要巩固所取得的效果。患有各类心理障碍和神经症的老年人，对于自己的焦虑或失眠等症状，不可一味地追求药物，而应设法去除病因，进行心理疏导、调节生活、体育锻炼、物理治疗等均大为有益。切忌重新服用依赖药物。

5）药物依赖严重者，会千方百计、不择手段地偷药、骗药，挥霍大量金钱买药，置家人生活于不顾，丧失责任感和进取心，很难自行戒除。此时应在住院条件下积极治疗，争取早日戒除。

6）要避免药物依赖，首先应该了解哪些药物是可以成瘾造成依赖的，在最初就要控制；其次，产生药物依赖后最好去专科医院就诊。

当今戒除药物依赖的医疗方法很多，但是戒断与矫正这种心理障碍绝非一朝一夕即可奏效。为此，我们对药物成瘾的护理方针应立足于预防。从全社会的宣传和控制方面着手，使人们普遍认识药物依赖的严重性及危害性，以达到寓治于防的目标。此外，做到预防工作的3个减少：减少供应、减少需求和减少伤害都是具有实际意义的。

课后练习

章爷爷，男，78岁。5年前腹痛腹泻伴脓血便、黏液便半年余，诊断为肠炎，用了很多药物，效果不明显，吃药时症状就缓和，停药后马上复发。于是他进行了一次彻底检查，诊断为慢性溃疡性结肠炎。现在章爷爷天天离不开药，不吃药就心里不舒服，甚至会出现身体症状。

问题：

1）结合所学知识，请判断章爷爷是否为药物依赖。

2）如何对他进行心理护理？

任务四
老年性心理障碍的心理护理

一、认识性心理障碍

性心理障碍（Psychosexual Disorder）既往称性变态（Sexual Deviation）或性欲倒错（Paraphilia），泛指两性行为的心理和行为明显偏离正常，并以此作为性兴奋、性满足的主要或唯一方式为主要特征的一组精神障碍。其正常的异性恋受到全部或者某种破坏、干扰或影响，一般的精神活动并无其他明显异常。临床上，性心理障碍包括两种类型：性身份障碍，如易性症；性偏好障碍，如恋物症、异装症、露阴症、窥阴症、摩擦症、恋童症、性施虐与性受虐症等。

各类型性心理障碍患者往往具有下述性格特征：内向、怕羞、安静少动、不喜交往，或孤僻、温和、具有女性气质。性心理障碍和人格障碍既有区别又有联系。性心理障碍在寻求对象及满足性欲的方式方法与常人不同，他们大多性格内倾，但多数患者对社会生活适应良好，除了性心理障碍所表现的异常性行为之外，并无其他与社会适应不良行为，更没有反社会行为。有不少患者还是社会知名和成功人士，不具备人格障碍所具有的特征。

性心理障碍患者触犯社会规范，不应一概认为他们道德败坏、流氓成性或性欲亢进。其实，大多数患者性欲低下，甚至不能进行正常的性生活，家庭关系往往不和谐，甚至破裂。他们具备正常人的道德伦理观念，对寻求性满足的异常行为方式，自己有充分地辨认能力，事后有愧疚之心，但事发时往往难以控制自己。

性心理障碍不能等同于性犯罪。性犯罪是司法概念，当然其中包含有性心理障碍的违法行为。但它所包含的范围更广，诸如侮辱妇女、强奸、乱伦、卖淫、宿娼等。性行为障碍者如果将其歪曲的冲动予以实施，干扰社会秩序时，应予追究责任。

二、分析性心理障碍产生的原因

性心理障碍表现形式多种多样，关于其形成原因目前并无一致看法。性心理障碍是生物－心理－社会因素综合作用的结果。19世纪早期，学者通常把性变态看成是一种先天性异常，人们发现性变态具有某些生物学基础。多年来，在心理学理论探讨上，以精神分析、精神动力学理论和行为心理学理论影响较大。

（一）生物学因素

相比于社会和心理因素，性心理障碍的生物学因素要复杂得多。但可以肯定的是，多种生物学因素，包括遗传、免疫、神经递质、神经发育、激素水平、脑结构和功能等方面的异常，在此类疾病的发生发展中扮演着重要作用。

有学者认为遗传或体质上的细微因素有可能影响本病的发生。如胎儿的雄激素水平会影响到成年后大脑对性生活的控制能力，如果该发育过程受到干扰，可导致个体性生理和性心理发育更容易受到环境的有害影响而出现性心理障碍，但该假设也尚未得到更多的研究结果支持。

（二）心理、社会因素

心理因素可能在性心理障碍的病因学中占主导地位。精神动力学理论认为，性变态在其性心理发展过程中遇到挫折，退行到儿童早期幼稚的性心理发育阶段。性心理发育障碍的性行为表现为一种幼稚的、不成熟的儿童性取乐行为，如玩弄生殖器、暴露阴茎、偷看异性洗澡等。行为学理论认为，一些无关刺激通过某种偶然的机会与性兴奋结合，由于性快感的强烈体验，使其主动回忆当时情景时仍会出现性快感，如此通过对性快感情景的回忆和性幻想强化了无关刺激，因而形成了条件联系。此外，父母对子女的性教育失当与社会不良影响也具有重要意义。有些父母出于自身的喜好和期待，有意无意地引导孩子向异性发展，如将男孩打扮成女孩或将女孩打扮成男孩。自幼生长于异性的包围圈中容易导致儿童心理朝异性化方向发展。

性心理障碍患者往往存在心理、社会因素。常见因素有：

①正常的异性恋遭受阻挠、挫折，较多见的是遭受恋爱挫折，如失恋、单恋，在性伴关系互动时痛遭或屡次失败、挫折。

②男性患者与妻子或妇女的相互关系的不满意、不融洽。

③存在心理社会因素、重要应激事件。

④儿童少年早期受到家庭环境中性刺激、性兴奋经验的作用和影响。

⑤自儿童少年早期即有特殊的性兴趣。

⑥各类型性心理障碍患者往往具有某些人格不良的特征，尽管没有达到诊断人格障碍的严重程度。

性心理障碍者一般没有明显的其他精神活动异常。但是往往会存在着程度不同的情绪障碍和人格缺陷，性格偏内向，多疑、孤僻、恐惧，缺乏与性对象情感沟通的能力。缺乏自信，疑病观念，偏执、强迫倾向，情绪化、精神衰弱等。他们多不善于人际交往，尤其与对象交往时常表现羞怯、拘谨、腼腆；面临困难时，多缺乏应变能力。性挫折、性生活异常、重大生活事件（如离异、丧偶、竞争失利）等可成为患者持久的心理应激或精神创伤，造成其性欲唤起障碍，性快感丧失等，进而发生性观念变化，逐渐在性对象选择、性满足方式等方面出现异常。

性心理障碍的患者，因为其异常的性行为没有得到性伴的认可和配合，他们会表现出社会功能的障碍，以及性功能的障碍；可以进一步出现内疚、羞愧、自责自罪、焦虑抑郁、人际关系敏感、社交回避等心理反应。

性心理障碍的产生与文化背景有一定的关系。如社会道德文化影响，使少女儿童最初的性欲过分压抑，使性欲改变发泄方向，可能与异常性行为方式出现有关。有人认为不正确的性生物学知识教育，不同价值体系社会的性伦理、性道德和性社会学知识的不当教育，也会促成各种性心理障碍发生。

（三）其他

虽经长期研究，但关于性变态的生物学基础研究结果至今仍不能为大家所公认。目前对性心理障碍有代表性的心理学解释还有以下几种。

1. 心理动力学理论

该理论把性心理障碍看作是在正常发育过程中，异性恋发展遭到失败的结果。一般多为男性，源自儿童早期恋母情结时的阉割焦虑和分离焦虑的威胁，且在无意识中持续发挥作用，受当前环境触发因素的作用，导致解决现实两性问题的困难和挫折。为缓解焦虑和心理冲突的冲击，获得心理安宁，在心理防御机制的作用下，导致性心理退行到儿童早期幼稚的发展阶段，使异性恋的发展受挫，无法实现性的生殖功能成熟的发展方式，故性冲动被固着于不成熟的状态，产生了性心理障碍。

2. 行为主义学派理论

这个理论认为性心理障碍是后天习得的行为模式。

3. 整合理论模式

该理论主张对不同理论进行部分地整合后解释性心理障碍，认为对性的认知、信念，对性问题的态度和行为方式，在性心理障碍的发生发展中均有不可忽视的重要作用。

拓展阅读

对性心理和性行为正常与否的判别，只能使用相对的标准，以生物学属性和社会文化特征为基础，结合变态心理的一般规律和性变态的特殊性进行评价。具体内容包括以下几个方面：

1）以现实的社会性道德规范为准则。

2）以生物学特点为准则。

3）以对他人或社会的影响为准则。

4）以对本人的影响为准则。

值得注意的是，对有心理生理障碍时的性功能障碍、由境遇造成的暂时的性生活替代行为、继发于某些精神病和神经系统疾病的性变态行为统称为继发性性变态（Secondary Sexual Deviation），不应诊断为性心理障碍。

三、老年期性心理

老年人在性生活上，如果没有患什么疾病，阴茎的勃起功能绝不会由于年纪大而丧失。60 岁以上的男性所分泌的睾酮足够维持他们的性行为。随着年龄变老，只不过是性唤起所需的时间、达到性高潮所需的时间以及性高潮过后的不应期增长，射精不如以前有力，而且也不会每次性交都会射精。不要误认为这是男子阳刚之气衰退的表现，而应当看到这些变化所带来的积极作用。这些变化，避免了性活动中激烈鲁莽的行为，从而有更长时间的爱抚活动。在这种较长时间的性爱活动中，男性更加注意女方的感受，力图给女方更多的乐趣，显得体贴入微。

老年人应该有活跃的性生活，而活跃的性生活可增进老年人的健康长寿。即使由于躯体的情况而损害了性功能，他们也可以用其他的方法来弥补功能上的不足。如果阴茎不能勃起或勃起不坚，无法进行性交，男性可以采用其他身体接触的方式对配偶爱抚，使双方都得到快感，并保持自己的男子自尊。总之，由于年龄增大会使性反应的性质发生变化，老年夫妇对此应有认识，从而重建他们的性活动方式。这种方式不应当只限于采取性交这一种形式。应当意识到他们两个人不可能永远不分离，从而应当更加珍重相互之间的感情，更加柔情相待。实际上，对于高龄者，期望每一次性交时都达到性高潮是不现实的，这样的要求，反而会抑制双方在性活动中获得乐趣。

老年人性活动中的乐趣，更多地来自性生活的娱乐性质，而不是那种强烈的身体的发泄。因此，从某种意义上来说，老年人性活动的方式转向了另一类同样丰富多彩、具有生气的形式。老年人因心身发生较大变异，犯猥亵、强奸特别是奸淫幼女罪的比例也较大。

四、性心理障碍的类型

1. 恋物症（Fetishism）

在强烈的性欲望和性兴奋的驱使下反复收集异性所使用的物品，所恋物品均为直接与异性身体接触的东西。抚摸嗅闻这类物品伴手淫或在性交时由自己或由性对象手持此物可以获得满足，即所恋物体成为性刺激的重要来源或获得性满足的基本条件。

该症初发于青少年性成熟期，个别起源于儿童期。几乎仅见于男性，并且有相当部分是单身或孤独的男人。正常人对心上人所用之物偶尔也有闻一闻、看一看、摸一摸等念头或想法，不能视为恋物症；有人所迷恋的物品是作为提高以正常方式获得兴奋的一种手段，不能视为恋物症；只有当所迷恋的物体成为性刺激的重要来源或达到满足的性反应的必备条件或作为激发性欲的惯用和偏爱的方式，方可诊断为本症。

本症患者所眷恋的妇女用品常有胸罩、内衣、内裤、手套、手绢、鞋袜、饰物。患者接触所偏爱的物体时可导致性兴奋甚至达到性高潮，体验到性的快乐。因此他们采取各种手段甚至不惜冒险偷窃妇女用品并收藏起来，作为性兴奋的激发物。一般来说，他们对未曾使用过的物品兴趣不大，往往喜欢用过的甚至是很脏的东西，且一般并不试图接近物品的主人，对异性身体并无特殊的兴趣，一般不会出现攻击行为。

有些恋物症患者表现为对女性身体的某一部分如手指、脚趾、头发、指甲迷恋。有的在拥挤的公共场所抚摸女人的头发，甚至将头发剪下收藏作为性刺激物。国内有报道一名患者偷剪 20 余名女性的头发。

2. 异装症（Transvestism）

异装症是恋物症的一种特殊形式，表现为对异性衣着特别喜爱，反复出现穿戴异性服饰的强烈欲望并付诸行为由此引起性兴奋。当这种行为受到抑制时，可引起明显的不安情绪。

异装症患者并不要求改变自身性别的解剖生理特征，对自身性别的认同并无障碍。大多数人有正常的异性恋关系，性爱指向是正常的。同性恋患者中有些也喜欢穿着异性服装，但同性恋患者是为了取悦于性伙伴，增加自身的性吸引力，或者认为只有这样才符合他们的性取向和他们的内在性格。而异装症患者以异装行为作为性唤起物并取得性满足，其内在动机和出发点不同于同性恋。另外，同性恋穿着异性服装是一种一贯倾向，而异装症患者一经性唤起达到性高潮便脱去异性服装。

3. 露阴症（Exhibitionism）

该症特点是反复多次在陌生异性毫无准备的情况下暴露自己的生殖器以达到性兴奋的目的，有的继以手淫，但无进一步性侵犯行为施加于对方。该症几乎只见于男性。如果在中老年首次出现，应疑及器质性原因。患者个性多内倾，露阴之前有逐渐焦虑紧张体验。时间多在傍晚，并与对方保持安全距离，以便逃脱。当对方感到震惊、恐惧或耻笑辱骂时而感到性的满足。情景越惊险紧张，他们越感到刺激，性的满足也越强烈。露阴行为的受害者一般为 16 岁以上的妇女。有些年纪稍长的女性对露阴行为表现出冷淡和无动于衷，反倒令露阴者大为扫兴。

露阴症通常由女性受害者报案而发现，其实强奸并不多见。大部分露阴者性功能低下或缺乏正常性功能，甚至有的明确表示对性交不感兴趣。

4. 窥阴症（Voyeurism）

一种反复多次地窥视他人性活动或亲昵行为或异性裸体作为自己性兴奋的偏爱方式。有的在窥视当时手淫，有的事后通过回忆与手淫，达到性满足，他们对窥视有强烈追求。窥阴症以男性多见，且其异性恋活动并不充分。他们往往非常小心，以防被窥视的女性发现。大部分窥阴症者不是被受害人报告而是被过路人发现。

窥视者通过厕所、浴室、卧室的窗户孔隙进行这些活动。有的长时间潜伏于厕所等肮脏地方，虽蚊虫叮咬、臭气熏天，但患者控制不住冲动，依然铤而走险。有的借助于反光镜或望远镜等工具偷窥。但他们并不企图与被窥视者性交，除了窥视行为本身之外，一般不会有进一步的攻击和伤害行为。他们并非胆大妄为之徒，多不愿与异性交往，有的甚至害怕女人、害怕性交。患者与性伴侣的活动难以获得成功，有些伴有阳痿。

很多人都有童年偷看异性上厕所的经历，但随着年龄的增长会自然消失。有的由于偶然的机会偷看异性洗澡、上厕所的不属于此症。有的爱看色情影片、录像、画册同时伴有性兴奋或作为增强正常性活动的一种手段，也不能诊断为窥阴症。

5. 摩擦症（Frotteurism）

摩擦症指男性在拥挤的场合或乘对方不备，伺机以身体的某一部分（常为阴茎）摩擦和触摸女性身体的某一部分以达到性兴奋的目的。

摩擦症患者没有暴露生殖器的愿望，也没有与摩擦对象性交的要求。有的男青年在公共汽车、电影院或其他人多拥挤的地方，特别是夏天无意中触摸女性的臀部自发阴茎勃起甚至射精，不能诊断为摩擦症；有进一步的性侵犯动作甚至于企图强奸对方是流氓行为而不是摩擦症。

6. 性施虐症（Sadism）与性受虐症（Masochism）

在性生活中，向性对象同时施加肉体上或精神上的痛苦，作为达到性满足的惯用和偏爱方式者为性施虐症。相反，在性生活的同时，要求对方施加肉体上或精神上的痛苦，作为达到满足的惯用和偏爱方式者为性受虐症。

性施虐症绝大多数见于男性，有鞭打、绳勒、撕割对方躯体，在对方的痛苦之中感受性的快乐，甚至于施虐成为满足性欲所必需的方式。有些人童年曾有虐待动物的历史，成年后在性生活中不断虐待对方甚至造成对方死亡。有的患者因妻子不配合，继而在性服务工作者中寻求满足。

动物行为学家研究发现性行为和攻击行为可有重叠。在正常性生活中可能表现出一些攻击倾向。夫妻之间在性活动中挤压、撕咬或给对方施以一定的痛苦，偶尔为之，大多没有"攻击"本意，主要作为一种调情的方式，不能诊断为性施虐症和性受虐症。

在一对配偶中，很少双方同时出现，往往是应一方要求对方被迫配合。

7. 恋童症（Pedophilia）

恋童症指性偏好指向儿童，通常为青春期前或者青春初期的孩子。患者一般仅对儿童有强烈的性兴趣，而对成年期的异性缺乏必要的性兴趣或正常的性活动，他们通过猥亵儿童来达到自己的性兴奋或性高潮，但不一定与儿童发生真正的性行为。

一般来说，恋童症患者都是男性，至少16岁，比受害儿童至少年长5岁。恋童症患者一般多在30岁以上发病，他们对成年对象缺乏性兴趣，或者缺乏足够的自信心与异性交往。他们多数独身，且大多数患有勃起障碍。

公众注意的受害者多是女孩，而实际上国外罪犯调查显示，大多数受害者是男孩，约达到60%。

拓展阅读

同性恋（Homosexuality）是以同性为性爱指向对象的心理障碍。即在正常条件下对同性在思想、情感和性爱行为等方面有持续表现性爱的倾向，在性心理障碍中最为常见。可发生在各种年龄，且男性多于女性。以未婚青少年多见，西方国家比东方国家多见。在我国，同性恋行为为社会文化传统所不齿，社会上普遍认为同性恋行为是反常性行为，但同性恋也仍然存在。实际上，有同性恋行为的人比我们想象中的要多，只是他们意识到自己的处境，悄然行事，别人难以得知罢了。

同性恋是否属于疾病，意见不一，目前倾向于不再将同性恋归于异常。通常被认为是同性恋的人并非精神病，有些人智力甚至超过一般水平，对艺术、音乐饶有兴趣，在政治活动和法律方面也取得一定成就。但如果他们面对社会压力或他们的同性恋关系不能维持时，可能产生严重的焦虑或抑郁反应，甚至可能消极自杀，在这种情况下医学帮助可能是有用的。

五、诊断性心理障碍的标准

关于性心理障碍的确切发病比例难以估计，诊断主要依据详细的病史、生活经历和临床表现。但在诊断某一类型性心理障碍之前排除躯体器质性病变，检查有关性激素及有无染色体畸变是完全必要的。性心理障碍的共同特征如表5-5所示。

表5-5　性心理共同障碍特征

> 1）与正常人不同，即性冲动行为表现为性对象选择或性行为方式的明显异常，这种行为较固定和不易纠正，且不是境遇性的。
> 2）知晓行为后果对个人及社会可能带来的损害，但不能自我控制。
> 3）患者本人有对行为的辨认能力，自知行为不符合一般社会规范，迫于法律及舆论的压力，可出现回避行为。
> 4）除了单一的性心理障碍所表现的变态行为外，一般社会适应良好，无突出的人格障碍。
> 5）无智能障碍。

六、性心理障碍的治疗

性心理障碍治疗较为困难，患者自身及其家人往往感到非常痛苦，但采取对症支持治疗仍有帮助。

1. 生物治疗

性心理障碍的主要治疗方法有生物学治疗、认知行为治疗、深部脑刺激等。其中生物学治疗以药物治疗为主，主要包括这三类：SSRIs类抗抑郁药；抗雄激素药物；促性腺激素释放激素类似物或激动剂。此外，定位于下丘脑后部或腹内侧的深部脑刺激也有一定疗效。

生物学治疗方案的制定，要综合考虑患者的用药史、依从性、病情以及发生性暴力的风险。性心理障碍患者若存在危险行为的高风险，其药物治疗应首先选择一线用药。药物治疗的疗程无一致定论，有的学者认为一般需要3～5年的抗雄激素治疗，也有的认为有终身治疗的必要。

2. 心理治疗

心理治疗是目前治疗性心理障碍的主要方法，最常使用的是行为疗法、精神分析疗法，以及认识领悟疗法。

行为主义的观点认为，大多数性心理障碍者的行为是按条件反射原理形成的，即通过学习而获得的，所以在治疗上采用行为学习的方法使之消退。通过满灌治疗、厌恶治疗、交互抑制法、系统脱敏法等，达到解除对成年异性的厌恶情绪；减少偏好的性幻想及性冲动；学习以成年异性为对象的性唤起；培养对成年异性的兴趣及成年异性的社交能力。特别是厌恶疗法对多种方式的性变态如露阴症、窥阴症、异装症等能较迅速地取得明显的疗效。当患者处在一定环境下引起性冲动时，即给予厌恶性刺激（如电流刺激）引起恶性条件反射，经过若干次治疗后会导致异常性冲动的减退。

应用想象性内隐致敏法在治疗时，请患者想象某种具体性变态渴求的高度兴奋状态场景，当患者出现性兴奋时，进行惩罚（如低电流刺激、弹皮圈、催吐剂等），形成新的条件反射。露阴症、窥阴症、摩擦症患者显效很快，效果较好、较巩固。治疗效果的好坏，与患者是否具有强烈治疗愿望有明显关系。如缺乏求治渴望，病程持续时间过长则疗效较差。

七、性心理障碍的心理护理

因为性心理障碍与性行为异常者多不主动就医，很少有强烈和持久的矫治愿望，所以其心理干预工作比较困难，心理治疗只能对部分性心理障碍有所帮助，近年来应用行为疗法中的厌恶疗法对很多性变态患者的治疗取得了一定的成效。一般来说，性变态很难改变，但是随着年龄的增长，强迫性的变态性冲动可望得到缓和。

此外，性心理咨询也是对性心理障碍进行心理干预的重要手段。但性心理咨询范围相当广泛，除一般的性问题外，还有病理的性问题，如性功能障碍、性心理障碍、性疾病等。

性心理障碍患者自身及其家人往往感到非常痛苦，但对症支持治疗仍有帮助。

（一）正面教育

明确指出某些行为的危害性，有些行为违反现行法律、单位制度，不符合所在文化的风俗习惯，因此教育患者通过意志克服其性偏离倾向。

（二）心理护理

使患者回顾自身的心理发展过程，理解在何时、何阶段、由哪些因素导致走向歧途，使患者正确理解和领悟并进行自我心理纠正。心理治疗的疗效取决于患者的治疗愿望是否强烈、患者是否为自己的性心理偏离感到不安或痛苦。治疗愿望强烈并为自己的性心理偏离感到不安或痛苦的患者疗效较好。若性心理障碍发生早、持续时间长，患者为年龄超过40岁以上的中老年则疗效欠佳。专家们还指出，在治疗时若不考虑或未处理好异性恋的问题，往往难于取得稳定的疗效。总体而言心理治疗效果有限。

性指向障碍患者多为男性，对有些患者，降低雄激素是心理治疗的辅助手段。因此，在欧洲通常使用一种睾酮拮抗剂——环丙孕酮来降低患者的雄激素水平，而在美国多使用甲羟孕酮。但是缺乏足够的证据来判定其效用。

易性症者多要求通过手术改变其性别，但变性手术复杂，难度较大，费用较高，特别是亲友往往坚决反对，有些出现心因性抑郁及自杀。手术效果也不肯定，且手术后激素替代治疗有诸多不良反应。从心理学方面来讲，手术前患者自己不能接受自己，手术后社会又难以接纳他们。有些人手术后不得不隐姓埋名异地生活，因此手术应慎重，并履行相应的法律手续。

没有可靠的随访症状显示各种性心理障碍的预后。临床经验提示，青春期与成年期的恋物症者在建立满意的异性性关系后，其恋物行为可以减轻或消失。与女性交往时害羞、没有性伴侣的独居单身男子同较年轻的、社会适应较好的男性相比，其预后较差。异常性行为频繁，经常破坏社会习俗、违反法律者的预后通常较差。

课后练习

张某，男，60岁，来自山区农村，性格内向，不善于与人交流。在天黑前或早锻炼时，张某曾多次在较偏僻的林荫小道上对路过的女性露出生殖器，见女生受到惊吓而自感快乐。某日张某见一建筑物楼顶仅有一名女性便掏出生殖器，该女惊呼，张某被抓获，送司法精神病学进行鉴定。

问题：结合所学知识，请判断张某所患何种疾病？如何对他进行护理？

（王丽）

项目六 老年心身健康与心理护理

◇ 能够描述心身疾病的定义。
◇ 熟悉老年人常见的心身疾病。
◇ 掌握老年高血压、糖尿病、冠心病的临床及心理表现。

【能力目标】

◇ 能根据老年心身疾病患者的临床表现，确定心理护理措施。
◇ 能根据老年患者所患心身疾病，确定心理护理计划及方案。
◇ 能够以科学的形式分辨老年人心身疾病的种类，并能够分析原因，提出护理方案。

【素质目标】

◇ 能够在实际工作中，为老年心身疾病患者提供个性化的护理，促进老年心身健康。
◇ 在对老年患者进行心理护理过程中，能够保护老年人隐私，维护老年人自尊心，满足老年患者的合理需求。

【思维导图】

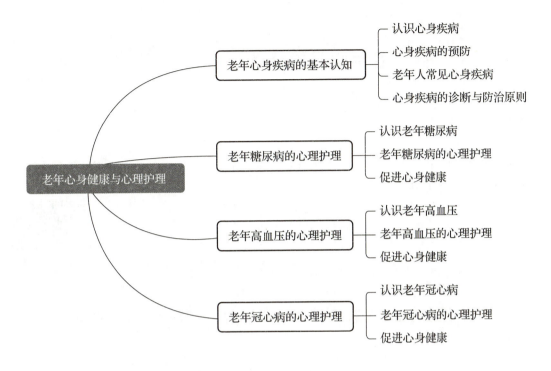

老年心身健康与心理护理
- 老年心身疾病的基本认知
  - 认识心身疾病
  - 心身疾病的预防
  - 老年人常见心身疾病
  - 心身疾病的诊断与防治原则
- 老年糖尿病的心理护理
  - 认识老年糖尿病
  - 老年糖尿病的心理护理
  - 促进心身健康
- 老年高血压的心理护理
  - 认识老年高血压
  - 老年高血压的心理护理
  - 促进心身健康
- 老年冠心病的心理护理
  - 认识老年冠心病
  - 老年冠心病的心理护理
  - 促进心身健康

案例导入

李奶奶，72岁，独居，老伴2年前死于心肌梗死。李奶奶患有糖尿病7年，高血压11年，小学文化，在治疗过程中，坚持认为糖尿病、高血压跟饮食无关，不听从医生及家人的劝告，喜欢吃甜食、咸菜，她认为控制饮食不能解决问题，她喜欢待在家里，不爱运动，平时不测量血糖和血压。半年前，曾晕倒，被邻居送往医院，治疗后病情稳定出院。5天前与独子发生争执，出现胸闷、心悸，持续约半小时后缓解，近日到医院就诊，测量血压169/100 mmHg，李女士非常害怕，表示会配合治疗。经过一段时间的治疗，病情稳定，但是护士发现近期李女士情绪低落，烦躁不安，脾气变得暴躁，并且出现了失眠症状。

思考：

1）李女士出现了哪些心理问题？

2）如何对李女士实施心理护理？

任务一
老年心身疾病的
基本认知

随着医学模式的转变，心理、社会因素对健康和疾病的影响日益受重视。近年来，心身疾病患病率逐年升高。

一、认识心身疾病

老年人心身疾病的基本知识

（一）心身疾病的概念

心身疾病又称心理生理障碍，是指一组与心理和社会因素密切相关，但以躯体症状表现为主的疾病。

心身疾病可以分为狭义和广义两种。狭义的心身疾病是指心理和社会因素在发病、发展过程中起重要作用的躯体器质性疾病，例如，原发性高血压、溃疡病。广义的心身疾病范围要广些，指心理和社会因素在疾病发生、发展过程中起重要作用的躯体器质性疾病和功能性障碍。

（二）心身疾病的致病因素

目前理论认为，心身疾病是应激源通过中介作用机制导致的。不同人对社会文化、生理心理因素产生的生物学反应不同，所以，不同的疾病存在不同的中介途径。

1. 社会文化因素

社会文化因素指人们的生活和工作环境、人际关系、角色适应和变换、社会制度、文化传统、风俗习惯、社会地位等。社会文化因素对心身健康有重要影响，在同样的社会文化背景中，社会分工的差别，也影响心身疾病的发病率，同时人们遭受的生活变动越多，患病的可能性就越大，生活事件对健康的影响是一个复杂的过程。个体是否患病取决于两方面的条件：一是客观现实文化的激烈程度，二是个体内部的机能状态，即对变化的敏感性和适应水平，这与个体生理和心理的素质特性有关。

2. 生理心理因素

它包括情绪作用和应激反应。良好的情绪对心身健康有促进作用，能为人体的神经系统机能增添新的力量，充分发挥机能的潜能。过分强烈或持续的不良情绪，超过自我调节系统的功能，就会导致疾病。应激反应学说认为外界的紧张刺激与个人应变能力之间的平衡失调可能会导致心身疾病。

3. 个体易感性

在相同的心理应激作用下，并非每个人都会患心身疾病，这种差异与个人易感性有关。

知识链接

伞兵实验

Mirsky 曾对加拿大伞兵进行了一项前瞻性的溃疡病发病研究，探讨情绪、个体易感性与溃疡病的关系，发现紧张的训练课会增加溃疡病的发病率；另外发现，63 例高蛋白酶原者中有 5 人患溃疡病，而低蛋白酶原者则无一人患溃疡病。因此认为高蛋白酶原是消化性溃疡的易感因素之一。

4. 行为类型和人格特征

行为类型和人格特征对人体疾病，尤其是心身疾病的发生、发展、转归都有明显的影响。

（三）心身疾病的发病机制

1. 心理动力理论

20 世纪 30 年代至 50 年代，心理动力学理论在心身疾病研究中占据着主要地位。该理论认为人的行为是从继承来的本能和生物驱力中产生的，而且试图解决个人需要和社会要求之间的冲突。心身疾病发病有三个重要因素：未解决的心理冲突；身体器官的脆弱易感倾向；自主神经系统的过度活动性。

2. 心理生理学理论

该理论侧重于说明发病机制，通过心理生理学实验，探讨心理活动与躯体生理生化变化的关系，该理论认为心理神经中介途径、心理神经内分泌途径和心理神经免疫学途径是心身发病的重要机制。

3. 行为学习理论

该理论认为某些社会环境刺激引发个体习得性心理和生理反应，表现为情绪紧张、呼吸加快、血压升高等。由于个体素质问题，或特殊环境的强化，或通过泛化作用使生理心理反应固定下来，演变成症状和疾病。

二、心身疾病的预防

心身疾病是心理因素和生理因素综合作用的结果，因而心身疾病的预防，也应该同时兼顾心身两方面。具体的预防工作包括对于那些心理素质有明显弱点的人，例如易暴怒、抑郁、孤僻和多疑倾向者，应尽早通过心理指导，培养健全人格。对于有明显行为问题，

如吸烟、酗酒、多食、缺少运动，以及 A 型性格的人，应该利用心理学知识进行矫正。对于对工作和生活环境里存在着明显应激源的人，应该帮助他们进行调整，以减少不必要的心理刺激，增强对突发事件的应对能力及承受能力。对于出现情绪危机的正常人，应及时疏导，帮助建立良好社会人际关系。

三、老年人常见心身疾病

老年人由于自身特点，容易产生多个系统的心身疾病。心身疾病的症状和生理性疾病的器质性症状相互重叠会给临床诊疗带来困难。

（一）高血压

高血压是最常见的慢性病，也是心脑血管病最主要的危险因素。长期的精神紧张、激动、焦虑，受噪声或不良视觉刺激等因素会引起高血压的发生。

（二）冠心病

冠状动脉粥样硬化性心脏病是冠状动脉血管发生动脉粥样硬化病变而引起血管腔狭窄或阻塞，造成心肌缺血、缺氧或坏死而导致的心脏病，常常被称为冠心病。研究显示，冠心病与心理应激、生活方式、A 型行为、人际关系紧张等多种因素有关。

（三）癌症

癌症位于我国疾病死亡谱的前列，心理和社会因素与癌症的关系不可忽视，研究显示，不良生活方式、应激等可能与癌症的发生发展有关。

（四）睡眠障碍

1. 失眠症

入睡困难、睡眠不深、易惊醒、自觉多梦、早醒、醒后不易入睡、醒后感到疲乏或缺乏清醒感、白天思睡。老年人常对失眠感到焦虑和恐惧，严重的还可影响其社会功能。

2. 睡眠 – 觉醒节律障碍

睡眠 – 觉醒节律紊乱、反常，有的睡眠时相延迟，比如常在凌晨入睡，下午醒来；有的睡眠时间变化不定，总睡眠时间也随入睡时间的变化而长短不一；有时可连续 2 ~ 3 天不入睡，有时整个睡眠提前，妨碍社会功能。

（五）支气管哮喘

心理因素是重要的触发因素。当患者遇到首次诱发其哮喘发作的场景时，即使没有相应的过敏源，患者也可能出现哮喘发作，一般此类患者具有依赖性强、较被动、懦弱而敏感的特点，容易受情绪的影响。

（六）消化性溃疡

胃肠道是最能表现情绪的器官之一，当患者出现睡眠不足、精神疲乏、进食不定时，心理应激及抽烟等都可能引起消化性溃疡。目前，有学者认为，慢性消化性溃疡病因主要分为两大类：①生物生理因素，如幽门螺旋杆菌等感染引起；②心理和社会因素，如过度紧张、焦虑等。

四、心身疾病的诊断与防治原则

（一）心身疾病的诊断原则

心身疾病发病前存在心理社会应激因素，但患者本人不一定能意识到，可发现躯体症状和体征及部分实验室指征，疾病常累及某一器官，疾病导致的生理变化更为强烈和持久。因此应按照以下标准做出诊断：

1）全面了解起病前的心理状态。如心理应激的来源、性质和程度，患者对应激事件的认知和反应，以及患者的个性特点、生活史、家庭环境和亲子关系等。

2）排除其他器质性疾病。

3）心理测验。如通过心身症状自评问卷（SCL-90）、生活事件量表（LES）、明尼苏达多项人格调查表（MMPI）等进行测验。

4）心理生理检查。了解心身之间的联系，有助于诊断。

5）心理、社会因素调查。

（二）心身疾病的鉴别诊断

要正确诊断心身疾病必须注意区别以下几种情况：

1）心理因素造成的躯体疾病。

2）精神科疾病以类似躯体疾病的症状表现出来。

3）躯体疾病所出现的精神症状。如甲状腺功能亢进所引起的焦虑、抑郁，肝性脑病前期出现的精神错乱状态。

4）精神疾病与躯体疾病同时发生在同一患者中，二者之间无直接因果关系。如精神分裂症患者患有肝炎，两者无直接联系，但精神疾病可能影响对躯体疾病的治疗和康复。

（三）心身疾病的治疗和护理

案例1

1. 治疗原则

综合性治疗是心身疾病的治疗应强调的原则，在治疗原发病躯体的同时兼顾心理、行为等方面。做到及早治疗、剂量适当、疗程充分。根据不同病人，设计个性化治疗方案。

2. 治疗方法

心身疾病的治疗方法包括心理治疗、药物治疗、其他治疗。

（1）心理治疗

心理治疗应贯穿始终。行为治疗和认知行为治疗较为常用。如系统脱敏治疗，将刺激划分为若干由低到高不同等级，引起微弱焦虑的刺激，反复暴露在患者面前，利用生物反馈方法训练患者放松，从而使刺激渐渐失去引起焦虑的作用。这种方法可以用来治疗支气管哮喘等心身疾病。

（2）药物治疗

药物的合理利用可以为心理治疗创造条件，对提高患者的生活质量起到重要作用。但是这种方法不能根治。大部分心身疾病患者是适用抗焦虑及抗抑郁药物治疗的，如帕罗西汀等。

（3）其他治疗

如松弛训练以及理疗、水疗、体疗、气功、太极拳、催眠等。

3. 疾病预后

心身疾病的预后与相应的疾病相关，有些迁延不愈，有些周期性地缓解和复发。

4. 疾病的护理

在接受治疗的同时，护士应做好护理工作，用合理的言行来影响和改变患者的心理状态，使患者在最佳的心理状态下主动接受治疗，以提高治疗效果。重视患者心身整体性，重视周围环境对患者的情感影响。要和患者建立良好的护患关系，创造良好的环境，勤沟通、多理解，调动患者的积极情绪，帮助患者了解疾病知识。在针对特定疾病的心理时，要根据相应疾病的患者所表现的性格特征、情绪、年龄等进行护理。如老年患者，可安排家属一起陪护，安抚老年人情绪，增强其战胜疾病的信心。

学中做

70岁的高先生一年前在家中突然起床时昏倒在地数分钟，醒后到医院进行多项检查，未见异常。自此，高先生开始整天担心自己的身体，逐渐出现入睡困难、多梦、早醒等状况。白天精神差，乏力，注意力无法集中，记忆力下降，对任何事情都提不起兴趣。渐渐发展到不愿外出，不敢见人，整天需要家人陪伴，心情极差，对生活失去信心。

问题：

1）高先生出现了什么心理问题？原因是什么？

2）如何帮助高先生改善心理状态？

任务二
老年糖尿病的心理护理

随着人口老龄化的加剧，老年糖尿病患者在逐年增加。数据统计显示，每年死于糖尿病的人数超过300万，该疾病已经成为继肿瘤、脑血管疾病之后的第三大杀手，糖尿病并发症多，早发现、早预防能够有效降低死亡率，提高老年人生活质量。

老年糖尿病的
心理护理

一、认识老年糖尿病

（一）老年糖尿病的定义

糖尿病是由于胰岛素作用缺陷和（或）分泌缺陷而引起的以慢性血浆葡萄糖水平升高为特征的代谢疾病。1999年WHO与国际糖尿病联盟公布标准：空腹血浆血糖（FPG）≥ 7.0 mmol/L（126 mg/dL）；餐后2小时血浆血糖（2 hPG）≥ 11.1 mmol/L（200 mg/dL），具备以上两项者，即可诊断为糖尿病。老年人生理状态下糖耐量降低，2小时PG增高明显多于空腹血糖增高，因此，对老年人必须重视餐后2小时血糖的测定。长期高血糖，会导致糖尿病患者眼、肾、心脏、神经等慢性损害及功能障碍。国际上对于老年糖尿病的年龄划分尚不统一，国内多采用1980年联合国提出的年龄划分，60岁以上的糖尿病为老年糖尿病，老年糖尿病患者包括两大类：老年期起病的糖尿病和青壮年起病而延续至老年期者。前者几乎均为Ⅱ型糖尿病；后者多数为Ⅱ型糖尿病，但也包括少数Ⅰ型糖尿病。

（二）老年糖尿病的影响因素

糖尿病的病因及发病机制较为复杂，影响因素可以归纳为两大类：生物环境因素和心理社会因素。

1. 生物环境因素

（1）遗传因素

研究表明，糖尿病存在家族发病倾向，1/4 ~ 1/2患者有糖尿病家族史。

（2）环境因素

导致有遗传基础的老年人发生糖尿病的后天因素很多，比如生活水平提高，饮食结构、饮食习惯发生变化等。

（3）其他因素

人体衰老时，胰岛素原相对增多；基础代谢率逐渐下降，机体对葡萄糖的利用能力下降；伴随着体力活动的减少，人体肌肉与脂肪之比也在改变，脂肪相对增加，胰岛素敏感性下降。这些都可能是老年人糖尿病增多的原因。

2. 心理、社会因素

研究显示，不良心理、社会因素会影响老年糖尿病发生及发展过程，例如，不良生活事件、心理应激等。

（1）生活事件因素

生活事件因素是指人们在日常生活中遇到的各种各样的社会生活的变动，如结婚、升学、亲人亡故等。研究显示，在患者饮食和治疗方案不变的情况下，生活事件的突然发生会使病情加剧，使患者自身血糖水平显著升高。

（2）人格特质

人格特质是指在组成人格的因素中，能引发人们行为和主动引导人的行为，并使个人面对不同种类的刺激都能做出相同反映的心理结构。有学者提出糖尿病患者紧张、焦虑、情绪低落等情况多见，不良情绪又导致患者饮食控制不当，治疗依从性差，使血糖水平上下波动，对治疗极为不利。多数糖尿病患者具有"糖尿病人格"，即被动依赖性、缺乏自信、有不安全感。人格因素与糖尿病之间的关系还有待进一步研究。

（3）情绪因素

大量的心理学研究证明，很多糖尿病的发生与心理因素有关。当人处于紧张、焦虑、恐惧或受惊吓等应激状态时，使肾上腺素的分泌增加，间接地抑制胰岛素的分泌、释放。当这种不良心理因素持续存在，则可能引起胰岛 β 细胞功能障碍，使胰岛素分泌不足，进而导致糖尿病。

（三）老年糖尿病的临床表现及并发症

1. 临床表现

（1）起病隐匿

老年糖尿病患病率高，起病隐匿，容易漏诊，超重及肥胖老年人为重点监测对象。老年糖尿病多为Ⅱ型糖尿病，老年人口渴及多尿症状不明显，这会导致老年糖尿病诊断和治疗不及时。部分老年糖尿病患者餐后血糖已有升高，却仅有一些非特异性症状，如乏力、视力模糊、外阴瘙痒等。多数老年患者存在代谢异常表现，如高血压、高血脂等。

（2）低血糖

老年糖尿病患者在热量控制过低、病重卧床、活动量不足、降糖或胰岛素用量过大时易出现低血糖症状。

2. 并发症

老年糖尿病常出现严重的并发症，这些并发症常常进一步加剧老年人的心身痛苦，老年糖尿病并发症包括眼底视网膜病变、糖尿病肾病、周围神经病变、认知能力改变、感染等。

（四）评估

1）了解老年人相关资料。包括年龄、起病时间，主要症状及体征，家庭支持系统等，评估老年人患病相关因素。

2）评估老年人对糖尿病的了解程度。通过问卷调查等方法，分析老年人患病后的心理状态。

3）评估老年人身体健康状况。

（五）对症护理

1. 饮食护理

饮食疗法是老年糖尿病的基础治疗方法。向老年人强调科学饮食的重要意义，并鼓励老年人终身坚持。良好的饮食结构，有助于血糖的控制，在日常生活中应该忌吃辛辣油腻的食物，减少含胆固醇高的食物和含糖高的食物的摄入。严格控制主食，每周定期测量体重、每日记录出入量，自测血糖。为防止维生素和电解质的摄入不足，可以适当补充含糖低的水果、绿叶蔬菜、豆制品、瘦肉等，同时注意补充蛋白质。限制烟酒、食盐摄入量。糖尿病肾病的老年人，应减少蛋白质的摄入量。

> **知识拓展**
>
> **糖尿病"三宜"**
>
> 1）五谷杂粮，如莜麦面、荞麦面、燕麦片、玉米面、紫山药等。
>
> 2）豆类及豆制品。
>
> 3）苦瓜、桑叶、洋葱、香菇、柚子等。
>
> **糖尿病"三不宜"**
>
> 1）不宜吃各种糖、蜜饯、水果罐头、汽水、果汁、果酱、冰激凌、甜饼干、甜面包及糖制糕点。
>
> 2）不宜吃含胆固醇高的食物及动物脂肪，如动物的脑、肝、心、肺等。
>
> 3）不宜饮酒。

2. 运动护理

适当的运动能够增强机体免疫力，同时也能加速机体对葡萄糖的利用。在为老年糖尿病患者进行运动指导时，要充分考虑老年人特有的身体状况，控制运动的强度，注意运动的安全性，降低运动风险，散步、慢跑、打太极拳等运动适合无禁忌证及并发症的老年人，如果老年人有心脑血管疾病，在运动过程中应给予密切监测，确保运动安全。选择合适的运动时间，空腹运动容易出现低血糖症状，因此运动应在餐后一小时进行，每次 20~30 分钟，如果发生低血糖症状，可以服用糖果或要求老年人适当休息。鼓励老年人持之以恒，这样才能更好地控制血糖在理想水平。

老年糖尿病的运动护理

3. 用药护理

（1）口服药指导

口服降糖药物是控制血糖的有效方法。指导老年人遵医嘱服用降糖药物，

老年糖尿病的用药护理

不可随意增减剂量，不可擅自停药，用药过程中要自测血糖，定期监测体重，在用药过程中，应密切监测不良反应，出现异常及时到医院就诊。患者应用胰岛素进行治疗时，应指导患者及家属掌握胰岛素注射的正确方法，包括注射时间、部位、剂量、胰岛素的保存、不良反应及注意事项。

（2）低血糖的护理

不规范使用降糖药，会导致患者出现低血糖。有效的健康宣教能够提升患者及患者家属对低血糖危害性的重视程度。为患者制作急救卡，要求患者随身携带，同时自备糖果饼干，能够有效降低低血糖带来的安全风险。同时应提高夜间低血糖的风险防范意识。

二、老年糖尿病的心理护理

（一）老年糖尿病患者心理特点

1. 焦虑和担忧

这是最常见的心理变化。老年人因对糖尿病缺乏了解而焦虑，表现在担心血糖控制不佳，害怕并发症等。其主要临床表现为呼吸困难、窒息感、盗汗、腹部不适、感觉异常、胸痛、怕冷等。

2. 悲观和恐惧

糖尿病是慢性终身性疾病，无根治方法，漫长的治疗过程、饮食控制、生活方式改变，会增加患者的心理负担，久治不愈，容易紧张多疑，烦躁失眠，出现悲观心理。部分老年糖尿病患者会对血糖测定、胰岛素注射产生持续及不必要的恐惧以及极力回避。

3. 否认和依赖

部分老年人对糖尿病的认识不足，常因症状轻或无症状，而对诊断缺乏信任，延误治疗。老年慢性病患者常常情感脆弱，容易依赖家属及医护人员，长期的依赖会导致老年人自信心缺乏。

4. 无价值感和孤独感

慢性病的治疗和护理需要人力、药力、财力的支持，重症老年糖尿病患者常因疾病产生内疚自责心理，甚至出现自暴自弃、自杀等倾向。

（二）老年糖尿病患者心理护理措施

老年糖尿病患者受悲观、恐惧等不良情绪困扰，会导致病情加重，形成恶性循环。因此，心理护理日益受到重视，它与运动疗法、饮食疗法一起被称为糖尿病的三大基础治疗。

1. 心理疏导

评估患者心理状态，给予针对性的干预指导，鼓励患者及其家属学习糖尿病相关知识，并为患者提供相关资料，告知患者和家属糖尿病的病因、临床表现、诊断等，向患者介绍目前病情，解释治疗方案，鼓励糖尿病患者理性面对糖尿病，增强自信心及依从性。

2. 建立良好的护患关系

在患者入院时热情接待，为患者详细讲解病区的设施，介绍所有的医护人员，以消除患者对陌生环境的恐惧。通过与患者沟通，建立良好的护患关系，仔细观察患者的行为及心理变化，尊重老年患者，学会倾听，并采纳有效意见及建议，力所能及地满足患者的合理需求。评估患者心理状况，进行心理干预，保持患者心身健康。

3. 家庭社会支持

家属的支持和理解对糖尿病的治疗起着积极意义。鼓励家属督促和协助患者进行饮食及运动治疗，帮助老年人形成良好生活习惯；为老年患者建立保健计划，鼓励老年糖尿病患者参加社区活动，培养兴趣爱好，增强战胜疾病的信心；完善的社会保障体系建设，减轻患者的经济负担，可为患者的后续治疗提供保障。

三、促进心身健康

（一）加强糖尿病健康教育

糖尿病的人群预防是病因预防，最重要的措施是对公众进行健康教育，提高全社会对糖尿病危害的认识，教育对象不仅是糖尿病患者和家属，还着眼于以预防为目的的公共教育，使整个社会提高对糖尿病危害的认识以改变不良的生活方式。

（二）预防和控制肥胖

肥胖是糖尿病的危险因素。肥胖者，尤其是高血压肥胖者，减轻体重能有效降低糖尿病的发生。肥胖者应严格限制高糖和高脂肪食物的摄入，多吃富含纤维素和维生素的蔬菜和水果，防止能量的过分摄取。

（三）加强体育锻炼和体力活动

经常性地参加适当的体育活动可以减轻体重，增强心血管的功能，从而预防糖尿病及其并发症。

（四）多吃五谷杂粮

五谷杂粮都是含高纤维的食物，比如玉米、燕麦、红苕、芹菜等杂粮食物，多吃这些杂粮可以有效地降低糖尿病的发生。

（五）控制饭量

要合理地安排日常，保证一定的营养，更重要的是不能摄入过多的营养，少吃或不吃含糖量过高的食物、高脂肪食物。另外，吃饭六七分饱，勿暴饮暴食。

（六）控制体重和定期体检

超重者患上糖尿病风险高，老年人要有效地控制体重，做到定期去医院体检，随时掌握自己身体各项指标的变化，发现有问题要及时注意调整生活习惯。

技能小贴士

（一）自我管理教育

糖尿病的发生发展与生活方式密切相关，因此对老年人进行自我管理教育具有重要意义。通过糖尿病自我管理教育，能够帮助老年人树立正确的疾病观念及自我护理技巧，进而有效控制病情，提高生活质量，缓解心理压力。

（二）放松疗法

焦虑是糖尿病患者普遍存在的问题，放松疗法是缓解焦虑的有效方法。具体如下：

进行放松训练，首先要体会紧张与放松之间有什么差别。指导老年人：请您紧握右手拳头，并持续5~7秒钟，注意体验有何感觉，尤其是体验不舒适感。接着，请您快速将手放松，持续15~20秒，会感受到手臂温暖的感觉。然后左手重复以上动作。接着以相同方法对手臂、脸、颈部、肩部、腹部、臀部、股部、小腿、脚的肌肉，重复练习。

任务三
老年高血压的心理护理

高血压是老年人常见疾病之一，随着人均寿命的延长，老年人日益增多，老年高血压患者也相继增多，老年高血压是危害老年人生存和生活质量的重要因素，易并发脑卒中、心力衰竭、心肌梗死和肾功能不全等并发症，积极治疗和护理可明显降低心脑血管事件的发生率。

一、认识老年高血压

案例 2

（一）老年高血压的定义

高血压是最常见的慢性病，也是心脑血管疾病最主要的危险因素。老年高血压是指年龄大于60岁，在未使用降压药的情况下，血压值持续或非同日3次以上超过标准血压，即收缩压 ≥ 140 mmHg（18.6 kPa）和（或）舒张压 ≥ 90 mmHg（12 kPa）者。既往有高血压，服用降压药物，血压正常者仍为高血压患者。

（二）影响因素

高血压发病机制复杂，多种因素均可导致血压的持续升高。

1. 遗传因素

研究显示多数高血压患者有家族史，目前认为高血压是多基因遗传所致。

2. 精神和环境因素

情绪及环境因素会引起血压的波动，紧张、焦虑、激动或不良视觉刺激等会引起血压升高。应激或压力过大也会导致血压升高。

3. 年龄因素

随着年龄增长，发病率有升高趋势。

4. 生活习惯因素

生活方式及饮食习惯不良会导致高血压发生率增高，如高盐饮食、大量饮酒、缺乏运动、肥胖等。吸烟可加速动脉粥样硬化的过程，为高血压的危险因素。

5. 药物的影响

避孕药、激素、消炎止痛药等会对血压产生影响。

6. 其他疾病的影响

如糖尿病、甲状腺疾病、肾动脉狭窄等均会影响血压的正常水平。部分人格特征也可能诱发高血压，例如高度敏感性、愤怒、恐怖、强迫行为等。

（三）临床表现

1. 收缩压增高，脉压增大

老年人各器官都呈退行性变化，尤其是心血管系统，动脉硬化明显，老年高血压患者以收缩压升高为主，多数为单纯收缩期高血压，主收缩压与舒张压相差大，脉压可达50～100 mmHg。

2. 血压波动大

情绪、季节和体位的变化会影响老年高血压患者的血压值，清晨高血压较为常见。在选择降压药物时应考虑到该因素，谨慎选择。老年高血压患者常伴有肾动脉、颈动脉、冠状动脉及颅内动脉等病变，血压波动可加剧对心脑血管及靶器官的损害。

3. 血压昼夜节律异常

老年高血压患者常伴有血压昼夜节律异常，与年轻患者相比，血压的昼夜节律异常与老年人心、脑、肾等靶器官损害关系更为密切。

4. 诊室高血压

诊室高血压又称"白大衣高血压"，指患者就诊时由医生或护士在诊室内所测血压收缩压≥ 140 mmHg，或舒张压≥ 90 mmHg，而在家中自测血压或动态血压监测不高的现象。老年人诊室高血压常见，易导致过度降压治疗。对于该类患者应加强血压监测，鼓励患者自测血压。部分学者认为单纯的白大衣高血压不需要药物治疗，可对其进行生活方式的干预和心理治疗，测量 24 小时动态血压，进行半年 1 次或 1 次 / 年的随访。也有研究显示，白大衣高血压对靶器官也有不良影响，患者常伴有代谢异常，应该给予治疗。

（四）并发症

1. 心脏

血压持续升高，会导致心脏损害，例如，心衰、心腔扩大等。高血压合并冠心病会导致患者出现心绞痛或心肌梗死。

2. 脑

高血压可导致患者出现头痛、头晕、眼花等症状。

3. 肾

早期常无泌尿系统症状，后期可出现夜尿增多，尿检异常等，严重者可出现慢性肾功能衰竭症状，如恶心、呕吐、嗜睡、昏迷、抽搐等。

4. 视网膜

高血压会导致视网膜小动脉痉挛，严重时会出现视神经盘水肿，最终可引起患者出现视物不清、视物变形等视觉障碍。

（五）评估

1）评估老年高血压的发生原因、患者血压及一般资料。
2）观察患者的情绪和行为，评估其心理状态。

（六）对症护理

1. 饮食护理

日常饮食应注意控制食盐的摄入。同时补充水果、蔬菜等，可以多摄入油菜、小白菜、西红柿等含钾丰富的食物，保护心肌细胞，补充膳食纤维，预防便秘。需要注意，肾功能不全的患者不宜多吃含钾丰富的食物，否则容易导致心律失常，诱发心脏骤停。限制或禁止食用酱油、味精、咸肉、咸蛋、咸鱼、虾米、皮蛋、草头、空心菜等食品。

2. 行为塑造

鼓励高血压患者养成良好生活习惯，在日常生活中，注意劳逸结合，每日根据自身情况进行适度运动、保持乐观情绪，心情舒畅。注意控制体重，做好自我管理，这样才能更好地防控高血压及并发症的发生。

3. 用药护理

用药护理是高血压控制的关键环节，口服降压药需要遵从医生的指导，有规律地用药能够有效控制血压。应告知患者，严格遵医嘱用药，不要擅自增减剂量或停药，同时教会患者及其家属如何鉴别服药后的不良反应，密切观察患者是否存在不良反应，如有异常及时就医。

二、老年高血压的心理护理

（一）老年高血压患者心理特点

1. 紧张、焦虑

高血压患者因为病因复杂，病程长，缺乏疾病治疗及预后等相关知识，担心疾病的治疗会增加家庭经济负担，容易产生紧张、焦虑。而焦虑会刺激交感神经兴奋，使血压增高，形成恶性循环。如不进行心理干预，不但影响降压效果，还有可能危及患者生命，患者会进一步出现抑郁等心理疾病。

2. 悲观、恐惧

老年高血压常合并冠心病、糖尿病等多种并发症，老年人久病不愈，心身备受折磨，容易丧失信心。合并并发症的老年人常常因为病情重，担心自己随时会有生命危险，容易产生悲观、恐惧心理。如果这些不良情绪的产生没有有效的渠道倾诉，老年人会更加孤独寂寞，进而导致血压进一步升高，影响治疗、护理、预后。

3. 否认

这种情况常见于既往身体健康、突发疾病的老年人，偶尔发现血压升高，对诊断持怀疑态度，否认自己患病，服药及治疗的依从性不高，不能正确意识到高血压的危害及严重程度，常常无法做到坚持服药。

4. 依赖心理

部分老年人随着年龄的增长，身体机能的衰退，常常会出现一定程度的依赖心理，通过依赖护理人员或家人，寻求安全感，久而久之，老年人容易丧失坚定意志，变得优柔寡断，而这些不利于老年高血压患者自我管理能力的建立，患者常常难以做到定期自主监测血压或服用药物，这对血压的控制造成了一定的困难。

（二）老年高血压患者心理护理

1. 减轻应激源刺激

心理、社会因素是老年高血压病预防和治疗中不可忽视的因素，紧张、焦虑、抑郁、孤独、恐惧等负面情绪会影响躯体疾病的康复和预后。作为护理人员，应重视与患者的沟通，主动向患者介绍病情相关知识、治疗进展、后续治疗方案，认真耐心地倾听患者的心声，了解患者内心的顾虑，尽可能地解决患者的问题，满足患者的合理需求，使患者感受到护理人员的关怀与爱。针对不同的患者，要注意沟通方式，比如，内向且并发症多的患者，应给予更多的关怀，了解患者心理需求，及时进行心理疏导，让患者感受到关怀与支持，这样有利于患者保持稳定情绪，积极乐观地面对疾病。

2. 正确认知

患者的悲观、恐惧常常源于对疾病的不了解，因此正确认识疾病对于缓解患者悲观恐惧心理有着积极意义。护理人员可以通过向患者及其家属讲解疾病发病机制、相关因素、治疗方案、预防措施，以及饮食、运动等相关知识，让患者全面了解高血压的防治，正确引导患者重视高血压的治疗和护理，让患者意识到，虽然高血压是慢性病，不能根治，但是遵医嘱用药，合理的饮食控制，适度的运动及保持良好心态，能够将血压控制在良好水平并有效预防并发症的发生。当患者能够真正意识并了解高血压，其内心的悲观及恐惧会减轻，同时能更好地配合治疗。

3. 自我调节

保持心境乐观，对血压的控制有积极意义，应让患者明确不良情绪对血压的影响，鼓励患者寻找自己感兴趣的事情，如听音乐、做手工、读书、聊天等，放松心情，组织患者分享交流展示疾病的经历，让患者相互鼓励，增加彼此的信心，教会患者调节情绪的有效方法，如放松疗法等，鼓励患者学会自我调整情绪，保持冷静乐观，避免过度激动，导致危险发生。

4. 积极有效的沟通

患者因疾病容易产生消极心理，但是面对陌生的医护人员，并不一定愿意敞开心扉，因此仔细观察患者的一些非语言行为就显得尤为重要，了解患者真正的内心需求，与患者进行积极有效的沟通，同时注意帮助患者建立良好的家庭支持关系，及时发现老年患者悲观、绝望等不良心理，给予针对性的支持。

5. 心理支持

对待病人要热情、诚恳，以取得病人的信任与合作，了解患者的心理问题，并向患者解释心理问题对疾病的影响。鼓励、理解、支持患者，帮助患者树立战胜疾病的信心。

6. 不良情绪疏导

可以采用生物反馈疗法、认知疗法、放松疗法、音乐、催眠暗示等帮助患者缓解不良情绪，保持血压稳定。睡前喝牛奶、热水泡脚等都是增进睡眠、舒缓压力的有效方法。

三、促进心身健康

健康教育是传授健康知识，培养健康行为的一项社会活动。随着医学模式和健康观念的改变，大多数患者不只需要一般的生活护理，更需要的是健康知识，以及了解自己的健康状况，疾病治疗和预后的问题。高血压病程长，病情进展程度不一，容易累及心、脑、肾等器官。积极预防、治疗可减少对靶器官的损害，所以健康教育尤为重要。

（一）养成良好的行为习惯，有利于高血压的防治

养成良好的行为习惯，告知老年人戒烟、限制盐和高脂肪摄入、戒酒、适度运动对血

压控制有积极意义。帮助老年人进行自我管理，制订饮食计划及运动计划等，有助于良好行为习惯的养成。

（二）举办讲座

向老年人讲解高血压的发病机制及影响因素，明确心理因素对高血压的影响，引起老年人的重视，同时教会老年人舒缓情绪的有效方法，如音乐疗法、放松疗法、按摩等，指导老年人学习控制情绪，保持心境平和，情绪乐观。

（三）每日监测血压

向老年人讲解测量血压和遵医嘱用药的重要意义，强调不可擅自停药或增减剂量。

（四）合理膳食

采用低钠、低脂、低胆固醇、低糖饮食，多吃蔬菜和水果，多吃纤维素食物，适当补充蛋白质，养成良好的饮食习惯，可起到降低血压，预防心脑肾疾病的发生。

（五）适度运动

高血压患者应注意劳逸结合，老年人应根据自身状况，选择适宜运动，如气功、太极拳、散步、广播操等，运动量要适度，从小运动量开始，循序渐进，不要短时间大运动量锻炼，一般每次30~45分钟为宜，每周3~5次。有氧运动是最理想运动方式，对轻度高血压患者降压效果良好。高血压患者起、卧和活动时，动作不宜过快，避免发生体位性低血压。

技能拓展

老年高血压音乐疗法

研究表明，音乐能够有效改善老年高血压患者焦虑、紧张的状态，从而起到降低血压的作用。

实施步骤如下：

1）评估老年人身体状态，向老年人介绍音乐疗法的目的及意义，以取得老年人配合。为老年人制订音乐疗法计划（时间、时长、地点等），选择老年人喜欢的音乐，以舒缓、轻柔的音乐为主，避免刺激性较强的音乐。

2）听音乐前，帮助老年人如厕，调整老年人舒适卧位，保持环境清洁舒适无异味，无噪声。

3）指导老年人轻轻闭上双眼，放松身体，听音乐，在听音乐过程中，注意观察老年人神态及身体状况，如有不适，及时停止，尊重老年人的意见，可以多听或不听某一乐曲。

在治疗过程中应注意灯光、声音、电话对治疗的影响，尽量排除干扰因素，按照计划有序进行音乐疗法，并不断评估老年人的状态，及时调整治疗方案。

任务四

老年冠心病的心理护理

一、认识老年冠心病

（一）老年冠心病的定义

冠心病（CHD）是指冠状动脉粥样硬化使血管腔狭窄、阻塞和（或）因冠状动脉功能性改变（痉挛）导致心肌缺血缺氧或坏死而引起的心脏病，统称冠状动脉性心脏病，简称冠心病，也称为缺血性心脏病。CHD 是严重威胁人们健康并造成大量死亡的一种心身疾病，近年来发病率在逐渐增加。冠心病为老年人最常见的心脏病。

（二）影响因素

冠心病的发作与高血压、血脂异常、高血糖、季节变化、情绪激动、体力活动增加、饱食、大量吸烟和饮酒等有关。

影响冠心病发生及发展的危险因素均为冠心病的危险因素，按其影响严重程度排序，分别为：①血脂增高；②高血压；③吸烟；④肥胖；⑤饮食不当；⑥缺乏锻炼；⑦受精神刺激；⑧高尿酸血症；⑨肺活量减低。

研究显示，不良生活事件增多会导致心肌梗死的发生率增加。心理社会因素如经济状况、工作条件、婚姻冲突、A 型性格等通过刺激交感神经，使其兴奋性增强，血压升高，心率加快，冠状动脉痉挛，心肌缺血，这些不良因素长期存在，最终会导致动脉硬化斑块破裂，患者发生心肌梗死和心源性猝死。

（三）临床表现及并发症

冠心病分为隐性冠心病、心绞痛、心肌梗死、心肌硬化及心律失常等类型。老年人随着年龄的增加，生理功能下降，体质虚弱，部分老年人慢性病缠身，老年冠心病人数在逐年上升。老年冠心病临床特征不明显，因此医生在诊治过程中难度较大。冠心病并发症多，若并发症发作，诊断会变得更加困难。

1. 临床表现

（1）典型胸痛

常因情绪激动、体力活动等诱发，老年人会突感心前区疼痛，多为发作性绞痛或压榨痛，也可为憋闷感。疼痛自胸骨后或心前区开始，向上放射，至左肩、臂、小指、无名指，休息或含服硝酸甘油可缓解。胸痛也可涉及牙齿、下颌、颈部、腹部等。安静状态下或夜间，冠脉痉挛也可导致胸痛，称之为变异型心绞痛。如果胸痛性质发生变化，或新近出现进行性胸痛，疼痛逐渐加剧、变频，且含服硝酸甘油不能缓解，则应怀疑为不稳定心绞痛。如果患者胸痛剧烈，持续时间长（常常超过半小时），硝酸甘油不能缓解，并可有恶心、呕吐、出汗、发热，甚至发绀、血压下降、休克、心衰等症状，则患者可能会发生心肌梗死。

（2）猝死

约 1/3 的患者首次发作冠心病表现为猝死。

（3）其他

可伴有全身症状，如合并心力衰竭的患者。一部分患者无典型症状，仅表现为心前区不适、心悸、乏力，或以胃肠道症状为主。某些老年人可能无疼痛。

2. 体征

心绞痛未发作时常常无特殊体征。患者可出现心包摩擦音，心音减弱。并发室间隔穿孔者，可听到杂音。心律失常时听诊心律不规则。

（四）并发症

以心肌梗死为例，常见并发症主要有心脏破裂，附壁血栓形成，心衰、心律失常，心肌梗死后综合征。

（五）评估

评估患者一般资料、病情、身体状态等，并对患者生活习惯及性格特征进行测评，了解其心理状态。

（六）对症护理

1. 休息与运动

急性期患者一定要卧床休息，病情稳定后可适度运动，如从床上运动到院外运动，逐渐增加运动量。运动时，注意增减衣物，避免着凉，在运动中应密切监测患者；心绞痛发作时应立即停止活动并原地休息。为患者提供舒适、整洁、温湿度适宜的环境，确保患者睡眠充足，鼓励患者每日午睡 30 分钟。

2. 合理膳食

合理膳食对冠心病的防治极为重要，老年冠心病饮食原则："三低三高"，少食多餐。"三低"指的是低盐、低脂、低胆固醇；"三高"指的是高蛋白、高维生素、高纤维素；少食刺激性食物，多食易消化的食物，避免暴饮暴食，戒烟、戒酒，勿饮浓茶。

冠心病患者应注意多饮水，多吃蔬菜水果，定时排便，保持大便通畅，预防便秘。日常可用手掌顺时针按摩腹部，促进肠蠕动，必要时可遵医嘱用药，解除便秘。排便时应注意避免用力，以免导致腹压增加、血压升高而出现脑出血，甚至诱发心绞痛、心梗或猝死。

3. 密切监测病情

护理人员应做好病情监测，测量并记录患者生命体征、24 小时出入量、严格控制输液速度；严密监测心电图的变化，注意观察患者神志、面色、皮肤温度、尿量变化。患者发生剧痛时，遵医嘱给予止痛和镇痛，观察并记录患者疼痛的部位、性质、持续时间及用药后效果；对于呼吸困难的患者，可以采取半坐卧位，吸氧，如患者肺水肿，可以给予 30% 酒精湿化吸氧。

4. 用药护理

冠心病的治疗方法很多，但实际上并没有根治的方法，主要是针对病情进行的针对性或姑息性治疗，冠心病用药因人、因病情而异，所以应遵医嘱服药，不要擅自随意增减药量。指导患者制作就医卡片，填写个人联系方式及病情，外出时随身携带，并携带常规急救药物，如硝酸甘油等。如果患者心绞痛突然发作，可舌下含服硝酸甘油，如服药不缓解，应及时就医。

二、老年冠心病的心理护理

（一）老年冠心病心理特点

1. 焦虑

有研究显示，焦虑与心源性猝死高度相关。冠心病患者胸痛发作，会有濒死感，常常产生焦虑紧张情绪，而这又会进一步加重病情。首次发病的患者多会出现紧张焦虑，主要与不熟悉医院环境、生活习惯改变、对疾病不了解、担心生命受到威胁、经济压力等相关。尤其是急性期的患者，没有儿女陪伴，病情重，更容易感到独单、焦虑。因冠心病多在夜间发作，部分患者会出现因情绪过度紧张而失眠或惊恐发作的现象。

2. 恐惧

当患者看到自己的室友突然发病被抢救时，常常容易把这一场景跟自身的情况相结合，想象自己疾病突发的样子，而这进一步加剧了患者的恐惧心理。冠心病突发胸痛、濒死感等临床表现一定程度上也更容易引起患者恐惧。即使患者已经进入康复期，但是因为担心复发等，仍然会感到恐惧不安。

3. 抑郁

抑郁障碍与心血管疾病具有相关性。数据显示，20% 左右的患者心梗后会出现重度抑郁症，抑郁症患者在确诊后 12 个月发生心梗的概率是非抑郁症患者的 2 倍；抗高血压药、降胆固醇药、抗心律失常药物也存在引起抑郁症的可能。对于反复多次发作的老年冠心病患者而言，久治不愈，治疗费用高，更容易出现情绪低落、失眠等情况，认为自己是家人的累赘，对治疗效果期望不高，对生活失去信心，严重者甚至会自杀。

4. 敏感、多疑

部分患者会在疾病恢复期出现此种心理，常常因为初期病情重，对该病不了解，极度恐惧，不信任医护人员而导致。患者常有不适感，疑神疑鬼，当他人小声交谈时，常常怀疑是在说跟自己病情有关的事情，认为医生及家属在刻意隐瞒重要信息，担心医护人员没有对自己进行最好的治疗或护理。这类患者心理负担重，依赖心理强，无主见，缺乏信心，对治疗和护理的依从性不高。

5. 否认

部分老年人突发疾病，心理上无法接受，坚持认为自己没有疾病，是误诊。甚至有些老年人一旦病情好转，便拒绝再进行下一步治疗。研究显示，否认是一种心理保护机制，能够一定程度上减轻患者的焦虑情绪，但是一味地否认，也会导致老年人对疾病的严重程度认知不足，进而耽误治疗。

（二）老年冠心病心理护理

1. 入院护理

患者到陌生的医院，离开亲人朋友，角色发生转变，容易产生焦虑、孤独感。护理人员应主动介绍医院环境，规章制度，并向患者介绍自己，初步与患者建立良好护患关系。在护理工作中，应主动关心患者，语言礼貌亲切，耐心倾听，通过沟通了解患者心理变化及需求，并对患者的焦虑等心理问题进行积极疏导。

2. 支持和鼓励患者

分析患者心理问题产生的原因，给予针对性的护理。

恐惧的患者，多源于对死亡的恐惧，究其原因，还是因为对疾病不了解，对预后没有信心。可以邀请治疗恢复期的患者分享患病及治疗经验，通过沟通与交流，患者能够获得疾病的相关信息，增强战胜疾病的信心。在与患者进行沟通的过程中，可以结合多种沟通技巧，如暗示等，转移患者的注意力，消除恐惧情绪，提高患者依从性。鼓励家属多陪伴患者，减轻患者的孤独感。

敏感、多疑的患者，护士应主动与患者沟通交流，回答患者提出的问题，了解患者的心理状态，对患者疾病的治疗和护理工作进行解释，使患者了解自身疾病及治疗护理流程，通过多关心、多沟通，增加患者的安全感，提升患者战胜疾病的自信心，使患者以积极的心态面对疾病。

作为护理人员应关注老年患者的心理健康问题，对于依赖性强的患者，可以根据其自身状态，鼓励他们做力所能及的事情，并及时给予鼓励，实现老人生活自理。指导老年人学会自我调节，保持心情愉悦。在日常护理工作中，温柔的语言、亲切的目光、善意的笑容、温暖的握手等都会让患者感受到关心和爱意。

三、促进心身健康

（一）知识宣教

如果患者对冠心病的病因、治疗措施、急救措施了解不足，则不利于疾病的防控，因此，开展各种形式的健康知识宣教尤为重要，可以通过微信、网络课堂等多种形式开设课程，讲授冠心病的急救知识、用药指导等，让患者掌握自救方法。冠心病患者需要遵医嘱用药，定期复查，应告知并使患者明白定期复查的重要性，并教患者识别冠心病危险预兆，及时就医。

（二）生活指导

在日常生活中，应养成良好习惯，少食多餐，戒烟限酒，情绪积极，适量运动。饮食方面控制总热量，限制脂肪的摄入，宜多吃粗粮，适当地吃瘦肉、鱼类；蛋白质摄入应适量，可以选用牛奶、酸奶、鱼类和豆制品，对防治冠心病有利；饮食宜清淡、低盐；适当补充维生素、无机盐和微量元素（注意多吃含镁、铬、锌、钙、硒元素的食品）。运动方面，有氧运动可以提高心血管耐力，如慢跑、游泳、骑自行车、步行等。每周 3~4 次，每次 10~15 分钟，根据自身状况，可以逐步延长到每日 30 分钟。需要注意的是，有氧运动前后应进行 5~10 分钟的热身活动，运动前后避免情绪激动，运动前不宜饱餐，运动要循序渐进，避免穿得太厚，运动后不要马上洗热水澡，不宜吸烟。

知识拓展

冠心病防治误区

1）忽略心肌梗死的紧急信号——胸痛。心肌梗死常发生在后半夜至凌晨，病人往往因不愿意叫亲属而等天亮，失去抢救机会。

2）身体一直较好或没有胸痛的病人突发胸痛，以为是胃痛，挺挺就过去了，最终延误病情。

阅读拓展

A型性格和你的心脏
——《健康时报》

提起血型，大家都知道有A型、B型、AB型和O型之分。其实，人格也有A型、B型之分，而且A型人格尤其受冠心病"偏爱"。

1959年，美国旧金山哈佛布鲁恩心血管病研究所的两位心脏病专家弗里德曼和罗森曼观察心脏病患者在候诊室中的表现，发现冠心病患者多有"雄心勃勃、竞争性强、易激动、好争执、敏捷、没耐心、声音洪亮和时间紧迫感"等行为，并将其称为A型行为，概括起来就是：时间紧迫感、竞争和敌意。

弗里德曼将具有A型行为的人格称为A型人格。此外，他还提出了B型人格，即与A型相反，是一种舒缓、善于自我调节思维的人格。随后，两位专家联合多个国家内科医生进行一项"西方协作研究计划"，证明A型行为是冠心病的危险致病因素，尤其对环境和其他人保持敌视态度的A型人格者发生冠心病的危险性增加，而适应、享受和热爱生活的A型人格者的危险性并不增加。

为什么A型人格者受冠心病偏爱呢？这是因为，这类人的情绪非常容易紧张、激动，当受到工作任务或情绪等方面的刺激时容易反应过度，造成长时间去甲肾上腺素的过量分泌，带来不良影响。去甲肾上腺素的分泌，一方面会使心肌像"打了鸡血"一样兴奋起来，增加耗氧量，促发冠状动脉痉挛；另一方面，长时间过量分泌会损伤血管，加速血栓形成，从而诱发冠心病。

学中做

讨论：
1）老年心身疾病有什么特点？
2）如何应对老年心身疾病？

（何凤云　王芳华）

项目七　老年癌症与心理护理

【知识目标】

◇ 了解老年癌症的影响因素。
◇ 了解患癌老年人常见的心理反应。
◇ 熟悉老年癌症的基本特征、临床特点。
◇ 熟悉患癌老年人心理护理要素。
◇ 熟悉护理程序在患癌老年人心理护理中的应用。
◇ 掌握老年癌症的定义、患癌老年人心理护理的定义。
◇ 掌握老年癌症患者的心理变化规律。

【能力目标】

◇ 能说出老年癌症的临床特点。
◇ 能说出老年癌症的影响因素。
◇ 能识别并判断患癌老年人心理状况。
◇ 能运用护理程序对患癌老年人进行心理护理。

【素质目标】

◇ 引导学生树立尊老爱老的观念。
◇ 帮助学生树立积极健康观。
◇ 提高职业素养，掌握心理护理技能。

【思维导图】

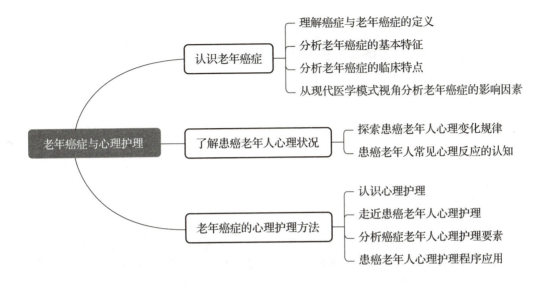

```
                                    ┌─ 理解癌症与老年癌症的定义
                      ┌─ 认识老年癌症 ─┼─ 分析老年癌症的基本特征
                      │              ├─ 分析老年癌症的临床特点
                      │              └─ 从现代医学模式视角分析老年癌症的影响因素
                      │
 老年癌症与心理护理 ─┼─ 了解患癌老年人心理状况 ─┬─ 探索患癌老年人心理变化规律
                      │                        └─ 患癌老年人常见心理反应的认知
                      │
                      │                      ┌─ 认识心理护理
                      └─ 老年癌症的心理护理方法 ─┼─ 走近患癌老年人心理护理
                                             ├─ 分析癌症老年人心理护理要素
                                             └─ 患癌老年人心理护理程序应用
```

案例导入

　　李奶奶，70岁，平素身体健康，近期食欲不振，主诉进食后胃脘部不适，发胀，便血3日，遂至医院就医。医生查体后，结合辅助检查，确诊为"胃癌"。李奶奶得知患癌后，反复到医院求诊，极力寻找证据证明误诊，但遗憾的是，所有检查结果均提示李奶奶患胃癌。李奶奶感到很愤怒，经常问周围邻居，为什么是她？经邻居劝解，李奶奶接受患癌事实。认为"是我，就是我吧"，但是，李奶奶仍感到十分悲伤，甚至抑郁，认为得了癌症就等于被判了死刑。因此，李奶奶每日以泪洗面，悲观绝望，甚至想要放弃治疗，经常说："自己还不如死了算了，免得拖累他人。"短短几日，李奶奶形容枯槁。后经专业人士的心理护理，李奶奶慢慢从绝望的情绪中走了出来。据了解，在实施心理护理之前，护士首先对李奶奶进行了心理护理评估，从生理、心理、社会支持三方面收集资料，而后对收集到的资料进行了分析，了解了李奶奶现存的和潜在的心理问题，根据心理问题选择合适的心理干预方法，制订了心理护理目标和心理干预计划，依据心理护理总目标和计划实施心理干预措施，在干预过程中，李奶奶的状态得到了及时调整。最后，在李奶奶和心理咨询人员的共同努力下，李奶奶心理适应良好。

　　思考：

　　1）什么是癌症，癌症的定义如何？

　　2）李奶奶患癌后的心路历程可以分为哪几期？每期的临床表现如何？

　　3）通过对李奶奶的心理护理过程，你能总结出患癌老年人心理干预的程序吗？

任务一 认识老年癌症

一、理解癌症与老年癌症的定义

（一）癌症的定义

癌症（Cancer）是恶性肿瘤的一种，是指人体正在发育的或成熟的正常细胞在不同的致癌因素长期作用下发生异常增生而形成的不同于人体正常细胞或组织的新生物。癌症多呈浸润性生长、无包膜、边界不清晰，出血、坏死、溃疡较多见，易转移，对机体影响大，死亡率高，治疗效果相对较差，手术后容易复发。

癌症具有两大特征：一是形态上表现为肿块，二是组织结构功能上有别于正常组织。

知识链接

癌细胞除了生长失控外，还会侵袭其他正常组织器官并发生转移，常见的转移方式有4种，分别是直接蔓延、淋巴转移、血行转移和种植转移。

知识拓展

发生在上皮组织的恶性肿瘤称为癌，发生在间叶组织的恶性肿瘤称为肉瘤。

（二）老年癌症的定义

老年癌症是在老年期发生的恶性肿瘤的统称。在老年人的死因中，恶性肿瘤位居老年人死因的首位。老年期是癌症的好发期，一方面，随着年龄的不断增长，机体在不断老化，尤其是进入老年期后，机体的组织器官不断老化，免疫功能逐渐减退，对癌细胞的监测和清除作用降低，更加容易罹患癌症。另一方面，癌症是一种慢性病，从接触致癌因素到患癌是一个由量变到质变的缓慢过程，人们在早期生活中不断接触各种致癌因素，到老年期达到了一定的程度，由此罹患癌症。

老年癌症种类因地理分布和性别而异。我国75周岁以上的老年人常见的癌症主要有以下几种：食管癌、胃癌、结直肠癌、肺癌、肝癌、前列腺癌和宫颈癌。

为什么老年期是癌症高发期？可能与哪些因素有关？为什么老年癌症种类会与地理分布、性别有关？

二、分析老年癌症的基本特征

老年癌症的基本特征如图 7-1 所示。

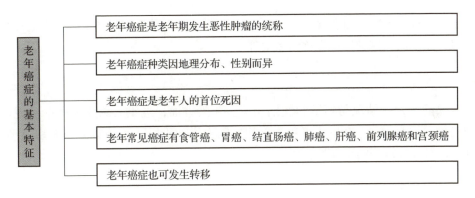

图 7-1　老年癌症的基本特征

三、分析老年癌症的临床特点

因癌症的病理形态、发生部位及发展阶段多有差异，故癌症患者的临床症状区别较大。通常的临床表现主要有：疼痛、肿块、溃疡、出血、梗阻、消瘦等局部和全身症状。又因老年人由于年龄增长，机体不断老化，组织器官功能有所变化，因此，老年癌症既具有普通癌症的临床特点，也具有自身独特的临床特点。

（一）老年人的癌前病变易突变为癌

因机体功能的老化，老年人体内 T 淋巴细胞、NK 细胞和巨噬细胞功能减退，不能及时清除初发的肿瘤细胞，最终，导致肿瘤细胞迅速增殖。在这种情况下，良性病变由于老年脏器衰弱、免疫功能低下，易被致癌因素诱发突变，形成恶性肿瘤。

（二）症状隐匿，确诊时多为晚期

一些老年人在患癌后，无明显症状，仅在老年人离世后，尸检时发现。这一类老年癌症也称为潜伏癌。老年人常见的潜伏癌有前列腺癌、肾癌、甲状腺癌、结肠癌、肺癌和宫颈癌。

（三）误诊率高

因患癌老年人往往同时患有其他疾病，如老年高血压、老年糖尿病、老年前列腺增生等。所以，患癌老年人的体征与症状不一定同病理相符合，病理改变比临床表现重且出现早，缺乏特异性的临床表现，全身情况差，反应迟钝、疼痛阈值较高，易被忽视。恶性肿瘤表现出来的症状和体征往往被误认为是由其他疾病引起的，如直肠癌引起的便血、肛门坠胀，被误认为是痔疮。再者，机体老化表现出来的衰弱等现象往往掩盖肿瘤的存在。

（四）肿瘤多发

老年人恶性肿瘤往往是多发的，即同一个人同时或先后患有不同组织器官的癌症，各癌不转移、无浸润。这种情况也称为多发癌。

（五）与年龄、性别相关

老年癌症的发病情况与年龄和性别相关。年龄方面，老年人癌症发病率呈现出先增后减的趋势，即60岁至79岁为老年人癌症发病率增加阶段。80岁以后发病率逐渐下降。性别方面，男性发病率高于女性。

（六）发病部位具有一定次序性

老年癌症发病部位具有一定的次序性。从人体系统来看，老年癌症的好发部位依次为消化系统、呼吸系统和泌尿系统。从发病器官来看，依次为肺、胃、结肠、食管和肝脏。

（七）治疗预后不理想

由于年老体弱，对治疗耐受较差，加之进食量少、基础代谢率低、抗病能力低，肿瘤组织代谢旺盛，身体消耗增加，老年癌症患者治疗和预后往往不理想。

（八）老年癌症易发生电解质紊乱

老年癌症易发生电解质紊乱，常见的电解质紊乱包括低钠血症和高钙血症。

知识拓展

老年常见癌症十大早期信号。

①食欲正常，突然出现持续性食欲不振或消化不良；

②近期持续性体征减轻、乏力、食欲不佳、进食干燥食物时出现吞咽不利，有异物感甚至吞咽困难；

③平时不咳嗽，突然出现咳嗽、痰中带血丝、胸痛、干咳等症状；

④老年女性绝经后出现阴道出血或白带异常；

⑤老年女性乳房出现质硬、边缘不规则肿物，伴乳头回缩且有异常分泌物；

⑥老年人出现右上腹胀痛、食欲不振、乏力，且有慢性肝炎病史；

⑦口腔黏膜异常伴不愈性溃疡；

⑧不明原因肉眼可见血尿；

⑨近来发现一侧鼻塞、鼻涕带血或有一侧耳鸣；

⑩尿频、夜尿次数增多、排尿困难。

四、从现代医学模式视角分析老年癌症的影响因素

老年人癌症的
影响因素

癌症被认为是一种心身疾病，其致病因素有多种，可分为外部因素和内部因素。

（一）外部因素

1. 化学因素

化学致癌因素是导致恶性肿瘤的主要原因，如黄曲霉素、亚硝胺类化合物、熏烤或烧焦类食物中的一些物质。

2. 物理因素

放射线、灼热及紫外线等。比如，紫外线照射与皮肤癌有关。

3. 生物因素

某些癌症同病毒感染有关。比如，宫颈癌与 HPV 的感染有关。

4. 不良生活习惯

我国每年新发癌症病例超过 300 万，而与膳食与营养因素相关的癌症占 30% 以上。所以，不健康的饮食习惯也是重要的致癌因素之一。再比如吸烟、嗜酒、吃烟熏食物、不科学烹调等均可致癌。

5. 环境因素

环境污染产生的有害物质可以致癌。如 PM2.5。

PM2.5 细颗粒物又称细粒、细颗粒、PM2.5。细颗粒物指环境空气中空气动力学当量直径小于等于 2.5 微米的颗粒物，长期暴露在 PM2.5 环境中可以致癌。

想一想

你所知道环境公害事件中，哪些事件中的哪些因素可以引起癌症？

（二）内部因素

1. 免疫功能下降

免疫系统对机体具有保护作用，可以降低患癌风险。随着年龄的增长，胸腺逐渐萎缩，胸腺内分化的淋巴细胞明显减少，免疫活性降低，产生抗体能力下降，机体的免疫功能下降，恶性肿瘤风险随之增加。

2. 内分泌紊乱

机体进入老年期，构成人体内分泌系统的脑垂体、甲状腺、甲状旁腺、肾上腺、性腺、胰岛及某些脏器中的内分泌组织会发生退行性变化，影响人体内分泌系统，导致内分泌系统发生紊乱。内分泌紊乱对某些癌症的发生和发展具有一定的作用，比如卵巢癌。

3. 遗传因素

遗传因素对人类肿瘤是否有直接影响目前尚无定论。但研究表明，许多常见的恶性肿瘤如乳腺癌、胃癌、大肠癌等多具有家族聚集现象。

4. 精神心理因素

癌症是心身疾病。不良的情绪是癌症的"催化剂"。研究表明，许多恶性肿瘤的发生均与不良情绪有关。

5. 社会因素

社会因素也是重要的致癌因素之一。如不和谐的人际关系、社交孤独等均容易使老人产生焦虑、抑郁心理，长期处于这种心理状态下会严重影响心身健康，甚至罹患癌症。

6. 人格特征

人的性格可以分为 A、B、C、D、E 五种性格类型，研究发现，C 型性格的人更容易罹患癌症，所以 C 型性格也称为癌症性格。该性格的人少言寡语、抑郁内向、逆来顺受、忍气吞声、毫无怨言、爱压抑自己内心的真实情感，不良情绪长期的存在势必会影响人的健康，甚至罹患癌症。癌症与个性的关系在我国古代已有描述，《外科正宗》里就有乳腺癌是由于"忧思郁结，所愿不遂，肝脾逆气，以致经络阻塞，结聚成结"的论述。

7. 应激、紧张

大多数心身疾病患者在其发病前都遇到过不同的生活事件，所遇到的生活事件在同期较健康人多，且程度严重。

知识链接

①Ａ型性格：有强烈的竞争心理，脾气急躁。Ａ型性格者易患冠心病等疾病。

②Ｂ型性格：遇事从容不迫，工作条理性较强，生活态度轻松愉快，积极乐观。

③Ｃ型性格：性格内向，长期抑郁而又不善于表达，表面沉默不语，逆来顺受，但怒气难消。有精神创伤史，大多有父母不和或有过感情创伤，情绪抑郁，好生闷气，但生气又不对外人宣泄；极小的生活事件便可引起焦虑不安，心情总处于紧张状态；压抑怒气，往往为取悦别人而取消自己的需要。Ｃ型性格者患癌症的危险性比一般人高 3 倍。

④Ｄ型性格：有强烈的控制欲望，在任何环境总是想掌控一切，获取主动，如果没有主导权，他会改变想法，或者离开，寻找新的能够担当领导的环境。Ｄ型性格者易患心脏病。

⑤Ｅ型性格：感情丰富、善于思索、很少具有攻击性，他们不善于人际沟通，也很少找别人的麻烦，情绪较为消极，自我评价偏于悲观。此类性格好发神经官能症。

任务二
了解患癌老年人心理状况

一、探索患癌老年人心理变化规律

（一）心理变化分期

由于缺乏对癌症的正确认知，以及对癌症的恐惧，老年癌症患者往往有不同程度的心理变化。根据不同的心理行为表现，可将患癌老年人的心理变化概括为否认期、愤怒期、妥协期、抑郁期和接受期。

患癌老人心理
变化规律

提示

患癌老年人的心理分期有多种方法，本教材采用的是临床比较常用的分期方法，与临终患者心理分期方法类似。

不同心理分期的老年人会有怎样的表现？

1. 否认期

因老年癌症具有一定的特殊性，往往以潜伏癌为主，缺乏特异性的表现。所以，很多患癌老年人一开始无法接受患癌事实，特别是平素体健、从未患过重大疾病的老年人往往极力否认身患癌症的事实，抱有侥幸心理和恐惧心理，他们更愿意相信，并不是自己真正罹患癌症而是医生误诊。这一时期，主要表现为患癌老年人对诊断结果感到震惊，尝试以各种方法寻找驳斥诊断的证据，具体包括反复求诊行为，利用网络搜寻证据的行为等。这一时期可伴有不同程度的焦虑或抑郁。

2. 愤怒期

因否认期的反复求诊结果和收集到的证据均提示老年人已罹患癌症，患癌已成为不争事实，这时老年人会感到命运不公，感到强烈的愤怒和气愤，对手术、化疗、放疗等引起的副作用也认为是病情的加重，由此更加恐惧不安。愤怒情绪会在此期集中爆发，患癌老年人常借故表现出愤怒和嫉妒，常常与亲人、医护人员发生吵闹，事事感到不如意，还会认为所有人都对不起他，委屈了他，甚至会向亲朋好友述说："世间不公平，得癌症的为什么是我。"大多数人也会通过大声喧哗、百般报怨、愤愤不平等方式来发泄心中的不满。

3. 妥协期

经过愤怒期后，老年人终于开始慢慢尝试着接受患癌事实，进入妥协期。患癌老年人有时也会许愿，常常会说，"如果不让我患癌症，我一定不吸烟了，我一定戒酒"等具有协议意味的话。有时也会说："好吧，既然是我，就是我吧。"

4. 抑郁期

此期患癌老年人已经慢慢接受自己患癌的事实，但当患癌老年人在治疗或休养的过程中，想到自己的工作和事业，想到亲人的生活及家中的一切时，便会从内心深处产生难以言状的痛楚和悲伤。疼痛是癌症老年人最普遍的临床症状，受疼痛的折磨，患癌老年人很容易产生轻生的念头。患癌老年人自杀行为在此期发生率较高。

5. 接受期

此期患癌老年人已经完全能够接受患癌的事实，患癌老年人从内心深处认识到事实就是事实，是无可改变的，惧怕死亡是无用的，只有以平静的心情面对现实，积极的接受治疗，生活才能更有价值，此时，患癌老年人的身体状态也会随心理状态的调整朝好的方面发展，患癌老年人开始积极主动配合医护人员进行治疗。

知识拓展

老年癌症患者心理分期——6分期法

①体验期：是指患者从接触与癌症相关的事件后开始至出现某些与癌痛有关或相似症状的心理变化期。

②怀疑期：是指患者从出现与癌症有关或相似症状以后至被确诊为癌症的心理变化时期。

③恐惧期：是指患者被确诊为癌症后的心理变化初期。

④幻想期：是指患者治疗开始后的一个心理变化时期。

⑤绝望期：是指晚期癌症患者绝望情绪集中爆发的一个时期。

⑥回归期：是癌症患者最后的心理变化期。表现为接受事实，劝慰亲友。

（二）心理变化特征

患癌老年人心理变化的特征如图7-2所示。

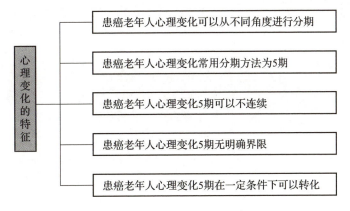

```
                 ┌─ 患癌老年人心理变化可以从不同角度进行分期
                 │
                 ├─ 患癌老年人心理变化常用分期方法为5期
  心理              │
  变化    ─────────┼─ 患癌老年人心理变化5期可以不连续
  的               │
  特征              ├─ 患癌老年人心理变化5期无明确界限
                 │
                 └─ 患癌老年人心理变化5期在一定条件下可以转化
```

图7-2　患癌老年人心理变化特征

①如果你是一名老年健康服务人员，针对不同心理分期的老年癌症患者，你应该如何进行护理？

②如果老年人在不同的心理时期缺乏专业的心理护理或心理指导，会产生哪些适应性障碍？

二、患癌老年人常见心理反应的认知

老年癌症是一种心身疾病，心理适应贯穿老年人病程的始终。老年人心理适应良好有助于老年人癌症相关症状的减轻，提高患癌老年人的生活质量。但是，如果老年人心理适应不良，患癌老年人则会产生心理适应问题，出现不良心理反应，影响老年人疾病进程，降低患癌老年人生活质量。

患癌老年人常见的心理反应有哪些？

知识链接

我国著名学者制定的老年人心理健康的标准应包括以下五大方面：
①热爱生活和工作；
②心情舒畅，精神愉快；
③情绪稳定，适应能力强；
④性格开朗，通情达理；
⑤人际关系适应强。

知识拓展

中医认为心为君主之官，主神明，与人们讲的心理相对应。而神的活动具体表现为五神和五志，五志发展成为七情。对应关系如表 7-1 所示。

表 7-1　五脏、五神、五志七情的对应关系

五脏	肝	心	脾	肺	肾
五神	魂	神	魄	意	志
五志	怒	喜	思	悲	恐
七情	怒	喜	思（忧）	悲	恐（惊）

（一）消极应对心理状态

由于缺乏对癌症的认知，或受限于经济等因素，尤其是在很多偏远的农村，很多患癌老年人一旦得知自己被确诊为癌症，则会产生消极应对心理，甚至放弃治疗。常见的消极应对心理状态包括黄昏心理、自卑心理、低价值感和低安全感。

1. 黄昏心理

人一旦步入老年阶段则会面临多种丧失，其中就包括丧偶。丧偶对患癌老年人来说是重要的生活应激事件，加之子女成年后，离开原生家庭，赴外地工作或者子女成立各自小

家庭，尤其是独生子女家庭，再加之患癌老年人自身年老体弱，深受疾病困扰，患癌老年人会感到生活失去乐趣，对未来失去信心，甚至对生活前景感到悲观失望，对疾病产生悲观的情绪。严重者还会对任何人和事都怀有一种消极、否定的灰色心理，这种悲观消极的心理我们称之为黄昏心理。

2. 自卑心理

患癌老年人常常由于退休后经济收入减少，社会地位下降，往往感到不受人重视和尊敬了，从而产生深深的失落感和自卑心理。加之放疗和化疗是癌症患者的常用治疗手段，放疗和化疗后，老年人往往会脱发，由于自我形象的紊乱，患癌老年人也往往会产生深深的失落感和自卑心理。具体可以表现为发牢骚、埋怨，指责子女或指责过去的同事和下属，甚至医护人员。有的老年人自己也会自暴自弃。

3. 低价值感

因患癌症需要入院接受治疗的老年人，不得不停止原来的社会角色，入住医院专心接受治疗，加之在健康人向患者过渡的过程中老年人往往会发生角色适应障碍，价值感丧失，怕拖累子女，甚至认为自己成了家庭和社会的累赘，失去存在的价值，对自己的评价过低。如果，此时患癌老年人的社会支持系统不佳，子女、亲属及医护人员缺乏对患癌老年人的关心和疏导，容易导致患癌老年人自杀。

4. 低安全感

因有的老年人认为家属和医护人员无法感同身受，无法理解自身的痛苦而对外界社会产生反感、偏见，从而封闭自己，拒绝和他人交流，产生孤独无助的感觉，变得恐惧外面的世界，甚至患上老年焦虑和抑郁。

如果你是一名老年健康服务人员，对具有消极应对心理的患癌老年人，你将采取哪些干预措施？

（二）患癌老年人心理适应问题

患癌老年人如果心理适应不良除了会产生消极应对心理外，还会引发一系列的心理适应问题，包括人际关系障碍、依赖感增强、躯体形象和功能紊乱、自我价值感丧失、对死亡恐惧和焦虑。

1. 人际关系障碍

生理方面，患癌老年人由于年老体弱，做许多事情常常感到心有余而力不足，甚至有的老年人因疾病，机体活动受限，老年人往往因此自我评价过低，价值感降低，产生自卑心理，不愿与人过多交流，甚至拒绝交流，从而出现人际关系障碍。心理方面，随着疾病的进展，老年人的心理过程将经历否认期、愤怒期、妥协期、抑郁期和接受期的变化，在这些时期，如果老年人不能得到有效的心理干预，自身心理适应不良，则会影响患癌老年人的人际关系。社会适应方面，由于老年人具有适应能力变差的特点，患癌老年人往往会对癌症的治疗及住院环境不适应，如果此时医护人员和家属疏于对老年人的关心和疏导，则会使老年人产生强烈的孤独感和被抛弃感，甚至对治疗产生怀疑，对医护人员不信任，担心不已，从而产生情感适应性障碍，严重影响治疗顺应性和治疗效果。

> 人际关系障碍，指妨碍正常、良好的人际关系建立和维持的一切因素，其中主要有：①个体的某些人格特征，比如过度自卑；②竞争；③人际沟通网络特征。

2. 依赖感增强

由于疾病的影响，患癌老年人往往错误地认为只有子女、亲属、医护人员以自身为重才是对自己的关心，依赖趋势增长。他们往往渴望得到他人的帮助，并因为角色的转换，成为病人而产生行为退化，如缺少了生活自理能力。但同时患癌老年人又非常害怕自己丧失各种能力，害怕自己成为子女的负担，而对自己的依赖性耿耿于怀，从而陷入内心深深的冲突之中。

3. 躯体形象和功能紊乱

躯体形象方面，患癌老年人因为治疗，已经趋于改变的体形更加难看，甚至有的癌症患者由于癌症本身导致的躯体形象改变，比如，结肠癌术后行造瘘术的患者；躯体功能方面，躯体形象的改变使原本已经退化了的生理功能更加退化，并导致严重躯体功能失调，例如，治疗过程中严重胃肠道症状及中枢神经系统损害。

4. 自我价值感丧失

老年人在患癌症后，很容易出现自我价值感的丧失。患癌老年人往往认为自己无用了，尤其是经济条件不够好的患癌老年人，他们往往认为，自己不仅不能帮助家人，反而成为需要家人关心和照顾的对象，这样会耗费了家人大量精力、财力及物力，影响子女工作，自己已经成为无用的人，成为生活中的负担，丧失了生活的乐趣和享受。

5. 对死亡恐惧和焦虑

由于缺乏死亡教育，缺乏对癌症的认知，许多患癌老年人会产生"癌症＝死亡"的悲观想法，对死亡充满恐惧，对自身疾病担心不已，从而对癌症产生恐惧和焦虑。

学中做

> 1）如果你是一名老年健康服务人员，对心理适应不良的患癌老年人，你将如何应对？
>
> 2）如果你是一名老年健康服务人员，你将如何根据患癌老年人的心理分期提供心理护理服务？

任务三
老年癌症的心理护理方法

一、认识心理护理

心理护理（Psychological Care）的定义具有广义和狭义之分。广义的心理护理是指护士在护理的全过程中，不拘泥于任何形式，采用各种方式和途径（包括心理学的理论和技能以及能够影响护理对象心理活动的护士的一切言谈举止）积极影响护理对象心理活动的过程；狭义的心理护理则是指在护理的全过程中，护士采用心理学的理论和技能通过各种方式和途径（心理支持、行为矫正、改善认知等），遵循一定的护理程序，运用适宜的技巧，积极地影响护理对象心理活动，帮助护理对象达到最适宜的心身状态，从而达到护理目标的心理治疗过程。

　　"最适宜心身状态"是指患癌老年人在当前情况下所能达到的最有利于心身健康的状态。

二、走近患癌老年人心理护理

患癌老年人心理护理的定义是指护士在对患癌老年人进行护理的过程中，综合运用心理学的理论和技能通过各种方式和途径（具体包括心理支持、行为矫正、改善认知等），遵循一定的护理程序，运用适宜的技巧，积极地影响患癌老年人心理活动，帮助患癌老年人积极调适心身状态，达到最适宜的心身状态，从而达到护理目标的心理治疗过程。

老年癌症的心理护理

三、分析患癌老年人心理护理要素

患癌老年人心理护理具有四大要素，分别是护士、患癌老年人、心理学理论及技能、患癌老年人的主要心理问题。四大要素之间的关系如图 7-3 所示。

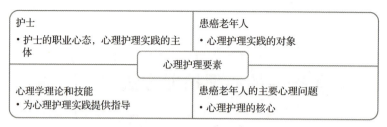

图 7-3　患癌老年人心理护理四大要素关系图

四、患癌老年人心理护理程序应用

护理程序是一套以促进和恢复患者健康为目标的有目的、有计划、有系统进行的科学程序，能够科学地指导护理实践。采用护理程序对患癌老年人进行心理护理十分科学，也十分必要。患癌老年人心理护理程序是患癌老年人心理护理评估、患癌老年人心理护理诊断、患癌老年人心理护理计划的制订和实施、患癌老年人心理护理评价。

患癌老人心理
护理程序

（一）患癌老年人心理护理评估

1. 患癌老年人心理护理评估的定义

患癌老年人心理护理评估是指在生理 – 心理 – 社会医学模式的指导下，有计划地、系统地收集、整理、分析患癌老年人相关资料，以了解患癌老年人目前的心理健康状态，并评估其过去和现在的应对方式，为确定心理护理诊断、心理护理目标，制订心理护理计划寻找依据的过程。患癌老年人心理护理评估是患癌老年人心理护理程序的第一步。

2. 患癌老年人心理护理评估的特征

患癌老年人心理护理评估特征如图 7-4 所示。

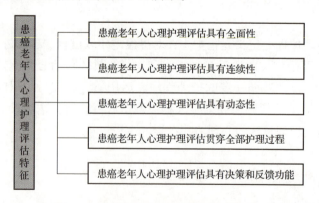

图 7-4　患癌老年人心理护理评估的特征

3. 患癌老年人心理护理评估的目的和意义

患癌老年人心理护理评估的目的，一方面在于从生理、心理、社会方面全面收集患癌老年人的资料，通过对资料的全面分析，评估患癌老年人的心理状态，探索可能影响患癌老年人心理活动的主要因素，确定患癌老年人现存的和潜在的心理护理问题，为后续患癌老年人心理护理措施的制定提供依据。另一方面，由于患癌老年人心理护理评估贯穿心理护理全过程，准确的心理护理评估还能够帮助护士及时调整护理实践过程，以期达到最大限度帮助患癌老年人达到良好的心理适应，以良好心态对待疾病，减轻或消除不良情绪的目的。

因此，患癌老年人心理护理评估具有重要的理论意义和实践意义。一方面，护士可以对患癌老年人的评估资料进行系统的收集、整理和分析，通过归纳的方法，探索出患癌老年人共性的心理问题，及早地制订相应的心理干预方案，具有重要的科研价值。另一方面，准确的心理护理评估结果，有助于指导患癌老年人心理护理实践，具有重要的实践意义。

4. 患癌老年人心理护理评估与其他护理评估的区别

患癌老年人心理护理评估方法与其他护理评估的区别如表 7-2 所示。

表 7-2　患癌老年人心理护理评估方法与其他护理评估的区别

区分点	患癌老年人心理护理评估法	其他护理评估法
中心问题	更关注与增进和保持健康密切相关的心理学问题	围绕增进和保持健康为中心
侧重点	重视社会环境的影响	重视物理环境的影响
激发对象	以激发潜能为主	借助外界环境或客观途径
策略	改善人为因素	强调对物理环境的美化
必备知识	专业知识 + 心理学理论与技能	专业知识

5. 患癌老年人心理护理评估的环境

患癌老年人心理护理评估的环境布置主要应考虑环境的安静与温馨和隐私性。

（1）安静与温馨

因交谈法是患癌老年人心理评估最为常用的方法之一，所以较为安静的环境更利于心理评估的进行。嘈杂的环境会对心理评估产生干扰，同时，研究表明，嘈杂的环境也会影响人的情绪，使人产生焦虑或紧张，影响评估的进行。安静的环境不但能够最大限度地降低外界因素对心理评估的干扰，也能够保证评估结果的准确性。

在注重安静的同时还应注意环境的温馨性。建议布置评估室时，评估室的面积最好在 8～10 平方米为宜，应选择有窗户的房间。内部设施不宜过于复杂。房间装饰要减少硬性线条和棱角。座椅应该选择柔软、舒适的座椅为宜，这样患癌老年人容易放松。评估室建议配置两张单人沙发椅，一个茶几，患癌老年人和护士的座椅之间要有一定角度，避免患癌老年人与护士直接面对面。患癌老年人坐的位置与护士成 90° 角为宜，这样可避免患癌老年人与护士对视，减轻患癌老年人的心理压力。

（2）私密性

对患癌老年人进行心理评估的时候应该遵循保护隐私的原则，所以，在评估的过程中应注意保护患癌老年人的隐私，一般应在专门评估室进行。评估室应设立在人流较少的隐秘安静处，保证评估时不受外界干扰，除此之外，评估室应该具有隔音、隔离设施，最大限度保证患癌老年人的隐私。

6. 患癌老年人心理护理评估对护士的要求

（1）职业道德素质

从事老年护理专业的护士应该充分理解老年人渴望得到理解和关心的心理特点，不断提高自己的职业道德素质，充分尊重老年人的人格，严格保守老年人的隐私。

（2）专业素质

护士应努力学习并掌握专业知识，包括医学护理专业知识和心理社会相关的人文知识；此外，还应具有敏锐的观察力、机智的反应能力和良好的沟通能力。

（3）身体素质

由于老年人身体机能退化，听力和理解能力有所减退，同其他健康人群相比，需要护士付出较多的耐心、细心，这无疑增加了护士的工作负担，如果没有健康的体质则无法胜任上述工作。所以，必须要有良好的身体素质。

（4）心理素质

护士应具有良好的心理素质。患癌老年人病情变化多，心理适应不良性问题较多，心理护理评估护士长期作为患癌老年人吐露心声的"树洞"，如果不能很好地调节情绪，则会影响自身的健康。因此，护士要学会自我心理调节，不断提高自身的文化修养及生活情趣，保持自身的心理健康。

7. 患癌老年人心理护理评估的内容

（1）生理方面

对患癌老年人生理方面的评估通常在收集完一般资料后进行，可以采用交谈法或借助专业的评估工具如焦虑自评量表等，结合相关检查对患癌老年人进行生理方面的评估。评估内容主要围绕患癌老年人的疾病情况进行。首先，评估患癌老年人所患癌症的基本情况，包括所患癌症的种类、癌症的进展程度（有无占位性改变、有无发生转移等）。其次，评估患癌老年人癌症的治疗情况，包括治疗的方式（如放疗、化疗、手术治疗、保守治疗）、治疗进程、治疗结果等；最后，评估与癌症相关的其他症状，具体包括日常生活习惯、有无不良反应，疼痛程度等。因生理状况会影响到心理状况，总而言之，对患癌老年人生理方面的评估，就是要全面收集可能影响到患癌老年人心理适应的一切的生理方面不利因素。

（2）心理方面

对患癌老年人进行心理方面的评估是患癌老年人评估的重点。评估对象主要为患癌老年人及其家属。评估资料按来源可以分为主观资料和客观资料。其中，主观资料主要来源于患癌老年人及其家属；而客观资料则是护士通过观察或使用专门的评估工具获得的。护士使用的评估工具可以是心理学专用评估量表和相关仪器。评估内容的核心为患癌老年人心理反应，主要包括以下几方面：

①认知方面，主要评估患癌老年人对癌症的认知，如患癌老年人是否了解癌症相关的知识，有无发生自我形象紊乱等认知性问题。

②情绪情感方面，重点评估患癌老年人患癌后的情绪反应，有无情感障碍（焦虑、抑郁、自卑、悲伤、恐惧等）的发生，情感反映的性质、强度、诱发因素，为制订具有针对性的分期护理干预方案提供参考。

③意志和行为方面，重点评估患癌老年人患癌后的意志表现和行为表现，有无意志增

强（如盲目自信）或意志减弱（持续悲观、放弃治疗行为）的发生，有无毁物行为等。

④其他方面，患癌后，其他的心理方面的反应，如角色适应不良等。

常见的情感障碍主要有心境障碍、情感异常（悲伤、焦虑、抑郁）、情感协调性的异常等。

（3）社会支持方面

有效的社会支持有利于癌症患者降低心理反应的强度，帮助患癌老年人更好地完成心理适应，减少心理问题的发生，所以对患癌老年人进行社会支持方面的评估具有重要的意义。社会支持方面的评估内容主要涵盖以下几方面：

①对患癌老年人社会支持系统应对效果的评价，如家庭支持系统应对效果的评价，重点评估家庭成员对患癌老年人的态度等。

②评估患癌老年人有无社会支持性问题的发生，是否发生人际关系障碍、社交鼓励、角色紊乱、依赖感增强。

③评估患癌老年人对癌症的应激能力。

8. 患癌老年人心理护理评估的方法

常用的患癌老年人心理评估方法包括观察法、会谈法和心理测验法。

（1）观察法

观察法包括直接观察法和间接观察法。直接观察法是指护士运用感官或借助器械，有目的、有计划地按一定顺序对患癌老年人进行耐心、细致的观察，通过观察获得患癌老年人心理活动极其规律性的方法。比如，观察患癌老年人的言语和行为等。间接观察法是护士通过对患癌老年人活动的观察，推测患癌老年人的心理状态的方法。比如，观察患者独处时的神情、与人交往时候的态度，以此推测患者等。

（2）会谈法

会谈法是患癌老年人心理护理评估常用的方法之一。会谈法是护士和患癌老年人之间有目的地进行的一种交谈，是护士收集信息，进行诊断和评估的基本沟通方式。按照事先是否准备会谈提纲，将会谈法分为结构会谈法和非结构会谈法。

会谈的过程中应运用一定的技巧，从而保障心理评估的顺利开展。第一，会谈初期要注意良好护患关系的建立。护士要注意自己的态度和用词，理性对待患癌老年人。态度要平和而亲切，但不宜对患癌老年人表现出过度同情和悲伤，说话方式要自然。在会谈的过程中应注意保持和患癌老年人的目光接触，但应避免直视，以免引起患癌老年人的戒备和不适。应注意倾听患者的陈述，不宜轻易打断患者，对患者的表述要予以恰当的反应，比如微笑、点头等。同时，为了让患癌老年人敞开心扉，护士在会谈的过程中应注意观察，发现患癌老年人有紧张或焦虑的情绪时，应及时鼓励、安慰，最大限度减少患癌老年人紧张或焦虑的情绪，帮助患癌老年人敞开心扉。第二，会谈过程中要注意倾听，真诚、耐心的倾听是会谈取得成功的关键。在倾听的过程中要注意把握距离、姿势、举止和应答。在倾听的过程中除了要注意患癌老年人语言的沟通，还要注意患癌老年人非语言的沟通，从患癌老年人言谈举止中"读"出患癌老年人内心真实的想法。第三，在会谈的过程中要注意开放式问题和封闭式问题的使用。开放性问题可以推动会谈的深入，但是开放性的问题答案比较宽泛，护士在使用的过程中应注意分析归纳，寻找与会谈有关的信息。

在会谈法应用过程中，应注意避免主观因素的介入，从而影响访谈结果的准确性，同时要注意访谈结果的准确性，最大限度保证在会谈过程中获得的资料一定是准确的。

（3）心理测验法

除了观察法和会谈法之外，在对患癌老年人进行心理评估的过程中，我们还可以通过心理测验的方法收集相关资料。心理测验具有间接性和相对性。

心理测验法包括心理测量法和评定量表法。心理测量法是指在标准条件下，用统一的测量手段（如测量仪器等）测试对测量仪器所做出的反应。该方法采用标准化的方法进行测量，可以较大程度上减少主观因素对测量结果的干扰。常见的心理测量法有智力测验、特殊能力测验、记忆测验和人格测验。评定量表法是另一种常用的心理测验方法，是指用一套预先已标准化的量表来测量某种心理品质的方法。量表可分为自评量表和他评量表。目前应用比较广泛的量表有精神症状评定量表、应对方式量表和生活事件量表。量表法与心理测量法相比，具有简单、易行的特点。

知识链接

心理测验应遵循的原则：

①标准化原则：采用标准化的测量工具，严格按照标准化指导语和指导手册指导患癌老年人进行心理测验。

②保密原则：护士应对心理测验的结果和数据进行严格的保密，这是心理测验必须遵循的道德准则。

③客观原则：心理测验必须遵循"客观性的原则"，在分析测量结果时，施测者不应掺杂主观因素，应充分尊重被测者，在综合分析被测者生活经历、成长经历、家庭背景、所处社会环境的基础上对资料进行客观、科学的分析。

9. 患癌老年人心理护理评估资料的整理与分析

心理护理评估的过程实质上是收集资料的过程，资料收集完毕后应对收集到的资料进行整理和分析。首先，将收集到的患癌老年人生理、心理和社会支持方面的资料，按资料的性质进行分类，可以分为计数资料和计量资料。在分类的基础上选择适宜的科研方法和合适的科研分析软件对资料进行客观科学的分析，在分析的过程中，一定要避免为了分析而分析，只做统计学方面的分析而脱离实际问题。

资料分析的过程中要解决的问题主要包括这几方面：第一，患癌老年人对身患癌症的认识如何？目前心理反应处于哪个期？第二，患癌老年人是否有心理适应性问题？问题的主要影响因素是什么？第三，目前，对患癌老年人最不利的问题是什么？首优、中优和次优问题是什么？

（二）患癌老年人心理护理诊断

1. 患癌老年人心理护理诊断的定义

护士在对患癌老年人进行充分评估后，经过对患癌老年人资料的整理和分析，可以得出患癌老年人可能的心理护理诊断。心理护理诊断实质是对患癌老年人现存的和潜在的心理问题的临床判断，属于心理护理学的工作范畴。注意心理护理诊断的名称不可主观臆测，应参照北美护理诊断协会制订的护理诊断进行，心理护理诊断的确定必须以充分理解每一条护理诊断为前提。例如，某一患癌老年人的心理护理诊断为"自我形象紊乱"，患癌老年人必须有如下表现方可得出上述护理诊断：

①对现存或察觉的身体结构或功能的变化有语言或非语言的否定反应，表现出害羞、内疚、厌恶等。

②不愿意查看或触摸身体的部位。

③掩饰或过分暴露身体部位。

④社交参与改变。

⑤总是想着身体改变或丧失的事情。

⑥拒绝去核实查证现实的变化。

⑦严重者有自毁行为。

2. 患癌老年人常用的心理护理诊断

参考北美护理诊断协会制定的与心理社会因素有关的护理诊断确定患癌老年人常用的心理护理诊断，参见表7-3。患癌老年人心理护理诊断的陈述方式与临床护理诊断相似，可以参照 PES、PE、P 公式进行陈述。

表7-3 患癌老年人常用的心理护理诊断（根据 Gordon 功能性健康形态进行分类）

1. 睡眠形态紊乱	7. 自我形象紊乱	13. 有自杀的危险
2. 睡眠剥夺	8. 悲伤	14. 有暴力行为的危险
3. 对死亡的焦虑	9. 预期性悲伤	15. 记忆受损
4. 恐惧	10. 角色紊乱	16. 焦虑
5. 绝望	11. 社交障碍	17. 有孤独的危险
6. 无能为力感	12. 个人应对能力失调	

3. 患癌老年人心理护理诊断的确定及排序原则

（1）患癌老年人心理护理诊断的确定步骤

主要通过这几个步骤确定患癌老年人的心理护理诊断：①确定患癌老年人心理反应的性质；②确定患癌老年人心理反应的强度；③明确引起患癌老年人心理反应的原因；④形成可能的护理诊断后确定最终的恰当的护理诊断。

（2）患癌老年人心理护理诊断的排序原则

拟定患癌老年人可能的护理诊断后，护士应按照心理护理诊断的重要性和紧迫性对患

癌老年人心理护理诊断进行排序。①优先诊断：威胁患癌老年人生命的紧急情况，比如有自杀的危险；②次优诊断：需及早采取措施控制进一步恶化的情况，比如抑郁；③其他诊断：对患癌老年人的健康同样重要，但对护理措施必要性和及时性的要求并不严格。应该注意根据患癌老年人的心理变化情况及时对心理护理诊断的顺序进行排序。

（三）患癌老年人心理护理计划的制订与实施

1. 患癌老年人心理护理计划的制订

患癌老年人心理护理计划的制订分为四个步骤：第一步，在心理护理评估的基础上确定患癌老年人的心理护理诊断，并对心理护理诊断进行排序，确定患癌老年人首优问题、中优问题和次优问题。第二步，确定心理护理的预期目标。心理护理预期目标的陈述方式为：主语＋谓语＋行为标准＋条件状语。心理护理目标按照时间可以分为短期目标和长期目标。值得注意的是在制订心理护理目标时应注意遵循SMART原则，制定的目标要具体、有针对性、可以测量。第三步，制订心理护理措施。护理措施可以分为独立性护理措施、合作性护理措施和依赖性护理措施。第四步，撰写护理计划。

2. 患癌老年人心理护理计划的实施

患癌老年人心理护理计划的实施过程是心理护理程序的关键环节，其主要工作内容包括四方面：继续收集资料、实施心理护理措施、做好心理护理记录、修订和完善心理护理计划。其中实施心理护理措施是核心环节。

患癌老年人心理变化分期有时并不明显，护士在护理实践中应根据实际情况制订合适的护理措施对患癌老年人进行护理，现对不同心理变化分期的患癌老年人的常见护理诊断及护理措施总结如下。

①否认期：妥善告知病情，在全面了解患癌老年人的情况（疾病情况、心理状况、社会支持系统概况）的基础上，告知病情的同时也应告知治疗方案，注意与其他医护人员合作。在告知病情时要有耐心，同时应注意心理护理不同于其他护理，要做到因人施护。

尊重患癌老年人心理变化规律：针对患癌老年人出现的否认、怀疑和恐惧的心理，护士应予以充分的尊重和理解，不可过分勉强患者接受患癌事实，应鼓励患者采用恰当的途径纾解情绪。同时也要注意保护患癌老年人的隐私。注意防止患癌老年人出现过激的情绪反应，防止自杀。

正确认识癌症：许多患癌老年人认为癌症是不治之症，缺乏对癌症的认知，以致出现一系列心理适应不良性的问题。护士应加强健康宣教，帮助患癌老年人正确认识癌症，树立战胜癌症的信心。

②愤怒期：理解、包容老年人；理解老年人的愤怒。对老年人的愤怒情绪和无故指责予以包容，做好心理护理。

护理老年人时要注意耐心解释，加强心理疏导同时加强沟通。

③妥协期：这一时期容易出现消极应对心理和心理适应性问题，也容易出现过度抑郁。护士要加强观察，及时发现患癌老年人的心理变化，特别要注意观察患癌老年人是否出现消极应对心理和心理适应性问题。对于上述问题，护士要给予充分的心理疏导，加强

沟通，运用倾听、共情等技巧，及时疏导老年人悲观、消极的情绪；护士也应给予必要的心理支持，包括纠正对癌症的错误认知，讲解癌症治疗成功的案例，鼓励患癌老年人采用积极的心态面对癌症。

④抑郁期：强化宣教，提高认识。防止自杀是抑郁期护理的核心。护士应该强化宣教，提高对癌症的认知，通过改善认知，改善患者的心理状态。

⑤接受期：鼓励正向行为。此期是正向行为形成的关键时期，护士要对患癌老年人的积极心理状态予以鼓励，使患癌老年人能够保持积极的心态应对癌症。

在这一期要注意帮助老年癌症患者进行科学止痛，同时做好死亡教育。

（四）患癌老年人心理护理评价

患癌老年人心理护理评价是指护士在实施心理护理计划的全过程及计划结束之后，对患癌老年人认知和行为的改变及健康恢复情况进行的连续、系统的分析和判断的过程，该过程贯穿心理护理的全过程，是衡量心理护理效果的重要环节。

患癌老年人心理护理评价方式可分为过程性评价和结果性评价。过程性评价可以采用S、O、A、P、I、E公式进行评价。S（Subjective Data）是患者主观问题的反应；O（Objective Data）是患者心理状态或问题的外在反应；A（Assessment）是护士采取各种方式对患者的心理状态进行评估；P（Plan）是根据评价结果重新制订护理计划；I（Intervention）是制订护理措施；E（Evaluation）是对实施结果的评价。结果性评价是指在实施护理措施的最后阶段进行评价。

患癌老年人的心理护理评价步骤分为5步：①确定评价标准；②对照评价标准，检验实施效果；③综合评价，衡量目标是否达成；④质量控制，分析目标未达成的原因；⑤根据评价结果，修订并调整护理计划。

学中做

李爷爷，78岁，主诉胃脘部饱胀不适，并伴有胃痛3个月，近期在家中1个月。入院后，经胃组织活检诊断为胃癌，并以胃癌收治入院。入院后，李爷爷沉默寡言，时常独自流泪，鲜与病友交流。

据了解，李爷爷有近10年的慢性胃炎病史。平时李爷爷喜欢熏烤类食物，进食绿色蔬菜较少。李爷爷平时还爱生闷气，不愿意参加小区内老年俱乐部的活动。家庭生活方面，李爷爷仅有一个女儿，远嫁外地，平时由于工作原因很少回家。生活事件方面，李爷爷的妻子李奶奶于5个月前去世。

问题：

1）李爷爷所患癌症属于哪种类型的癌症？你能说出老年癌症的基本特征、临床特点和影响因素吗？

2）请你分析李爷爷的心理分期，以及目前存在的心理问题。

3）请你根据分析结果为李爷爷制订心理护理措施并实施心理护理。

（袁兆新　王　菊）

项目八 老年临终心理与护理

【知识目标】

◇ 了解死亡、死亡态度、死亡教育、临终关怀及临终关怀学的定义。
◇ 熟悉死亡的特点、价值、死亡态度的影响因素及类型。
◇ 熟悉老年人死亡态度的类型、意义。
◇ 熟悉老年人死亡教育的内容与形式。
◇ 熟悉临终关怀的目的、意义及原则、服务模式。
◇ 熟悉老年人临终关怀的现状、注意事项。
◇ 掌握不同死亡态度的老年人的心理护理方法。
◇ 掌握临终关怀的对象。
◇ 掌握老年人临终关怀的内容。

【能力目标】

◇ 能识别老年人死亡态度类型。
◇ 能根据老年人死亡态度选择合适的心理护理方法。
◇ 掌握死亡教育的内容与形式，能为临终老年人及家属进行死亡教育。
◇ 能为临终老年人及其家属选择合适的临终关怀模式。
◇ 能为临终老年人及其家属实施临终关怀。

【素质目标】

◇ 引导学生树立尊重生命，敬畏死亡的观念。
◇ 帮助学生树立积极健康的死亡观念。
◇ 提高职业素养，培养临终关怀意识。

【思维导图】

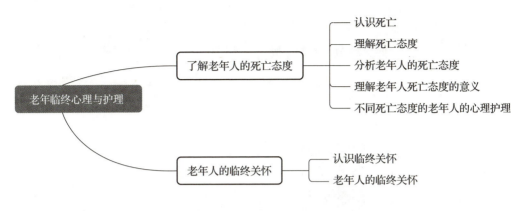

老年临终心理与护理
- 了解老年人的死亡态度
  - 认识死亡
  - 理解死亡态度
  - 分析老年人的死亡态度
  - 理解老年人死亡态度的意义
  - 不同死亡态度的老年人的心理护理
- 老年人的临终关怀
  - 认识临终关怀
  - 老年人的临终关怀

案例导入

张奶奶，70岁，一个月前被确诊为胃癌晚期，确诊后，张奶奶积极调适心态，与病魔作斗争，但是依然没能阻止癌症转移的步伐。随着疾病的进展，张奶奶开始出现面部水肿，声音嘶哑，吞咽困难，体重锐减，呼吸极度困难的情况，面对这种情况，张奶奶深知自己时日不多了。她一直在思考自己剩余的日子是应该一直在医院接受无意义的治疗，最后在浑身插满管道中，在医院冰冷的病床上，孤零零地离开人世，还是放弃医院的各项有创治疗，仅仅接受对症治疗，比如减轻癌症带来的痛苦等，住到临终关怀中心，在子女亲人的陪伴下庄严地离开人世呢？后来，张奶奶选择入住临终关怀中心。一周前，在家人和护士的陪伴下，张奶奶安详地离开了人世。张奶奶生前是一位乐观的老人，得知身患癌症后，张奶奶很快从沮丧和悲伤的情绪中走出来，并采取相对积极的心态应对癌症直至生命最后阶段。关于死亡，张奶奶认为死亡是生命的必然结果，应该坦然面对。所以在生命的最后阶段，张奶奶更加珍惜时间，积极抗癌的同时，张奶奶还抓紧时间思索自己一生的成败，并撰写了个人的自传。

思考：

1）张奶奶对待死亡的态度是怎样的？

2）所有的老年人对待死亡的态度都是相同的吗？

3）老年人对待死亡的态度可能有几种呢？

4）请你说说什么是临终关怀？

5）怎样实施临终关怀？

案例

任务一
了解老年人的死亡态度

一、认识死亡

认识死亡

（一）死亡的定义

死亡是个体生命活动和新陈代谢的永久终止。现代死亡是指脑死亡（Brain Death）。脑死亡又称全脑死亡，包括大脑、中脑、小脑和脑干的不可逆死亡。WHO提出的脑死亡的判定标准包括：①对环境失去一切反应；②完全没有反射和肌张力；③停止自主呼吸；④动脉压陡降；⑤脑电图平直。我国现行的脑死亡标准包括：深昏迷、自主呼吸停止、脑干反射消失。必须同时、全部具备上述3项条件，而且需明确昏迷原因，排除各种原因的可逆性昏迷。脑死亡标准比传统死亡标准更科学化，体现了医学的进步。

（二）死亡的特点

死亡具有4大特点，如图8-1所示。

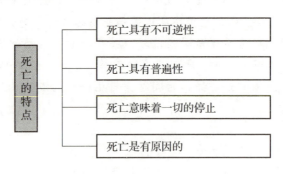

图 8-1　死亡的特点

（三）死亡的价值

死亡是有价值的。从生物学角度来看，死亡能够促进生物的进化，继续为生命提供能量循环。从社会学的角度来看，死亡可以调控人口增长速度，保障社会资源充足，维持和促进社会的发展。从心理学的角度来看，死亡使个体领悟到生命的宝贵和人生的价值，更加珍惜生命，从而让自己的人生更有意义。

二、理解死亡态度

面对死亡，人们会有怎样的态度？是积极应对还是消极抵抗？

（一）死亡态度的定义

死亡态度是指人们对于死亡的思考或看法，以及在死亡事件中采取的行为方式。

（二）死亡态度的影响因素

死亡态度常常受国家、地域、民族、不同的社会因素（传统文化、社会习俗、政治社会环境等）和个体因素（年龄、文化程度、社会经历、宗教信仰、健康状况等）、历史发展及面临死亡威胁的程度等因素影响。上述因素均在不同程度上影响人们对死亡的看法，使每个人对死亡都有独特的感觉和不同的看法，即死亡观。

知识拓展

不同的历史时期人们面对死亡的态度有所不同。图8-2展示了不同历史时期，人们面对死亡的态度。

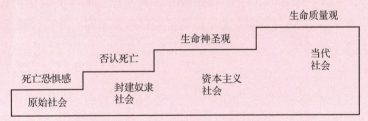

图8-2　不同历史时期人们面对死亡的态度

（三）死亡态度的类型

通常死亡态度有3种类型，分别是接受死亡、蔑视死亡和否认死亡，如图8-3所示。

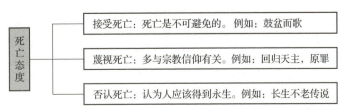

图8-3　死亡态度的类型

三、分析老年人的死亡态度

年龄是死亡态度的重要影响因素之一，不同年龄段人群的死亡态度也有所差异。老年人的死亡态度与其他人群相比有所不同。因老年人的死亡态度会直接影响到老年人晚年生活的充实与快乐体验，从而影响到老年人的生活质量，所以，分析老年人的死亡态度具有重要意义。

（一）老年人死亡态度的类型

同通常意义上的死亡态度一样，老年人的死亡态度也会受许多因素的影响，并在上述因素的作用下，在通常意义上的死亡态度的基础上形成"三大类 – 四类型"的死亡态度，如图 8-4 所示。老年人常见的死亡态度类型主要有接受型、忧心恐惧型、解脱型、无所谓型。

老年人的死亡
态度类型

1. 接受型

对死亡持接受态度的称为接受型。接受型可以分为理智接受型和被动接受型。

理智接受型的老年人能够理智、镇静地面对死亡，他们往往会主动询问医生，或通过其他的办法获知自己剩余生命的时长，以便他们能够在死亡来临之前从容地做好计划，年龄相对小的老年人还会积极地配合医护人员治疗疾病，调整心态，积极应对。理智接受型的老年人往往受过良好的教育，心理成熟程度较高，能够处理和应对各种困难情况，这种面对死亡的态度是最积极的。

被动接受型，这种情况多见于某些经济水平相对落后的农村。他们往往具有一定习俗，家中老年人一旦到了 60 岁，子女就开始着手为其准备寿衣、购买棺木、修坟墓等，为他们的后事做准备。其实，这种情况并非老年人自己情愿面对死亡，只是对这种习俗的不得接受，属于被动接受型。

2. 忧心恐惧型

对死亡持忧心恐惧态度的称为忧心恐惧型。忧心恐惧型的老年人，往往对死亡表现得过于焦虑、过于恐惧，甚至从退休开始，他们就觉得死亡即将来临，终日惶惶不安。这种类型的老年人，往往表现为对人世间充满留恋，他们往往认为死亡是一件令人极度痛苦、极度悲伤且非常可怕的事情。常见于有一定的社会地位和较好的经济条件，但文化程度不高，心理成熟程度较低，缺少宗教信仰的老年人。他们会为了延长生命可以不惜一切代价，如四处求医，乱服补品，购买各种保健品等。对持有这种态度的老年人要加强照顾，谨防上当受骗。

3. 解脱型

对死亡持解脱型态度的称为解脱型。解脱型常见于以下几种情况：①患有某种严重的、病程较长的疾病，他们长期被病痛折磨而不堪忍受，他们往往认为死亡是一种解脱，这种情况可以称为解脱Ⅰ型；②老年人年事已高，各项生理功能极度衰退，毫无生存能力，日常生活活动能力极度低下，需要高度依赖他人，死亡对他们来说也是一种解脱，这种情况可以称为解脱Ⅱ型；③老年人经济水平较低，生活穷困潦倒，缺乏最基本的生存保障，这种情况，可以称为解脱Ⅲ型。持解脱型态度的老年人常常表现为对生活及一切事物失去任何兴趣，觉得继续活着是一种极度的痛苦，而死亡确是摆脱痛苦的方法。所以，当他们面对死亡时，表现得比较平静，有的甚至主动恳请别人成全他们的求死愿望。

4. 无所谓型

对死亡持无所谓态度的称为无所谓型，分两种情况，分别是忽略逃避性和猝然应对型。忽略逃避型的老年人，对死亡选择从主观上忽略和逃避，他们选择不理会死亡，对死亡也不会过度地担忧。他们往往认为眼下生活得快乐、幸福就好，而死亡则是无所谓的事情，这类老年人往往没有生活压力，精神轻松愉悦，生活质量会更高。猝然应对型的老年人往往患有某种致命性的急症，由于病情突然，老人来不及过多地思考，接受与否，结果都一样，所以无所谓。

老年人的死亡态度会对老年人产生哪些方面的影响？

（二）"三大类 – 四类型"的死亡态度关系分析

通常意义上的死亡态度与老年人死亡态度的关系如图 8-4 所示。

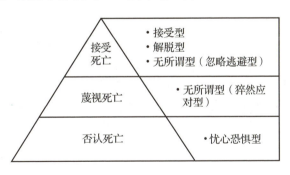

分析老年人的
死亡态度

图 8-4　"三大类 – 四类型"的死亡态度关系图

四、理解老年人死亡态度的意义

（一）死亡态度与健康

"知 – 信 – 行"理论认为，人的认知可以影响人们对行为的选择和执行。死亡态度是老年人对死亡的认知和信念的直观反应。老年人的死亡态度直接影响老年人晚年的生活行为。

接受型、无所谓型、解脱型与其他类型的死亡态度相比更为积极。上述死亡态度能够使老年人以平和的心态面对死亡，度过一个安详、有尊严、有质量的晚年生活，平静地离开人世。

与接受型、无所谓型、解脱型相比，忧心恐惧型的死亡态度更为消极，是一种相对消极的死亡态度。比如，老年疑病症，老年人长期处于疑病状态，反复求医，医疗费用支出较高。社会支持方面，长期的焦虑、恐惧会影响到老年人的人际关系，出现人际关系紧张，从而影响老年人的健康。

综上所述，死亡态度与老年人的健康息息相关。老年服务工作者不仅要为老年人提供优质的护理服务，还有责任、有义务通过一系列健康教育的方法和手段帮助老年人认识死亡、了解死亡、积极应对死亡，形成积极的死亡态度，树立积极的死亡观，促进老年人生活质量的提高！

（二）死亡态度与死亡尊严

我国的现代死亡教育相对起步比较晚，许多老年人及其家属缺乏对死亡的认知，对死亡持否定态度，在老年人的临终阶段，老年人和家属往往希望医生竭尽所能救治老人，过度的医疗往往使老人在极度痛苦中去世，使生命的神圣感和尊严感受到影响，而积极的死亡态度使老人和家属在面对死亡时更加理智，合理使用医疗资源，让生命有尊严地逝去。

五、不同死亡态度的老年人的心理护理

（一）死亡教育

1. 死亡教育的定义

死亡教育是以死亡学的理论为指导，以死亡为教育主题，旨在帮助个体、家庭和社会了解死亡、了解生命的一种社会化、大众化的教育过程。死亡教育可以帮助人们了解死亡和濒死的过程，并为之做好准备；死亡教育也可以增进人们把握生命的意义。死亡教育的两大目标是：活得有意义，死得有尊严、有价值。死亡教育的宗旨是帮助人们树立健康积极的死亡观。

知识拓展

死亡教育的定义

1）依库里斯开克：死亡教育，是指帮助个人意识到死亡在生命中所扮演的角色，并提供合理相应的课程设置以协助学生检视死亡的真实性，并将之统整于生命中的一个教育过程。

2）摩根：死亡教育不仅关系到死亡本身的问题，还涉及人对自己及对生存于其中的大自然及宇宙的感情。死亡教育必须和我们的价值观念、与他人的关系及建构世界的方式相结合。死亡教育可以加深我们的生命质量以及人际关系的品质。

3）沃斯：狭义的死亡教育主要是指以教导死亡这个课题为主题的正式教学或以教学团体为主体的、包含教学目标、课程内容、教学方法以及教学评价的教育建制和完整的教育实施过程。另外，广义的死亡教育除了正式教学之外，也涵盖着非正式的、偶发的、自然的、定期与不定期的和非直接的与死亡相关的教学。

2. 老年人死亡教育的内容

（1）认识死亡与分析死亡的本质

死亡是生命的必然结果，是不可避免的生命过程。通过死亡教育可帮助老年人认识死亡，了解死亡的本质，有助于老年人庄严、平静地面对死亡。

关于死亡本质的教育包括三方面内容：第一方面，向死而生。众所周知，虽然死亡是不可避免的，但是生命尚未终止前，所有的砝码却紧紧地握在生者之手。所以，对于死亡，老年人不要抱有任何的偏见，而应在死亡的基础上弘扬"生"的价值和意义。第二方面，尊重死亡。死亡是赋予生命循环有意义的连贯性，是人类作为一个整体存在所必要的事情，值得人们尊重。第三方面，死亡具有独特的价值和作用。死亡的紧迫感与崇高感会激励生者在有生之年为后人也同样为自己创造更多的价值，死亡的悲哀也会警示人们人生短暂，后人应该珍惜生命，积极完善自己的人生，让自己的生命更有意义、有价值！

（2）克服死亡恐惧

死亡具有普遍性，不会因为老年人的恐惧而消失，所以，护士应该引导老年人克服怯懦、恐惧的思想，对死亡不要过度的恐惧和担忧。在此基础上，护士还应注意帮助老年人树立正确的死亡观，勇敢面对可能引起死亡的疾病，积极同病魔作斗争，避免自杀。

（3）积极应对死亡

当老年人预感到自己生存的时间有限时，应该在护士的指导下或独自积极地、有计划地安排剩下的时间，为自己的后事做好准备。只有这样才能彻底放下心理负担，使自己的生活过得更加充实、更加有意义，从而毫无遗憾地离开人世。

3. 老年人死亡教育的形式

老年人死亡教育的形式有许多种，大体可以分为主动教育和被动教育。

（1）主动教育

主动教育是指老年人主动采取相关的方式学习和了解死亡教育的内容的过程。主动教育多适用于对死亡具有一定认识且持有相对积极态度的老年人。

（2）被动教育

被动教育是指老年人通过某些途径或方式被动地了解并接受死亡相关的知识的过程。

被动教育常见于以下几种情况：第一，随着年龄的增长，老年人面临着各种丧失，其中就包括配偶、亲友甚至子女的离世。在配偶、亲友的离世过程中，老年人通过真实地体验死亡获得死亡相关的知识，达到被动死亡教育的目的。第二，死亡教育工作者有计划、有目的地将死亡相关的知识通过语言、媒体、图片等相关的宣传形式传达给老年人，而老年人在上述环境中，耳濡目染了解到死亡相关的知识，达到被动死亡教育的目的。

主动教育和被动教育均能达到死亡教育的目的。

知识拓展

死亡体验馆

随着死亡教育的开展，越来越多的人认识到死亡对生命的积极意义，死亡体验馆在这种背景下应运而生。在死亡体验馆中，人们可以获得真实的死亡体验，并在真实的死亡体验过程反思生命，感受生命的价值，从而更加珍惜生命，理解生的意义！

（二）不同死亡态度的老年人的心理应对

1. 接受型

对理智接受型的老年人，护士要尽可能地安慰他们，帮助他们减轻痛苦，教会他们积极调节心态的方法、时间管理的方法。帮助他们调整心态，积极应对。同时护士除了关心老年人之外还应对老年人的家属予以足够的关注，帮助他们纾解情绪，最大限度上减轻死亡带给他们的痛苦。对于被动接受型的老年人，护士要加强死亡教育，加强老年人对死亡的认识，同时要注重帮助老年人及时纾解情绪，防止老年人产生抑郁、焦虑等消极的情绪。

2. 忧心恐惧型

对于忧心恐惧型的老年人，从认知方面，护士应通过健康教育等方式，改变老年人对死亡的认知，使老年人从内心深处意识到死亡是生命的必然过程和最终结果，不会因为个人的焦虑或恐惧而改变。从行为方面，对于过于焦虑或是恐惧并产生一系列与脱离现实行为的老年人，护士应予以充分的心理疏导和心理安慰，同时注意社会支持系统的作用，鼓励老年人的亲人、朋友多陪伴老年人。如果情况十分严重，护士应注意与心理医生的合作，遵医嘱给予抗焦虑、抗抑郁的药物。护士应做好药物护理。情绪情感方面，护士在进行心理护理时，要注意鼓励老年人说出自身的担忧和恐惧，对于老年人超出现实的担忧和恐惧不要直接否定或打断，应该学会倾听。安全教育方面，因为恐惧死亡，所以，持这种态度的老年人经常会盲目地购买一些保健品，为不法商贩提供可乘之机。护士在进行心理护理的时候要注意对老年人和老年人家属进行安全教育，谨防上当受骗，以免造成老年人的经济损失。

3. 解脱型

解脱Ⅰ型的老年人长期受病痛折磨，护士在进行心理护理时应对其给予极大的同情和理解，可以通过言语和触摸等方式予以鼓励，对于身患抑郁症或其他心理疾病的老年人，护士应及时联系相关专科医院进行转诊。同时做好老人的生活护理，促进老年人舒适。解脱Ⅱ型的老年人，护士在对其进行心理护理时应对老年人的日常生活活动能力做好充分的评估，并与老年人一同制订详尽的护理目标，当老年人达到护理目标时应及时地予以鼓励。帮助老年人发现生命的美好，提高老年人晚年的生活质量。解脱Ⅲ型的老年人，护士应尽可能地联系民政等相关部门，帮助老年人解决生活保证问题并做好后期的心理干预，防止心理危机的出现。

4. 无所谓型

对忽略逃避型的老年人，护士对其相对乐观的态度予以鼓励的同时应积极向老年人介绍死亡相关的知识，积极引导他们思考生命的有限性以及生命价值相关的问题，从而帮助他们认识死亡，了解死亡，最终能够以一种平静、庄严的心态面对死亡。对猝然应对型的老年人，护士应做好心理安慰和心理疏导，鼓励老年人发泄心中的愤懑和不满。

任务二
老年人的临终关怀

一、认识临终关怀

（一）临终关怀与临终关怀学

临终关怀

1. 临终关怀的定义

临终关怀（Hospice Care），亦称为安宁疗护、姑息治疗、宁养服务、缓和治疗、舒缓治疗。具体而言，临终关怀就是向各种疾病晚期、治疗不再奏效、没有任何治愈希望的患者及患者家属提供的积极性、全面性的照护，是指个体由病危状态走向生命结束之前的医疗和照护服务的总称。临终关怀的重点在于临终期患者疼痛的控制以及情感的支持。临终关怀的根本宗旨是提高患者的生命质量，让临终患者平静、安详、有尊严地走向生命的终点。联合国提出享有临终关怀服务是人的一项基本权利，被视为国家和社会进步的标志。

世界卫生组织对临终关怀的定义是：临终关怀指的是一种照护方法，它通过运用早期确认、准确评估和治疗身体疼痛及心理和精神疾患等其他问题来干预并缓解临终者的痛苦，使患者及其家属正确面对患有威胁生命的疾病所带来的问题，从而提高临终患者及其家属的生活质量。

2. 临终关怀学的定义

临终关怀学是社会学中一门独立性的应用学科，它以社会学与自然科学为基础，以临终患者及其家属为主要研究对象，旨在对他们的生理、病理、心理和伦理特征及社会实践规律进行探索。临终关怀学的本质是一门对有关人类临终阶段的姑息治疗、护理及社会支持过程进行研究的学科。现代临终关怀学和护理学既有区别又有联系，如表8-1所示。

表8-1　临终关怀学与护理学的比较

项目	临终关怀学	护理学
服务对象	临终期患者及其家属	患者＋健康人群
服务提供者	临终关怀团队	护士
服务内容	临终关怀服务	护理服务
服务模式	临终关怀服务模式	护理服务模式

（二）临终关怀的目的和意义

临终关怀的目的和意义如图8-5所示。

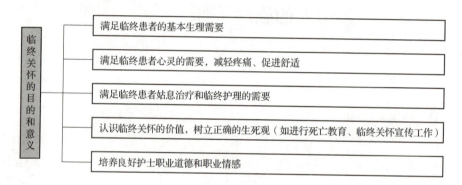

图8-5　临终关怀的目的和意义

知识拓展

1. 中国古代临终关怀

《礼记·王制》：养国老于东序，养庶老于西序；

殷商时期，养国老于右学，养庶老于东学；

唐代，在长安设立养老机构"悲田院"，收留乞丐、临终老人；

宋代，在汴京设立福田院；

元代，在各路设立济众院，收留鳏、寡、孤、独和残疾老人；

明清时代，在各府县设立养济院、普济堂。

以上机构均为我国养老机构的雏形，上述机构不但收留老人，还为老人提供基本的生活保障和丧葬服务，是我国早期临终关怀的雏形。

2. 现代临终关怀

现代临终关怀始于 1967 年桑德斯博士在英国伦敦创建的圣克里斯多弗临终关怀院。圣克里斯多弗临终关怀院的创建标志着现代临终关怀的开始，被誉为"点燃了临终关怀运动的灯塔"。

圣克里斯多弗临终关怀院提供医疗技术照顾，改善患恶性肿瘤及运动神经疾患病人的临终状态。此院向当地居民开放，不分种族、信仰、付款能力。病人来自地区医院。在临终关怀院或家中由医生、护士、治疗学家、社会工作者及志愿人员给予照顾。

（三）临终关怀的原则

临终关怀的原则如图 8-6 所示。

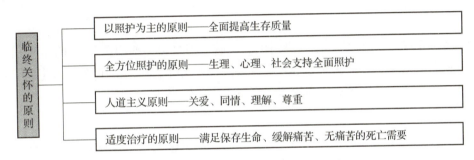

图 8-6　临终关怀的原则

（四）临终关怀的对象

1. 临终期的患者

临终期的患者是指医学诊断明确，在当前医学技术条件下无任何治愈希望，且临床诊断预计生存期限在 6 个月以内的患者。具体包括恶性肿瘤晚期的患者或者目前无法治愈的恶性肿瘤患者；高龄（年龄 ≥ 80 岁）久病，有重要器官持续衰竭，且卧床时间在一年以上生活完全不能自理的患者；所有脏器衰竭，病情危重者；脑部或神经系统疾病病情恶化者；渐进性运动神经元性疾病晚期，伴有严重心、肺、肝、肾疾病失代偿期病危者；疾病急性发作或疾病危象致生命危险者；意外事故伤害处于不可逆转昏迷情况、不可逆永久性植物人状态；长期卧床伴有危重并发症者；艾滋病晚期患者等。

2. 临终期患者的家属

死亡无论是对患者还是患者家属而言均是应激事件，如果没有及时干预，容易导致家属出现创伤后应激障碍，所以，应对临终期患者的家属进行及早的护理干预，帮助他们尽快从患者死亡事件中走出来，开始新的生活。临终期患者家属包括临终期患者的配偶、子女、父母及亲属。

（五）临终关怀的内容

临终关怀的内容主要包括四方面，如图8-7所示。

以照料为中心	维护人的尊严
• 促进舒适、控制疼痛	• 尊重患者
• 心理支持、生活护理	• 保护患者隐私
提高临终患者生活质量	共同面对死亡
• 临终关怀服务	• 平静、平和地面对死亡

图8-7　临终关怀的内容

（六）临终关怀的模式

1. 临终关怀团队

临终关怀团队是一个综合性、协同性的团队。临终关怀的团队可以由临终关怀志愿者、临终关怀理疗师、临终关怀营养师、临终关怀药剂师、社会工作者、心理咨询师、临终关怀护士、临终关怀医生、患者家属、宗教人士等构成。

2. 临终关怀机构

临终关怀机构主要有这几种：第一种，在医疗机构设立的专门病房；第二种，建立独立的临终关怀院；第三种，主要以临终患者家庭为依托，将临终患者安置在家中，由专业的临终关怀人员为患者提供服务。

3. 临终关怀服务模式

我国临终关怀的具体服务模式主要有以下6种。

（1）独立的临终关怀医疗机构

独立的临终关怀医疗机构，是专门从事临终关怀服务的机构，与其他机构相比，设施齐全，软、硬件兼备，能够更好地为临终患者提供生理、心理、社会支持等全方面的服务。安宁疗护中心是一种专门的临终关怀机构，也是国家认可的独立的医疗机构。

（2）综合医院的临终关怀医疗机构

在综合医院设立专门的临终关怀医疗机构，以综合优质医疗服务资源为依托，可以为临终患者提供较高水平的临终护理服务。

（3）社区卫生服务中心的临终关怀病房

与其他服务相比，社区卫生服务中心的临终关怀病房，方便患者就诊，也方便家属照料，能够有效地缓解患者就医难的问题，有效地提高临终患者生命质量，降低患者医疗费用，能够促进医疗资源的合理分配，提升城市文明水平。

（4）养老机构院内服务模式

在养老院或护理院等养老机构组织临终关怀团队，对临终老年人或慢性病患者提供临终关怀服务的服务模式，称为养老机构院内服务模式。这种服务模式，可以为临终老年人和慢性病患者提供生活护理、症状控制、身体舒适照护、爱心陪伴和心理支持等全方位的服务。

（5）家庭病床服务模式

家庭病床服务模式是指在临终患者家中为临终患者及其家属提供临终关怀服务的模式。该服务模式比较适用于无法进入医院或者希望并愿意在家中和家人共同度过最后的岁月的临终期的患者。这种服务模式将临终关怀延伸到临终患者家庭，可方便患者及其家属，满足临终期患者和家属的需求，提高临终关怀的质量。

（6）综合服务模式

目前国内普遍适用的综合服务模式主要有两种，分别是李义庭教授的"一、三、九 PSD 模式"和施榕教授的"施氏模式"。

"一、三、九 PSD 模式"，即"一个中心、三个方位、九个结合"。"一个中心"即以患者病痛为中心。"三个方位，九个结合"则是在指在服务层面上，坚持临终关怀医院、社区临终关怀服务与家庭临终关怀相结合；在服务主体上，坚持国家、集体、民营相结合；在费用上，坚持国家、集体和社会相结合。

"施氏模式"，主要是针对广大农村而设计的家庭临终关怀护理服务模式。

以上两种服务模式因主张在家中或社区为临终期患者提供临终关怀服务，与中国传统文化比较一致，所以为群众广泛接受。

二、老年人的临终关怀

老年人的临终关怀

（一）老年临终关怀的现状

老年人是临终关怀的主要对象，研究老年人的临终关怀现状具有重要意义。首先，从总体趋势来看，目前老年人临终关怀开展情况呈现出这种趋势：城市优于农村，发达地区优于经济欠发达地区。其次，从对临终关怀接受的程度方面来看，受教育程度较高的人群对临终关怀的认可和接受程度优于受教育水平较低的人群。最后，从临终关怀模式来看，老年人临终关怀服务模式与其他人群差异不大。

（二）老年人临终关怀的内容

老年人临终关怀的内容主要涵盖以下 4 个方面。

1. 满足临终老年人及家属的需求

临终关怀护士首先要以马斯洛需求层次理论等科学的护理理论为指导，做好临终关怀护理评估，依据评估结果，全面分析临终期老年人的生理、心理、社会方面的需求。其次，因临终老年人的家属也是临终关怀的服务对象，所以也应注重对临终老年人家属的治疗和护理需求、心理需求、殡葬服务需求做好全面分析。最后，综合分析临终期老年人及其家属的需求，采用恰当的临终关怀服务，尽可能地满足临终老年人及其家属的需求。

2. 实施全面照护

临终关怀护士应为临终老年人提供全面照护，具体包括高质量的基础护理服务，科学的疼痛管理与控制服务，精湛的心理护理服务。通过上述全面的护理服务，最大限度上达到促进临终老年人身体舒适，减轻临终老年人身体和心灵痛苦与恐惧的目的。

3. 为临终老年人家属提供情感支持

老年人步入临终阶段，其家属也会产生不同程度的震惊期、否认期、愤怒期、协议期和接受期的心理变化，临终关怀护士应注意临终老年人家属情绪情感的变化，在恰当的时期为他们提供恰当的心理护理服务，帮助他们疏解心理情绪，缓解丧亲之痛，尽早适应并开始新的生活。

4. 为临终老年人及家属提供死亡教育

老年人在临终阶段主要面临八大恐惧，分别是对未知的恐惧、对孤独的恐惧、对忧伤的恐惧、对丧失身体机能的恐惧、对失去认同的恐惧、对失去自我控制能力的恐惧、对离开人世的恐惧和对疼痛与痛苦的恐惧。分析原因，临终老年人之所以会产生恐惧，正是因为缺乏对死亡的认识，所以，通过死亡教育帮助临终老年人和家属消除对死亡的恐惧，正确认识和看待死亡是老年人临终关怀的重要内容之一。

（三）为临终老年人提供临终关怀

为临终老年人提供临终关怀服务包括以下四步。

1. 任务分析

任务分析的步骤是需要临终关怀团队和临终老年人、临终老年人家属共同完成的。在任务分析过程中，一方面，临终关怀团队需对临终老年人的生理、心理、社会方面的需求进行客观、全面的评估，重点评估临终老年人的心理反应，临终老年人心理反应可以分为震惊期、否认期、愤怒期、协议期和接受期；另一方面，临终关怀团队也需要对临终老年人家属做好全面的、综合性的评估。

评估结束后，临终关怀服务团队需对临终老年人及其家属的评估资料进行整理、分类，然后，通过资料全面、综合的分析，确定临终老年人及其家属现存的和潜在的健康问题，确定临终关怀的关键点。

2. 选择合适的临终关怀服务模式

完成任务分析后，临终关怀团队应根据临终老年人及其家属的意愿、临终老年人的身体状况、经济条件等因素，在充分尊重临终老年人及其家属意愿的基础上为老年人选择合适的临终关怀服务模式，从而提高临终老年人生存质量，帮助临终老年人及其家属平静地面对死亡。

3. 提供临终关怀服务

根据老年人选择的临终关怀服务模式，为老年人提供临终关怀服务。老年人临终关怀服务内容包括满足临终老年人及家属的需求、实施全面照护、为临终老年人家属提供情感支持、为临终老年人及家属提供死亡教育。具体内容参考临终关怀内容各部分，在此不再赘述。

4. 注意事项

为老年人提供临终关怀服务时应注意以下 4 个方面。

（1）充分尊重临终老年人的意愿

临终老年人及其家属是临终关怀的对象，所以，临终关怀应在充分尊重临终老年人及其家属的基础上实行。

（2）注重基础护理与疼痛控制

临终期，治疗已不再奏效，促进老年人身体的舒适和疼痛控制是临终关怀的重点内容。所以在实施临终关怀时应注意做好老年人的基础护理，促进老年人的舒适。同时，也应根据老年人的身体情况，按照科学的疼痛管理方法做好疼痛护理。具体而言，包括使用科学的疼痛评估量表，遵医嘱采用三阶梯止痛法给药等。

（3）注意观察

为临终老年人实施临终关怀的同时应注重观察临终老年人及其家属的反应，特别要注意观察临终老年人非语言性的反应。根据临终老年人及其家属的反应，及时调整临终关怀方案。

（4）注意语言和沟通技巧

在实施临终关怀的时候，临终关怀团队应注意语言及沟通技巧。尤其在进行死亡教育的时候，尽量采用相对婉转的语言表达方式，将死亡问题转换为对生命的思考。

学中做

王爷爷，80 岁，一周前因肺癌去世。据了解，王爷爷曾经是一名教育工作者，多年的执教生涯使他有幸接触死亡教育。对于死亡他能够正确认识，坦然接受。当得知自己不久于人世时，王爷爷将剩余的生命进行了仔细规划，完成了年轻时想要出去旅游的愿望，此外，王爷爷还想尽办法尽可能地减少由于自己离世给家人带来的伤痛。当癌症进一步发展时，王爷爷不再接受无异议的治疗，住进了社区的临终关怀中心。最终，在家人和护士的爱中平静安详地离开人世。

问题：

1）什么是死亡态度？请你对王爷爷的死亡态度进行评价。

2）什么是死亡教育？

3）请你谈谈你认为王爷爷选择社区临终关怀中心的原因是什么？

（袁兆新 王 菊）

附　表

量表 1　精神状态与社会参与能力评分表

评估项目	具体评价指标及分值	分值
1. 时间定向	时间观念（年、月、日、时）清楚	0分
	时间观念有些下降，年、月、日清楚，但有时相差几天	1分
	时间观念较差，年、月、日不清楚，可知上半年或下半年	2分
	时间观念很差，年、月、日不清楚，可知上午或下午	3分
	无时间观念	5分
2. 空间定向	可单独出远门，能很快掌握新环境的方位	0分
	可单独来往于近街，知道现住地的名称和方位，但不知回家路线	1分
	只能单独在家附近行动，对现住地只知名称，不知道方位	2分
	只能在左邻右舍间串门，对现住地不知名称和方位	3分
	不能单独外出	5分
3. 人物定向	知道周围人们的关系，知道祖孙、叔伯、姑姨、侄子侄女等称谓的意义；可分辨陌生人的大致年龄和身份，可用适当称呼	0分
	只知家中亲密近亲的关系，不会分辨陌生人的大致年龄，不能称呼陌生人	1分
	只能称呼家中人，或只能照样称呼，不知其关系，不辨辈分	2分
	只认识常同住的亲人，可称呼子女或孙子女，可辨熟人和生人	3分
	只认识保护人，不辨熟人和生人	5分
4. 记忆	总是能够保持与社会、年龄所适应的长、短时记忆，能够完整地回忆	0分
	出现轻度的记忆紊乱或回忆不能（不能回忆即时信息，3个词语经过5分钟后仅能回忆0～1个）	1分
	出现中度的记忆紊乱或回忆不能（不能回忆近期记忆，不记得上一顿饭吃了什么）	2分
	出现重度的记忆紊乱或回忆不能（不能回忆远期记忆，不记得自己的老朋友）	3分
	记忆完全紊乱或完全不能对既往事物进行正确的回忆	5分

评估项目	具体评价指标及分值	分值
5. 攻击行为	没出现	0分
	每月出现一两次	1分
	每周出现一两次	2分
	过去3天里出现过一两次	3分
	过去3天里天天出现	5分
6. 抑郁症状	没出现	0分
	每月出现一两次	1分
	每周出现一两次	2分
	过去3天里出现过一两次	3分
	过去3天里天天出现	5分
7. 强迫行为	无强迫症状（如反复洗手、关门、上厕所等）	0分
	每月有1~2次强迫行为	1分
	每周有1~2次强迫行为	2分
	过去3天里出现过一两次	3分
	过去3天里天天出现	5分
8. 财务管理	金钱的管理、支配、使用，能独立完成	0分
	因担心算错，每月管理约1 000元	1分
	因担心算错，每月管理约300元	2分
	接触金钱机会少，主要由家属代管	3分
	完全不接触金钱等	5分
上述评估项目总分为40分，本次评估得分为____分		

量表2 感知觉与沟通能力评分表

评估项目	具体评价指标及分值	分值
1. 意识水平	神志清醒，对周围环境警觉	0分
	嗜睡，表现为睡眠状态过度延长。当呼唤或推动其肢体时可唤醒，并能进行正确的交谈或执行指令，停止刺激后又继续入睡	1分
	昏睡，一般的外界刺激不能使其觉醒，给予较强烈的刺激时可有短时的意识，清醒后可简短回答提问，当刺激减弱后又很快进入睡眠状态	2分

评估项目	具体评价指标及分值	分值
1. 意识水平	昏迷，处于浅昏迷时对疼痛刺激有回避和痛苦表情；处于深昏迷时对刺激无反应（若评定为昏迷，直接评定为重度失能，可不进行以下项目的评估）	3分
2. 视力 （若平日带老花镜或近视镜，应在佩戴眼镜的情况下评估）	视力完好，能看清书报上的标准字体	0分
	视力有限，看不清报纸上的标准字体，但能辨认物体	1分
	辨认物体有困难，但眼睛能跟随物体移动，只能看到光、颜色和形状	2分
	没有视力，眼睛不能跟随物体移动	3分
3. 听力 （若平时佩戴助听器，应在佩戴助听器的情况下评估）	可正常交谈，能听到电视、电话、门铃的声音	0分
	在轻声说话或说话距离超过2米时听不清	1分
	正常交流有些困难，需在安静的环境、大声说话或语速很慢，才能听到	2分
	完全听不见	3分
4. 沟通交流 （包括非语言沟通）	无困难，能与他人正常沟通和交流	0分
	能够表达自己的需要或理解别人的话，但需要增加时间或给予帮助	1分
	勉强可与人交往，谈吐内容不清楚，表情不恰当	2分
	不能表达需要或理解他人的话	3分
上述评估项目总分为12分，本次评估得分为＿＿＿分		

中英文名词对照索引

回忆	free recall
功能独立	functional autonomy
恋物症	fetishism

G

性别认定	gender identity
完形心理学	Gestalt psychology

H

催眠	hypnosis
幻觉（迷幻）剂	hallucinogen
需求层级	hierarchy of needs

I

失眠	insomnia
抑制性	inhibitory
内在（发）动机	intrinsic motive
本能	instinct
诱因	incentive

J

恰辨差	JND

K

关键词	key word

L

隐内（潜在）学习	latent learning
习得无助	learned helplessness
午餐排队（鸡尾酒会）效应	lunch line（cocktail party）effect
线性透视	linear-perspective

M

行动思考	motoric thought
多重人格	multiple personality
记忆广度	memory span
动机性遗忘	motivated forgetting
性受虐症	masochism

N

成就需求	N. achievement
无意义音节	nonsense syllable

O

观察学习	observational learning
过度延伸	over-extension

P

（视觉）偏好法	preferential method
运思前期	preoperational st.
性蕾期	phallic stage
青春期	puberty
人格	personality
恋童症	pedophilia

R

新近效应	recency effect
逆向干扰	retroactive interference

S

自我效能期望	self-efficiency expectancy
自我实现	self actualization
社会学习	social learning
心（情）境依赖学习	state-dependent L.
性施虐症	sadism

T

痕迹制约	trace conditioning
试误学习	trial and error learning
异装症	transvestism

U

潜意识	unconsciousness
无意识	unconsciousness
非制约刺激	unconditioned stimulus（US）
非制约反应	unconditioned R.（UR）

V

视觉编码（表征）	visual code（representation）
替代学习	vicarious learning
窥阴症	voyeurism

W

运作记忆	working memory
戒断症状	withdrawal symptom

参考文献

［1］高焕民，柳耀泉，吕辉. 老年心理学［M］. 北京：科学出版社，2007.

［2］李丽华. 护理心理学基础［M］. 2 版. 北京：人民卫生出版社，2013.

［3］姜乾金. 医学心理学［M］. 2 版. 北京：人民卫生出版社，2011.

［4］郭少三. 护理心理学［M］. 西安：第四军医大学出版社，2008.

［5］蒋继国. 护理心理学［M］. 北京：人民卫生出版社，2011.

［6］杨艳杰. 护理心理学［M］. 3 版. 北京：人民卫生出版社，2012.

［7］胡佩诚. 医护心理学［M］. 北京：北京大学医学出版社，2005.

［8］李丽华. 心理与精神护理学［M］. 北京：人民卫生出版社，2012.

［9］史宝欣. 临终护理［M］. 北京：人民卫生出版社，2010.

［10］李欣. 老年心理维护与服务［M］. 北京：北京大学出版社，2013.

［11］陈露晓. 老年人生死心理教育［M］. 北京：中国社会出版社，2009.

［12］陈传峰. 老年抑郁干预与心理健康服务［M］. 北京：中国社会出版社，2008.

［13］谢瑞满. 实用老年痴呆学［M］. 上海：上海科学技术文献出版社，2010.

［14］吴文源. 焦虑障碍防治指南［M］. 北京：人民卫生出版社，2010.

［15］徐汉明. 抑郁症—治疗与研究［M］. 北京：人民卫生出版社，2012.

［16］陶功定. 实用音乐疗法［M］. 北京：人民卫生出版社，2008.

［17］包家明. 冠心病的护理与康复［M］. 北京：人民卫生出版社，2011.

［18］包家明. 高血压的护理与康复［M］. 北京：人民卫生出版社，2008.

［19］张爱珍. 消化性溃疡的护理与康复［M］. 北京：人民卫生出版社，2014.

［20］杨根来，李玲，谭美青. 失智老年人照护（初级）基础知识［M］. 北京：化学工业
出版社，2019.

［21］罗悦性. 老年护理学［M］. 北京：人民卫生出版社，2015.

［22］王秀华，潘雪梅. 老年痴呆患者暴力行为的分析和护理［C］. 全国第 15 届老年护理
学术交流会论文汇编，2012.

［23］余运英. 老年心理与行为［M］. 北京：北京师范大学出版社，2014.

［24］蒋玉芝. 老年心理护理［M］. 北京：北京师范大学出版社，2015.

［25］马晓凤，董会龙. 老年人心理护理［M］. 北京：海洋出版社，2017.

［26］余运英. 老年人心理护理［M］. 北京：机械工业出版社，2018.

［27］胡勤勇，周晓渝. 老年心理护理基础［M］. 北京：科学出版社，2014.

［28］井世洁. 老年人心理护理实用技能［M］. 北京：中国劳动社会保障出版社，2018.

［29］王婷. 老年心理慰藉实务［M］. 北京：中国人民大学出版社，2014.

［30］高焕民，李丽梅. 老年心理学［M］. 北京：科学技术文献出版社，2017.